多様体とモース理論

横　田　一　郎　著

現代数学社

序

曲線のグラフを描くとき，その極値をとる点，その点における曲線の曲り具合が決め手となっているように，図形の位相的構造を調べようとするとき，その特異点の様子を調べる方法がよく用いられる．ベクトル場とオイラー指標の関係，多様体の特性類，カタストロフィー論等そのような例は数多くある．これから述べようとする多様体の Morse 理論は，多様体 M 上の関数 $f: M \to \boldsymbol{R}$ の特異点を調べることによって，多様体のある種の位相的構造を決定しようとする理論であるが，特異点と位相との関係を結びつける意味において，Morse 理論は位相幾何学における最も興味深い理論の1つであると思われる．そこで，この興味深い Morse 理論を易しく，詳しく，丁寧に解説し，球面 S^n，射影空間 KP_n，古典群 $O(n)$, $SO(n)$, $U(n)$, $SU(n)$, $Sp(n)$ および例外群 G_2 において具体的に Morse 関数を構成し，この Morse 理論を展開するのが目的である．本書は多様体論の入門書もかねているが，読者がこの書により位相幾何学に対する興味を引き起し，さらに中級，高級な位相幾何学へ進む1つの手掛りをつかむことに少しでも役立つならば，筆者のこれ以上の喜びはないのである．

なお，本書を書くに際して，信州大学の神谷久夫氏から適切な御指示をいただいたことをまず感謝しなければならない．また，現代数学社の皆様にも一方ならぬ御世話になったし，校正については宿沢修氏に大そう御世話になったので，ここで改めて御礼申し上げる．

1978年

横　田　一　郎

目　　次

序

まえがき

1. ユークリッド空間と Jacobi 行列

(1) ユークリッド空間……1
(2) 可微分写像と Jacobi 行列……2
(3) 逆関数定理と微分方程式の基本定理……6

2. 可微分多様体

(1) 可微分多様体の定義……11
(2) 可微分多様体の例（その１）……13
(3) 可微分多様体の定義（続き）……19
(4) 積多様体と開部分多様体……20
(5) 可微分多様体の例（その２）……23
(6) 多様体上の可微分関数……41
(7) 可微分関数の構成……49
(8) １の分割……58
(9) 接ベクトルと接ベクトル空間……68
(10) 可微分写像と可微分曲線……74
(11) 部分多様体……76
(12) ベクトル場と積分曲線……79
(13) １助変数群……82
(14) Riemann 計量……88
(15) 関数の方向ベクトル場……90

3．位相幾何学から 2,3 の準備

(1) ホモトピー同値……………………………………………………93

(2) 変位レトラクト……………………………………………………95

(3) *CW* 複体 ……………………………………………………………96

(4) 胞体を接着した空間…………………………………………… 101

4．多様体の Morse 理論

(1) 関数の臨界点…………………………………………………… 111

(2) 関数の指数と Morse の補題 ……………………………………… 116

(3) Morse 理論の基本定理 ……………………………………… 127

(4) Mose 関数の例（その１）S^n, KP_n……………………………… 143

(5) 臨界点と指数の求め方………………………………………… 146

(6) Morse 関数の例（その２）$O(n)$, $SO(n)$, $U(n)$, $SU(n)$, $Sp(n)$… 153

(7) Morse 関数の例（その３）例外群 G_2 ………………………… 178

あ と が き…………………………………………………………… 193

索　　　引…………………………………………………………… 194

まえがき

これから Morse 理論を紹介しようとするのであるが，その前に，関数 $y=f(x)$ のグラフの描き方を復習してみようと思う．それは序にも述べたように，関数 $f(x)$ の極大，極小点を求めるとグラフの概形が描けるということが，Morse 理論に関係して極めて興味深いと思うからである．さて，関数

$$y=f(x)$$

のグラフを描くには，$f(x)$ を微分して 0 とおき：

$$f'(x)=0$$

この根 $x=\alpha, \beta, \gamma, \cdots$ を求める．つぎに，2 次導関数 $f''(x)$ を求めて $f''(\alpha)$, $f''(\beta), f''(\gamma), \cdots$ の符号を調べる．この符号は，その点における曲線の曲り具合，すなわち，極大であるか極小であるかを判定している．（もし $f''(\delta)=0$ ならば，曲線は $x=\delta$ で変曲点になる可能性があり，曲線がどちら側へ曲るか

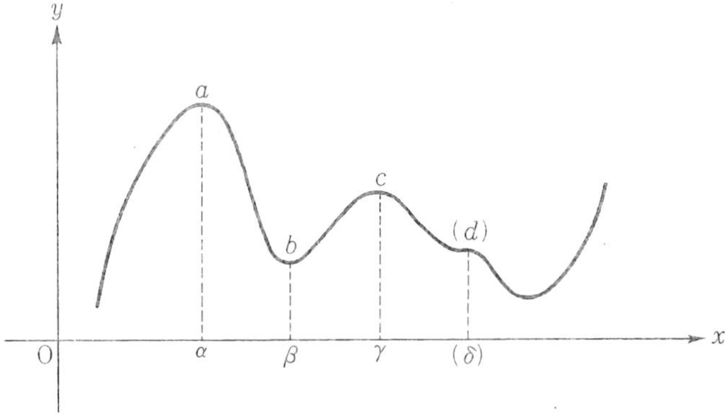

わからない．しかし，このときには，グラフを少し傾けると変曲点は解消されるが，この少しの変形ぐらいではグラフの概形は変らない．したがって，グラフの概形を知るには，$f''(\delta)=0$ となるような δ は現れないとしておいてよい）．さて，これだけ準備しておくと，あとはこれらの極大，極小点 $a, b, c, \cdots$ を大まかに結んでゆきさえすれば，$y=f(x)$ のグラフの概形が描けるのであ

る．このことから，極大，極小点 $a, b, c, \cdots$ が $y=f(x)$ のグラフを描くときの急所になっていることがわかるであろう．これらの急所の点 $a, b, c, \cdots$ を関数 $f(x)$ の臨界点と呼んでいる．さらに有難いことに，これらの臨界点の個数は僅かしかない（もう少し厳密にいうならば臨界点の集合は孤立している）のである．

Morse 理論は，多様体上に Morse 関数と呼ばれる関数をつくってその臨界点（微分として 0 となる所）を求め，その僅かしかない臨界点のまわりの状態を調べることによって，多様体の胞体構造のホモトピー型を決定する理論である．

なお，本書を読むのに何ら予備知識を必要としないようにしたが，ただ位相空間論の基礎（それと行列の知識を少し）は既知とした．しかし，それはいずれも初歩的なものばかりであって，本書で用いるのはつぎのものに限られている．

位相空間，開集合，閉集合，閉包，内部，近傍（近傍はつねに開集合とする），Hausdorff 空間，可算開基をもつ（第 2 可算公理），コンパクト，局所コンパクト，連結，連続写像，同相写像

1. ユークリッド空間と関数の Jacobi 行列

多様体の Morse 理論を説明するには，まず多様体について解説する必要がおこるが，多様体とは局所的にはユークリッド空間 $\boldsymbol{R}^n$ と同じ構造をもつ図形のことである．したがって多様体の局所的な性質を調べるにはユークリッド空間 $\boldsymbol{R}^n$ を調べればよいということになる．そこでユークリッド空間 $\boldsymbol{R}^n$ を復習の意味もかねて説明することにしよう．

(1) ユークリッド空間

以下，$\boldsymbol{R}$ で実数全体の集合を表わすことにする．

定義　n 個の実数の組 $p=(p_1, \cdots, p_n)$ 全体の集合を $\boldsymbol{R}^n$ で表わす：

$$\boldsymbol{R}^n=\{p=(p_1, \cdots, p_n) \mid p_i \in \boldsymbol{R},\ i=1, \cdots, n\}$$

$\boldsymbol{R}^n$ には和 $p+q$ とスカラー倍 αp が

$$(p_1, \cdots, p_n)+(q_1, \cdots, q_n)=(p_1+q_1, \cdots, p_n+q_n)$$
$$\alpha(p_1, \cdots, p_n)=\alpha(p_1, \cdots, \alpha p_n) \qquad \alpha \in \boldsymbol{R}$$

で定義されており，$\boldsymbol{R}^n$ は $\boldsymbol{R}$ 上の n 次元ベクトル空間になる．さらに $\boldsymbol{R}^n$ には，**内積** (p, q) と**長さ** $\|p\|$ が

$$((p_1, \cdots, p_n), (q_1, \cdots, q_n))=p_1q_1+\cdots+p_nq_n$$
$$\|p\|=\sqrt{(p, p)}$$

で定義されている． このような内積と長さが定義されている $\boldsymbol{R}$ 上のベクトル空間 $\boldsymbol{R}^n$ を $\boldsymbol{n}$ **次元ユークリッド空間**という．この長さはノルムの条件

(1)　$\|p\| \geqq 0$

(2) $\|p+q\| \leqq \|p\|+\|q\|$

(3) $\|\alpha p\|=|\alpha|\,\|p\| \qquad \alpha \in \boldsymbol{R}$

(4) $\|p\|=0 \Rightarrow p=0$

をみたしており，$\boldsymbol{R}^n$ は距離

$$d(p, q)=\|p-q\|$$

により距離空間になる．したがって，特に $\boldsymbol{R}^n$ は Hausdorff 空間であるが，さらによく知られているように，$\boldsymbol{R}^n$ は可算開基をもつ局所コンパクト空間でもある．

定義 ユークリッド空間 $\boldsymbol{R}^n$ の各点 $p=(p_1, \cdots, p_n)$ に対し，その i–座標 p_i を対応させる関数

$$x_i\colon \boldsymbol{R}^n \to \boldsymbol{R}, \qquad x_i(p)=p_i$$

を $\boldsymbol{R}^n$ の **i–座標関数**という．これら n 個の座標関数の組 $(x_1, \cdots, x_n)$ を $\boldsymbol{R}^n$ の**標準座標関数系**という．

(2) 可微分写像と Jacobi 行列

U を $\boldsymbol{R}^n$ の部分集合とし，$f\colon U \to \boldsymbol{R}^m$ を写像とする．このとき各点 $p \in U$ に対し，$f(p)$ は

$$f(p)=(f_1(p), \cdots, f_m(p))$$

と表わすことができるので，写像 f は m 個の関数 $f_i\colon U \to \boldsymbol{R}$ の組

$$f=(f_1, \cdots, f_m)$$

と考えることができる．この関数 f_i は $\boldsymbol{R}^m$ の標準座標関数系 $(y_1, \cdots, y_m)$ を用いて表わすと

$$f_i(p)=y_i(f(p)) \qquad p \in U$$

のことである．また，この写像 f を $\boldsymbol{R}^n$ の標準座標系 $x=(x_1, \cdots, x_n)$ を用いて

$$\begin{aligned} f(x) &= f(x_1, \cdots, x_n) \\ &= (f_1(x_1, \cdots, x_n), \cdots, f_m(x_1, \cdots, x_n)) \\ &= (f_1(x), \cdots, f_m(x)) \end{aligned}$$

等と表わすことが多い．この意味は，各点 $p \in U$ に対して

$$f(x_1(p), \cdots, x_n(p)) = (f_1(x_1(p), \cdots, x_n(p)), \cdots, f_m(x_1(p), \cdots, x_n(p)))$$

がなりたつことであるが，あたかも座標関数の組 $(x_1, \cdots, x_n)$ が集合Uの一般の点を表わすものと理解して，解析学で普通行うような計算をしても混同は起らないであろう．

定義 U を $\boldsymbol{R}^n$ の開集合とし，$f=(f_1, \cdots, f_m)\colon U \to \boldsymbol{R}^m$ を写像とする．この写像 f が C^r–級 $(1 \leqq r \leqq \infty)$ であるとは，各関数 $f_i\colon U \to \boldsymbol{R}$ $(i=1, \cdots, n)$ が C^r–級であることとする．ここに関数 $f_i\colon U \to \boldsymbol{R}$ が C^r–級であるとは，f_i の各偏導関数

$$\frac{\partial^{j_1+\cdots+j_n} f_i}{\partial x_1{}^{j_1} \cdots \partial x_n{}^{j_n}} \qquad j_k \geqq 0,\ j_1 + \cdots + j_n \leqq r$$

がU上で存在し，かつ連続であることである．本書で述べる定理のなかには，C^1, C^2–級写像に対してなりたつ定理もあるが，話を簡単にするため，つねに C^∞–級写像のみを取り扱うことにする．なお C^∞–級写像 $f\colon U \to \boldsymbol{R}^m$ は普通滑らかな写像と呼ばれているが，本書では**可微分写像**ということにする．

例 1 $\boldsymbol{R}^n$ の標準座標関数 $x_i\colon \boldsymbol{R}^n \to \boldsymbol{R}$ $(i=1, \cdots, n)$ は可微分関数であり

$$\frac{\partial x_i}{\partial x_j} = \delta_{ij}$$

$(\delta_{ii}=1,\ \delta_{ij}=0\ (i \neq j))$ がなりたつ．

よく知られているように，可微分関数に対してつぎの平均値の定理および Taylor 展開の定理がなりたつ．しかし Taylor 展開については，本書では変数に関して2次の展開までしか用いないので，一般の展開定理を書かないで必要な範囲内にとどめておいた．

補題 2 (1) **(平均値の定理)** V を $\boldsymbol{R}^n$ の原点 0 の凸近傍とし，$f\colon V \to \boldsymbol{R}$ を

$$f(0) = 0$$

をみたす可微分関数とする．このとき，f は可微分関数 $g_i\colon V \to \boldsymbol{R},\ i=1, \cdots, n$ を用いて

$$\begin{cases} f(x)=\sum_{i=1}^{n} g_i(x)x_i \\ g_i(0)=\dfrac{\partial f}{\partial x_i}(0) \end{cases}$$

と表わされる.

(2) (**Maclaurin 展開**) V を $\boldsymbol{R}^n$ の原点 0 の凸近傍とし, $f\colon V\to\boldsymbol{R}$ を可微分関数とする. このとき, f は可微分関数 $h_{ij}\colon V\to\boldsymbol{R}$, $i,j=1,\cdots,n$ を用いて

$$f(x)=f(0)+\sum_{i=1}^{n}\frac{\partial f}{\partial x_i}(0)x_i+\sum_{i,j=1}^{n}h_{ij}(x)x_ix_j$$

と表わされる.

(3) (**Taylor 展開**) V を $\boldsymbol{R}^n$ の点 $p_0=(p_{10},\cdots,p_{n0})$ を含む凸近傍とし, $f\colon V\to\boldsymbol{R}$ を可微分関数とする. このとき, f は可微分関数を $h_{ij}\colon V\to\boldsymbol{R}$, $i,j=1,\cdots,n$ 用いて

$$f(x)=f(p_0)+\sum_{i=1}^{n}\frac{\partial f}{\partial x_i}(p_0)(x_i-p_{i0})+\sum_{i,j=1}^{n}h_{ij}(x)(x_i-p_{i0})(x_j-p_{j0})$$

と表わされる.

証明 (1) V は原点 0 を含む凸集合であるから, 点 $x=(x_1,\cdots,x_n)\in V$ に対し, $0\leqq t\leqq 1$ なる任意の t をとると $tx=(tx_1,\cdots,tx_n)\in V$ になっていることに注意しよう. さて

$$\begin{aligned} f(x)=f(x)-f(0)&=\int_0^1\frac{df}{dt}(tx)dt \\ &=\int_0^1\frac{df}{dt}(tx_1,\cdots,tx_n)dt \\ &=\int_0^1\sum_{i=1}^{n}\frac{\partial f}{\partial x_i}(tx_1,\cdots,tx_n)x_idt \\ &=\sum_{i=1}^{n}\left(\int_0^1\frac{\partial f}{\partial x_i}(tx_1,\cdots,tx_n)dt\right)x_i \end{aligned}$$

となるので, $g_i(x)=\int_0^1\frac{\partial f}{\partial x_i}(tx)dt$ とおけばよい. なお, このとき

$$g_i(0)=\int_0^1 \frac{\partial f}{\partial x_i}(0)dt=\frac{\partial f}{\partial x_i}(0)$$

となっている.

(2) 関数 $f-f(0)$: $V\to \boldsymbol{R}$ に (1) の結果を用いると, 関数 f は可微分関数 g_i: $V\to \boldsymbol{R}$, $i=1,\cdots,n$ を用いて

$$\begin{cases} f(x)=f(0)+\sum_{i=1}^{n} g_i(x)x_i \\ g_i(0)=\dfrac{\partial f}{\partial x_i}(0) \end{cases} \qquad \text{(i)}$$

と表わされる. さらに各関数 $g_i-g_i(0)=g_i-\dfrac{\partial f}{\partial x_i}(0)$ に対して再び (1) の結果を用いると, 関数 g_i は可微分関数 h_{ij}: $V\to \boldsymbol{R}$, $i,j=1,\cdots,n$ を用いて

$$g_i(x)=\frac{\partial f}{\partial x_i}(0)+\sum_{j=1}^{n} h_{ij}(x)x_j \qquad i=1,\cdots,n$$

と表わされる. これらの $g_i(x)$ を(i)に代入すれば求める f の展開を得る.

(3) $\tilde{V}=\{x\in \boldsymbol{R}^n \mid x+p_0\in V\}$ とおくと, $\tilde{V}$ は原点 0 の凸近傍である. そこで関数 $\tilde{f}$: $\tilde{V}\to \boldsymbol{R}$ を $\tilde{f}(x)=f(x+p_0)$ で定義し, $\tilde{f}$ に対して(2)の結果を用いれば, 求める f の展開を得る. ∎

定義 Uを点 $p_0\in \boldsymbol{R}^n$ の近傍とし, $f=(f_1,\cdots,f_m)$: $U\to \boldsymbol{R}^n$ を可微分写像とする. このとき, (m,n) 型行列

$$(Df)_{p_0}=\begin{pmatrix} \dfrac{\partial f_1}{\partial x_1}(p_0)\cdots \dfrac{\partial f_1}{\partial x_n}(p_0) \\ \cdots\cdots\cdots\cdots\cdots \\ \dfrac{\partial f_m}{\partial x_1}(p_0)\cdots \dfrac{\partial f_m}{\partial x_n}(p_0) \end{pmatrix}$$

を f の点 p_0 における **Jacobi 行列**という. 特に $m=n$ のとき, この行列式

$$\det(Df)_{p_0}$$

を f の点 p_0 における **Jacobi 行列式**といい, しばしば記号

$$\left.\frac{D(f_1,\cdots,f_n)}{D(x_1,\cdots,x_n)}\right|_{p_0}$$

で表わす. また $m=1$ のとき, すなわち可微分関数 f: $U\to \boldsymbol{R}$ に対して,

Jacobi 行列

$$(Df)_{p_0}=\left(\frac{\partial f}{\partial x_1}(p_0),\ \cdots,\ \frac{\partial f}{\partial x_n}(p_0)\right)$$

はベクトルになるが，これを $(\mathrm{grad}f)_{p_0}$ と書き，f の点 p_0 における**方向ベクトル**（または**傾き**）という．この方向ベクトルを用いると，可微分写像 $f=(f_1,\cdots,f_m)$: $U\to \boldsymbol{R}^m$ の点 $p_0\in U$ における Jacobi 行列は

$$(Df)_{p_0}=\begin{pmatrix}(\mathrm{grad}f_1)_{p_0}\\ \cdots\cdots\cdots\cdots \\ (\mathrm{grad}f_m)_{p_0}\end{pmatrix}$$

と表わされる．

(3)　逆関数定理と微分方程式の基本定理

解析学や多様体論等の基礎理論で最も重要で最も基本的であると思われる逆関数定理と常微分方程式の解に関する基本定理について述べよう．しかし頁数の関係やいろいろの都合でその証明を省略しなければならなかったのは残念であるが，以下の理論を理解するには証明なしに定理を認めても差しつかえないのではないかと思う．そこで，これらの証明は他書（例えば，逆関数定理については[2]，[6]，常微分方程式の解に関する基本定理についてはポントリャーギン：常微分方程式(邦訳)，共立出版，1963）に譲ることにする．

我々は線型代数学でつぎの定理を知っている．連立 1 次方程式

$$\begin{cases}a_{11}x_1+\cdots+a_{1n}x_n=b_1\\ \cdots\cdots\cdots\cdots\cdots\cdots \\ a_{n1}x_1+\cdots+a_{nn}x_n=b_n\end{cases}$$

の係数の行列 $\left(a_{ij}\right)$ の行列式が 0 でない：$\det\left(a_{ij}\right)\neq 0$ ならば，この連立 1 次方程式は解をもち，その解は唯 1 つである．つぎに述べる逆関数定理はこの定理を局所的に含む内容をもっているが，Jacobi 行列 $(Df)_p$ がある意味で写像の 1 次近似であることを思うとき，上記の定理と逆関数定理は決して無関係でないであろう．

定義　U, V を $\boldsymbol{R}^n$ の開集合とする．可微分写像 f: $U\to V$ が全単射であ

り，その逆写像 $f^{-1}\colon V\to U$ も可微分であるとき，f を**可微分同相写像**という．

定理 3（**逆関数定理**） Uを $\boldsymbol{R}^n$ の開集合とし，$f\colon U\to\boldsymbol{R}^n$ を可微分写像とする．U の点 p_0 で f の Jacobi 行列式が 0 でない：

$$\det(Df)_{p_0}\neq 0$$

ならば，点 p_0 の近傍 $V(V\subset U)$ と点 $f(p_0)$ の近傍Wが存在して，$f|V\colon V\to W$ は可微分同相写像になる．

逆関数定理からつぎの陰関数定理が導かれる．

定理 4（**陰関数定理**） Uを $\boldsymbol{R}^{n+m}=\boldsymbol{R}^n\times\boldsymbol{R}^m$ の開集合とし，$f=(f_1,\cdots,f_m)\colon U\to\boldsymbol{R}^m$ を可微分写像とする．（$\boldsymbol{R}^n$ の標準座標関数系を $(x_1,\cdots,x_n)$ で表わし，$\boldsymbol{R}^m$ の標準座標関数系を $(y_1,\cdots,y_m)$ で表わすことにする）．Uの点 (p,q) において関数fがつぎの条件

(1) $f(p,q)=0$

(2) $\left(\dfrac{\partial f_i}{\partial y_j}(p,q)\right)_{i,\,j=1,\,\cdots,\,m}$ が正則

をみたすならば，$\boldsymbol{R}^n$ の点 p の近傍V と可微分写像 $g=(g_1,\cdots,g_m)\colon V\to\boldsymbol{R}^m$ でつぎの性質

(3) $g(p)=q$

(4) $f(x,g(x))=0 \qquad x\in V$

をみたす V,g が存在する．

証明 写像 $F\colon U\to\boldsymbol{R}^{n+m}$ を

$$\begin{aligned}F(x,y)&=(x,f(x,y))\\&=(x_1,\cdots,x_n,f_1(x_1,\cdots,x_n,y_1,\cdots,y_m),\cdots,f_m(x_1,\cdots,x_n,y_1,\cdots,y_m))\end{aligned}$$

で定義すると，明らかに F は可微分写像であり，点 (p,q) における Jacobi 行列は

$$(DF)_{(p,q)}=\left(\begin{array}{c|c}\begin{matrix}1&&\\&\ddots&\\&&1\end{matrix}&*\\\hline 0&\dfrac{\partial f_i}{\partial y_j}(p,q)\end{array}\right)\begin{matrix}\}n\\\}m\end{matrix}$$

となるので，$(DF)_{(p,q)}$ は正則行列である．したがって逆関数定理（定理 3）より，$\boldsymbol{R}^{n+m}$ において点 (p,q) の近傍 W と点 $F(p,q)=(p,0)$ の近傍 W' が存在して，F は可微分同相写像 $F|W: W\to W'$ を引き起している．写像 $F|W$ の逆写像を $G=(G_1,\cdots,G_{n+m}): W'\to W$ で表わすと，G は可微分写像であって，当然

$$F(G(x,y))=(x,y) \qquad (x,y)\in W'$$

をみたしている．この式は，$(x,y)\in W'$ に対して

$$\begin{cases} G_i(x_1,\cdots,x_n,y_1,\cdots,y_m)=x_i & i=1,\cdots,n \quad \text{(i)} \\ f_j(G_1(x,y),\cdots,G_{n+m}(x,y))=y_j & j=1,\cdots,m \quad \text{(ii)} \end{cases}$$

がなりたつことを意味している，さて，写像 $\pi: \boldsymbol{R}^n\times\boldsymbol{R}^m\to\boldsymbol{R}^n$ を射影 $(\pi(x,y)=x)$ とし

$$V=\pi(W')$$

とおくと，V は $\boldsymbol{R}^n$ における点 p の近傍になる．そこで，関数 $g_j: V\to\boldsymbol{R}$, $j=1,\cdots,m$ を

$$g_j(x_1,\cdots,x_n)=G_{n+j}(x_1,\cdots,x_n,0,\cdots,0)$$

で定義すれば，G_{n+j} の可微分性より g_j は可微分関数である．(i) より特に $G_i(x,0)=x_i, i=1,\cdots,n$ であることに注意して，(ii) において $y=0$ とおくと

$$f_j(x_1,\cdots,x_n,g(x_1,\cdots,x_n),\cdots,g_m(x_1,\cdots,x_n))=0 \qquad j=1,\cdots,m$$

となり，定理の(4)が証明された．(3)の $g(p)=q$ を示すために

$$G(F(x,y))=(x,y) \qquad (x,y)\in W$$

を用いる．この式を点 (p,q) で考えると

$$G(p,0)=G(F(p,q))=(p,q)$$

となるが，これは

$$g_j(p)=G_{n+j}(p,0)=q_j \qquad j=1,\cdots,m$$

すなわち $g(p)=q$ を示している．以上で定理が証明された．∎

例 5　(a,b,c) を 2 次元球面 S^2 の上半球面上の点とする．すなわち点 $(a,b,c)\in\boldsymbol{R}^3$ は

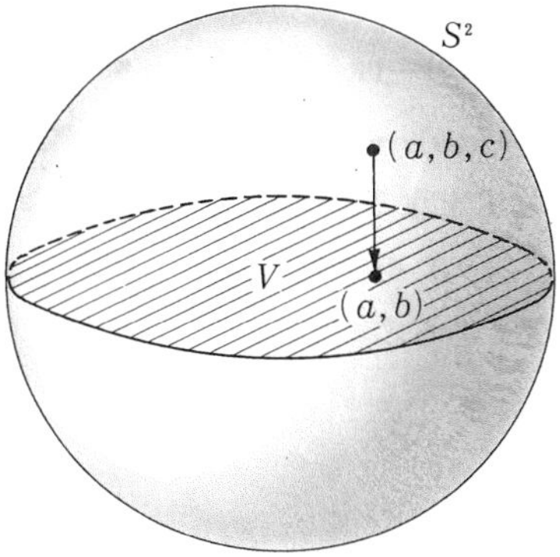

$$\begin{cases} a^2+b^2+c^2=1 \\ c>0 \end{cases}$$

をみたしているとする．関数 f: $\boldsymbol{R}^3=\boldsymbol{R}^2\times\boldsymbol{R}\to\boldsymbol{R}$

$$f(x, y, z)=x^2+y^2+z^2-1$$

を考えると，fは可微分関数であって

(1) $f(a, b, c)=0$

(2) $\dfrac{\partial f}{\partial z}(a, b, c)=2c\neq 0$

をみたす．よって陰関数定理（定理 4）より，点 (a, b) の近傍 V と

(3) $g(a, b)=c$

(4) $f(x, y, g(x, y))=0$

をみたす可微分関数 g: $V\to\boldsymbol{R}$ が求まる．具体的には V と g は

$$V=\{(x, y)\in\boldsymbol{R}^2 \mid x^2+y^2<1\},\ g(x, y)=\sqrt{1-x^2-y^2}$$

で与えられる．

定理 6（常微分方程式の解の存在と一意性および初期条件に関する可微分性の定理） Uを $\boldsymbol{R}^n$ の開集合とし，$f_1, \cdots, f_n$: $U\to\boldsymbol{R}$ を可微分関数とする．このとき点 $p_0\in U$ に対し，p_0 の近傍 $V(V\subset U)$ が存在して，任意の点 $(y_1, \cdots, y_n)\in V$ に対し，連立微分方程式

$$\frac{du_i}{dt}=f_i(u_1, \cdots, u_n) \qquad i=1, \cdots, n \tag{i}$$

の解*) $\phi_i,\ i=1,\cdots,n$ で

$$\phi_i(0)=y_i \qquad i=1,\cdots,n$$

をみたす可微分関数 $\phi_i:(-\varepsilon,\varepsilon)\to \boldsymbol{R},\ i=1,\cdots,n$ が唯1組**)存在する．この解は $(y_1,\cdots,y_n)$ に関係して定まるので，その値を $\phi_i(t,y_1,\cdots,y_n)$ で表わし，$(t,y_1,\cdots,y_n)$ に $\phi_i(t,y_1,\cdots,y_n)$ を対応させると関数 $\phi_i:(-\varepsilon,\varepsilon)\times V\to \boldsymbol{R}$ を得るが，この ϕ_i は可微分である．

---

*) 関数 $\phi_i:(-\varepsilon,\varepsilon)\to \boldsymbol{R},\ i=1,\cdots,n$ が微分方程式

$$\frac{du_i}{dt}=f(u_1,\cdots,u_n) \qquad i=1,\cdots,n$$

の解であるとは

$$\frac{d\phi_i(t)}{dt}=f_i(\phi_1(t),\cdots,\phi_n(t)) \qquad i=1,\cdots,n$$

がすべての $t\in(-\varepsilon,\varepsilon)$ に対しなりたつことである．

**) 解が唯1組であるとは，関数 $\tilde{\phi}_i:(-\tilde{\varepsilon},\tilde{\varepsilon})\to \boldsymbol{R},\ i=1,\cdots,n$ も微分方程式の解であるならば

$$\tilde{\phi}_i(t)=\phi_i(t) \qquad i=1,\cdots,n$$

がすべての $t\in(-\tilde{\varepsilon},\tilde{\varepsilon})\cap(-\varepsilon,\varepsilon)$ に対しなりたつことである．

2. 可 微 分 多 様 体

(1) 可微分多様体の定義

これからの研究対象とする可微分多様体の定義を与えよう．可微分多様体を直感的に理解するとするならば，それは滑らかな図形のことである．もう少し詳しくいうならば，$\boldsymbol{R}^n$ の開集合 U_λ; $\lambda\in\Lambda$ を滑らかに張り合せて作られた図形ということができるであろう．なお可微分多様体 M を定義するとき，定義を与えるだけならば，M に Hausdorff 性や可算開基をもつという仮定は不必要かもしれないが，これらの条件が無ければ十分な理論の展開ができない（例えば1の分割や Riemann 計量の存在が保障されない）ので，ここでは初めからこれらの条件を定義の中にいれておくことにした．

定義 X を位相空間とし，U を X の開集合とする．U から $\boldsymbol{R}^n$ のある開集合 U' への同相写像

$$\varphi:\ U \to U'$$

が存在するとき，U を（詳しくは (U,φ) を）X の $\boldsymbol{n}$ **次元座標近傍**という．U 上の n 個の関数

$$x_i\varphi^{*)}:\ U \xrightarrow{\varphi} \boldsymbol{R}^n \xrightarrow{x_i} \boldsymbol{R} \qquad i=1,\cdots,n$$

（ここに x_i: $\boldsymbol{R}^n\to\boldsymbol{R}$, $i=1,\cdots,n$ は $\boldsymbol{R}^n$ の標準座標関数）の組

$$(x_1\varphi,\ \cdots,\ x_n\varphi)$$

---

*) 写像 f: $X\to Y$, g: $Y\to Z$ の合成写像 h: $X\to Z$, $h(x)=g(f(x))$ は $g\circ f$ で表わすことが多いが，本書では記号 gf を用いた．これでは，2つの関数 f,g: $X\to\boldsymbol{R}$ の積関数 fg: $X\to\boldsymbol{R}$, $(fg)(x)=f(x)g(x)$ と同じ記号になってしまうが，両者は使用する所も意味も全く異なるので混乱は起らないと思う．しかしまぎらわしいときには，後者を $f\cdot g$ で書いた所もある．

を (U, φ) における**座標関数系**という．しかし $x_i\varphi$ の φ を省略して単に x_i と書き

$$(x_1, \cdots, x_n)$$

を (U, φ) における座標関数系というのが普通である．(このことは，点 $p \in U$ と点 $\varphi(p) \in U'$ を同一視して，U' を X の開集合とみなしてしまうことである：$U=U'$)．点 $p \in U$ に対して，(U, φ) を p のまわりの**座標近傍**といい，これを $(U, \varphi; x_1, \cdots, x_n)$ または $(U; x_1, \cdots, x_n)$ と書くこともある．

定義　M を可算開基をもつ Hausdorff 空間とする．M に n 次元座標近傍 $(U_\lambda, \varphi_\lambda); \lambda \in \Lambda$ からなる開被覆

$$M = \bigcup_{\lambda \in \Lambda} U_\lambda$$

が存在し，つぎの条件

$$(U_\lambda, \varphi_\lambda),\ (U_\mu, \varphi_\mu),\ \lambda, \mu \in \Lambda \text{ が } U_\lambda \cap U_\mu \neq \phi \text{ (空集合)}$$

であるならば，写像

$$\varphi_\mu \varphi_\lambda^{-1} \colon \varphi_\lambda(U_\lambda \cap U_\mu) \to \varphi_\mu(U_\lambda \cap U_\mu)$$
$$\varphi_\lambda \varphi_\mu^{-1} \colon \varphi_\mu(U_\lambda \cap U_\mu) \to \varphi_\lambda(U_\lambda \cap U_\mu)$$

は可微分である．

をみたすとき，M は **n 次元可微分多様体の構造をもつ** (または $\mathfrak{D} = \{(U_\lambda, \varphi_\lambda); \lambda \in \Lambda\}$ は M に**可微分構造**を与える，または略して M は**可微分多様体**である) という．

注意　可算開基をもつ Hausdorff 空間 M が n 次元座標近傍 $(U_\lambda, \varphi_\lambda); \lambda \in \Lambda$ からなる開被覆をもつとき，M を**位相多様体**という．以下の定理のなかには (例えば補題 7，命題 41) M に可微分構造を要求しなくて位相多様体でなりたつものもあるが，そのときは M を単に多様体とよんでおいた．

補題 7　多様体 M は局所コンパクトである．

証明　各点 $p_0 \in M$ に対し，そのまわりの座標近傍 (U, φ) をとる．$\boldsymbol{R}^n$ は局所コンパクトであるから，点 $\varphi(p_0)$ の近傍 $\varphi(U)$ に対し，$\varphi(p_0)$ の近傍 V で，$\overline{V} \subset \varphi(U)$, $\overline{V}$ がコンパクトであるものがとれる．このとき $\varphi^{-1}(V)$ は p_0 の近傍で，$\overline{\varphi^{-1}(V)} \subset U$, $\overline{\varphi^{-1}(V)}$ がコンパクトとなっている．∎

(2) 可微分多様体の例（その1）

これからあげる可微分多様体の例は，すべてあるユークリッド空間 $\boldsymbol{R}^n$ の部分空間として得られているから，距離空間であり（したがって当然 Hausdorff 空間である）かつ可算開基をもっている．したがってこれらの性質についてはいちいちことわっていない．また，コンパクト性と連結性について触れているが，これらのことは別に証明しなければならない．

例8 ユークリッド空間 $\boldsymbol{R}^n$ は n 次元可微分多様体である．実際，$\boldsymbol{R}^n$ の座標近傍として $(\boldsymbol{R}^n, 1)$（ここに $1: \boldsymbol{R}^n \to \boldsymbol{R}^n$ は恒等写像*)）をとればよい．

$K=\boldsymbol{R}, \boldsymbol{C}, \boldsymbol{H}$（順に実数体，複素数体，四元数体）とし，$K$ の元を係数にもつ n 次の行列全体を $M(n, K)$ で表わす．$M(n, K)$ は自然な方法でつぎの各次元のユークリッド空間と同一視できる：

$$M(n, \boldsymbol{R})=\boldsymbol{R}^{n^2},\ M(n, \boldsymbol{C})=\boldsymbol{R}^{2n^2},\ M(n, \boldsymbol{H})=\boldsymbol{R}^{4n^2}$$

実際，例えば $K=\boldsymbol{C}$ の場合，$M(n, \boldsymbol{C})$ の行列

$$X=\begin{pmatrix} x_{11}+\mathrm{i}y_{11} & x_{12}+\mathrm{i}y_{12} & \cdots & x_{1n}+\mathrm{i}y_{1n} \\ x_{21}+\mathrm{i}y_{21} & x_{22}+\mathrm{i}y_{22} & \cdots & x_{2n}+\mathrm{i}y_{2n} \\ \cdots\cdots & \cdots\cdots & \cdots & \cdots\cdots \\ x_{n1}+\mathrm{i}y_{n1} & x_{n2}+\mathrm{i}y_{n2} & \cdots & x_{nn}+\mathrm{i}y_{nn} \end{pmatrix} \quad x_{ij}, y_{ij} \in \boldsymbol{R}$$

に $\boldsymbol{R}^{2n^2}$ の点

$$(x_{11}, x_{22}, \cdots, x_{nn}, x_{12}, x_{21}, x_{13}, x_{31}, \cdots, x_{n-1n}, x_{nn-1};$$
$$y_{11}, y_{22}, \cdots, y_{nn}, y_{12}, y_{21}, y_{13}, y_{31}, \cdots, y_{n-1n}, y_{nn-1})$$

を対応させて同一視すればよい．$K=\boldsymbol{R}, \boldsymbol{H}$ のときも同様である．この同一視により $M(n, \boldsymbol{R}), M(n, \boldsymbol{C}), M(n, \boldsymbol{H})$ もそれぞれ $n^2, 2n^2, 4n^2$ 次元可微分多様体の構造をもつことがわかる．

なお，$\boldsymbol{R}^n$ は（したがって $M(n, \boldsymbol{R}), M(n, \boldsymbol{C}), M(n, \boldsymbol{H})$ も）連結である（[8]例90）が，コンパクトでない（[8]例78）．

例9 $$S^n=\{(a_1, \cdots, a_{n+1}) \in \boldsymbol{R}^{n+1} \mid a_1{}^2+\cdots+a_{n+1}{}^2=1\}$$

を **n 次元球面**という．S^n が n 次元可微分多様体の構造をもつことをつぎの 2

---

*) 以下，恒等写像 $1: X \to X$, $1(x)=x$ はつねに 1_X または 1 で表わす．

つの方法で証明しよう.

方法1 $V_i^+=\{(a_1, \cdots, a_{n+1})\in S^n \mid a_i<0\}$ $\quad$ $V_i^-=\{(a_1, \cdots, a_{n+1})\in S^n \mid a_i>0\}$ $\quad i=1, \cdots, n+1$

とおくと，これらは S^n の開集合であって，S^n を覆っている：

$$S^n=V_1^+\cup\cdots\cup V_{n+1}^+\cup V_1^-\cup\cdots\cup V_{n+1}^-$$

これらの V_i^+, V_i^- が $\boldsymbol{R}^n$ の開集合

$$E^n=\{(x_1, \cdots, x_n)\in \boldsymbol{R}^n \mid x_1^2+\cdots+x_n^2<1\}$$

と同相であることを示そう．そのために，写像

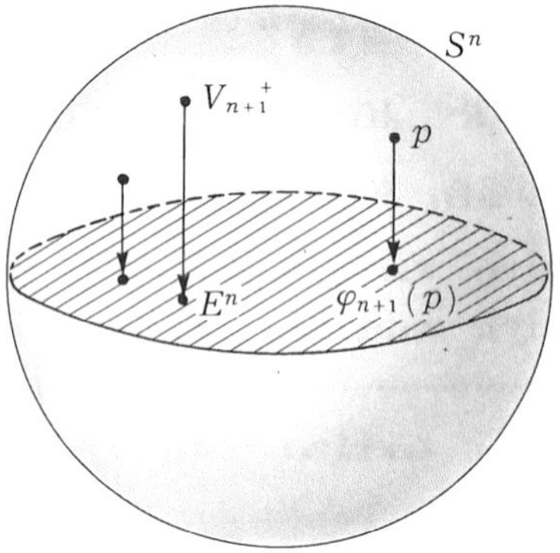

$$\varphi_i:\ V_i^+ \to E^n \qquad \varphi_i^{-1}:\ E^n \to V_i^+$$

を

$$\varphi_i(a_1, \cdots, a_{n+1})=(a_1, \cdots, \hat{a}_i, \cdots, a_{n+1})^{*)}$$

$$\varphi_i^{-1}(x_1, \cdots, x_n)=(x_1, \cdots, x_{i-1}, \sqrt{1-\sum_{k=1}^n x_k^2}, x_i, \cdots, x_n)$$

で定義すると，$\varphi_i, \varphi_i^{-1}$ は連続写像であって $\varphi_i^{-1}\varphi_i=1, \varphi_i\varphi_i^{-1}=1$ をみたしている．したがって φ_i は同相写像である．同様に，写像

$$\psi_i:\ V_i^- \to E^n, \qquad \psi_i^{-1}:\ E^n \to V_i^-$$

---

*) $(a_1, \cdots, \hat{a}_i, \cdots, a_{n+1})$ の $\hat{a}_i$ は a_i を除く記号である.

$$\psi_i(a_1, \cdots, a_{n+1})=(a_1, \cdots, \hat{a}_i, \cdots, a_{n+1})$$

$$\psi_i^{-1}(x_1, \cdots, x_n)=(x_1, \cdots, x_{i-1}, -\sqrt{1-\sum_{k=1}^{n} x^2{}_k}, x_i, \cdots, x_n)$$

は V_i^- と E^n の間の同相対応を与えている．さらに，写像

$$\varphi_j\varphi_i^{-1}\colon \varphi_i(V_i^+\cap V_j^+) \to \varphi_j(V_i^+\cap V_j^+)$$

は（ただし $j>i$ としておいた（$j<i$ のときも同様である））

$$\varphi_j\varphi_i^{-1}(x_1, \cdots, x_n)=(x_1, \cdots, x_{i-1}, \sqrt{1-\sum_{k=1}^{n} x_k^2}, x_i, \cdots, \hat{x}_{j-1}, \cdots, x_n)$$

となるから可微分である．同様に $\psi_j\psi_i^{-1}, \psi_j\varphi_i^{-1}, \varphi_j\psi_i^{-1}$ も可微分写像である．以上で S^n は n 次元可微分多様体の構造をもつことがわかった．

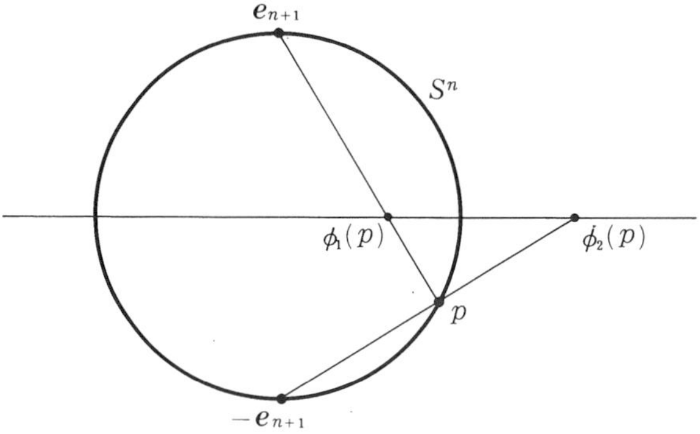

方法 2

$$U_1=S^n-\{(0, \cdots, 0, 1)\}$$
$$U_2=S^n-\{(0, \cdots, 0, -1)\}$$

とおくと，U_1, U_2 は S^n の開集合であって，S^n を覆っている：

$$S^n=U_1\cup U_2$$

この U_1, U_2 が $\boldsymbol{R}^n$ と同相であることを示そう．そのために，写像

$$\phi_1\colon U_1 \to \boldsymbol{R}^n, \qquad \phi_1^{-1}\colon \boldsymbol{R}^n \to U_1$$

を

$$\phi_1(a_1, \cdots, a_{n+1})=\left(\frac{a_1}{1-a_{n+1}}, \cdots, \frac{a_n}{1-a_{n+1}}\right)$$

$$\phi_1^{-1}(x_1,\cdots,x_n)=\left(\frac{2x_1}{1+\sum_{k=1}^n x_k^2},\cdots,\frac{2x_n}{1+\sum_{k=1}^n x_k^2},\ 1-\frac{2}{1+\sum_{k=1}^n x_k^2}\right)$$

で定義すると，ϕ_1,ϕ_1^{-1} は連続写像であって $\phi_1^{-1}\phi_1=1$, $\phi_1\phi_1^{-1}=1$ をみたしている．したがって ϕ_1 は同相写像である．同様に，写像

$$\phi_2:\ U_2\to \boldsymbol{R}^n,\qquad \phi_2^{-1}:\ \boldsymbol{R}^n\to U_2$$

$$\phi_2(a_1,\cdots,a_{n+1})=\left(\frac{a_1}{1+a_{n+1}},\cdots,\frac{a_n}{1+a_{n+1}}\right)$$

$$\phi_2^{-1}(x_1,\cdots,x_n)=\left(\frac{2x_1}{1+\sum_{k=1}^n x_k^2},\cdots,\frac{2x_n}{1+\sum_{k=1}^n x_k^2},\ \frac{2}{1+\sum_{k=1}^n x_k^2}-1\right)$$

は U_2 と $\boldsymbol{R}^n$ の間の同相対応を与えている．さらに，写像

$$\phi_2\phi_1^{-1}:\ \phi_1(U_1\cap U_2)\to\phi_2(U_1\cap U_2)$$

は

$$\phi_2\phi_1^{-1}(x_1,\cdots,x_n)=\left(\frac{x_1}{\sum_{k=1}^n x_k^2},\ \cdots,\frac{x_n}{\sum_{k=1}^n x_k^2}\right)$$

($\phi_1(U_1\cap U_2)=\boldsymbol{R}^n-\{0\}$ であるから $\phi_2\phi_1^{-1}$ の分母が 0 にならないことに注意) となるから可微分である．同様に $\phi_1\phi_2^{-1}$ も可微分である．以上で S^n は n 次元可微分多様体の構造をもつことがわかった．

なお，S^n はコンパクトであり（[8] 定理 2）かつ連結である（ただし $n\geqq 1$）（[8] 定理 4）．

例10　$K=\boldsymbol{R},\boldsymbol{C},\boldsymbol{H},\mathfrak{C}$ ($\mathfrak{C}$ は八元数体（4 章(7)）とし

$$KP_2=\{A\in M(3,K)\mid A^*=A,\ A^2=A,\ \mathrm{tr}(A)=1\}^{*)}$$

とおき，$\boldsymbol{R}P_2,\boldsymbol{C}P_2,\boldsymbol{H}P_2,\mathfrak{C}P_2$ をそれぞれ**実**，**複素**，**四元数**，**八元数射影平面**という．KP_2 の行列 A は $A^*=A$ (Hermite 性) をみたすから

$$A=\begin{pmatrix}\alpha_1 & a_3 & \bar{a}_2\\ \bar{a}_3 & \alpha_2 & a_1\\ a_2 & \bar{a}_1 & \alpha_3\end{pmatrix}\quad \alpha_i\in\boldsymbol{R},\ a_i\in K$$

---

*) 行列 $A=(a_{ij})\in M(n,K)$ に対し，A^* で A の共役転置行列 $A^*=(\bar{a}_{ji})$ を表わす．また $\mathrm{tr}(A)$ で A の跡：$\mathrm{tr}(A)=\sum_{k=1}^n a_{kk}$ を表わす．

の形をしているが，$A^2=A$（巾等性），$\mathrm{tr}(A)=1$ の条件は

$$\begin{cases} \alpha_1\alpha_2=|a_3|^2, \ \alpha_2\alpha_3=|a_1|^2, \ \alpha_3\alpha_1=|a_2|^2 \\ \alpha_1\bar{a}_1=a_2a_3, \ \alpha_2\bar{a}_2=a_3a_1, \ \alpha_3\bar{a}_3=a_1a_2 \\ \qquad \alpha_1+\alpha_2+\alpha_3=1 \end{cases}$$

になる．さて，$\boldsymbol{R}P_2$, $\boldsymbol{C}P_2$, $\boldsymbol{H}P_2$, $\mathfrak{C}P_2$ がそれぞれ 2, 4, 8, 16 次元可微分多様体の構造をもつことを示そう．

$$U_i=\{A\in KP_2 \mid \alpha_i\neq 0\} \qquad i=1, 2, 3$$

とおくと，U_1, U_2, U_3 は KP_2 の開集合であって，KP_2 を覆っている：

$$KP_2=U_1\cup U_2\cup U_3$$

これらの U_i が $\boldsymbol{R}^{2d}$ の開集合

$$E^{2d}=\{(z_1, z_2)\in K^2 \mid |z_1|^2+|z_2|^2<1\}$$

（ここに $d=\dim_{\boldsymbol{R}}K$, すなわち $K=\boldsymbol{R}, \boldsymbol{C}, \boldsymbol{H}, \mathfrak{C}$ にしたがって $d=1, 2, 4, 8$ とする）と同相であることを示そう．そのために，写像

$$\varphi_1\colon\ U_1 \to E^{2d}, \qquad \varphi_1{}^{-1}\colon\ E^{2d} \to U_1$$

を

$$\varphi_1(A)=\left(\frac{\bar{a}_3}{\sqrt{\alpha_1}}, \frac{a_2}{\sqrt{\alpha_1}}\right)$$

$$\varphi_1{}^{-1}(z_1, z_2)=\begin{pmatrix} 1-|z_1|^2-|z_2|^2 & \sqrt{1-|z_1|^2-|z_2|^2}\,\bar{z}_1 & \sqrt{1-|z_1|^2-|z_2|^2}\,\bar{z}_2 \\ z_1\sqrt{1-|z_1|^2-|z_2|^2} & |z_1|^2 & z_1\bar{z}_2 \\ z_2\sqrt{1-|z_1|^2-|z_2|^2} & z_2\bar{z}_1 & |z_2|^2 \end{pmatrix}$$

で定義すると，$\varphi_1, \varphi_1{}^{-1}$ は連続写像であって $\varphi_1\varphi_1{}^{-1}=1, \varphi_1{}^{-1}\varphi_1=1$ をみたしている．したがって φ_1 は同相写像である．同様に，写像

$$\varphi_2\colon\ U_2 \to E^{2d}, \qquad \varphi_3\colon\ U_3 \to E^{2d}$$

$$\varphi_2(A)=\left(\frac{\bar{a}_1}{\sqrt{\alpha_2}}, \frac{a_3}{\sqrt{\alpha_2}}\right), \ \varphi_3(A)=\left(\frac{\bar{a}_2}{\sqrt{\alpha_3}}, \frac{a_1}{\sqrt{\alpha_3}}\right)$$

はそれぞれ U_2 と E^{2d}; U_3 と E^{2d} の間の同相対応を与えている．さらに，写像

$$\varphi_2\varphi_1{}^{-1}\colon\ \varphi_1(U_1\cap U_2) \to \varphi_2(U_1\cap U_2)$$

は

$$\varphi_2\varphi_1^{-1}(z_1, z_2)=\left(\frac{z_2\bar{z}_1}{|z_1|^2}, \frac{\sqrt{1-|z_1|^2-|z_2|^2}\bar{z}_1}{|z_1|^2}\right)$$

$(\varphi_1(U_1\cap U_2)=\{(z_1, z_2)\in E^{2d}|z_1\neq 0\}$ であるから $\varphi_2\varphi_1^{-1}$ の分母が0にならないことに注意）となるから可微分である．この可微分の意味はつぎのようである．例えば $K=\boldsymbol{C}$ のとき

$$z_1=x_1+\mathrm{i}y_1,\quad z_2=x_2+\mathrm{i}y_2,\quad x_i, y_i\in\boldsymbol{R}$$

とおいて，$\varphi_2\varphi_1^{-1}$ を変数 x_1, y_1, x_2, y_2 の写像とみなすと

$$\begin{aligned}&\varphi_2\varphi_1^{-1}(x_1, y_1, x_2, y_2)\\&\quad=\left(\frac{x_1x_2+y_1y_2}{x_1^2+y_1^2}, \frac{x_1y_2-x_2y_1}{x_1^2+y_1^2}, \frac{\sqrt{1-x_1^2-y_1^2-x_2^2-y_2^2}\,x_1}{x_1^2+y_1^2},\right.\\&\qquad\left.-\frac{\sqrt{1-x_1^2-y_1^2-x_2^2-y_2^2}\,y_1}{x_1^2+y_1^2}\right)\end{aligned}$$

となるが，この写像 $\varphi_2\varphi_1^{-1}$ が可微分であるという意味である．同様に，他の写像 $\varphi_j\varphi_i^{-1}$ も可微分である．以上で KP_2 は $2d$ 次元可微分多様体の構造をもつことがわかった．

つぎに射影空間 KP_n $(n\geqq 3)$ について述べよう．$K=\boldsymbol{R}, \boldsymbol{C}, \boldsymbol{H}$ とし（$\mathfrak{C}$ は除く．その理由は［8］59頁にある），

$$KP_n=\{A\in M(n+1, K)\mid A^*=A, A^2=A, \mathrm{tr}(A)=1\}$$

とおき，$\boldsymbol{R}P_n, \boldsymbol{C}P_n, \boldsymbol{H}P_n$ をそれぞれ**実**，**複素**，**四元数n次元射影空間**という．$\boldsymbol{R}P_n, \boldsymbol{C}P_n, \boldsymbol{H}P_n$ は $n, 2n, 4n$ 次元可微分多様体の構造をもっている．その証明は射影平面のときと同様であるので各自の演習としておく．

なお，上記の射影平面，射影空間はいずれもコンパクトであり（［8］定理14）かつ連結である（［8］定理14）．

注意 射影空間 $KP_n(K=\boldsymbol{R}, \boldsymbol{C}, \boldsymbol{H})$ はつぎのようにして構成するのが普通である（$K=\mathfrak{C}$ のときにはこの方法は通用しない）．$K^{n+1}-\{0\}$ において，同値関係～を

$$x\sim y \Leftrightarrow y=x\alpha \quad \text{となる } \alpha\in K \text{ が存在する}$$

で与えて，この関係～による等化空間：

$$KP_n=(K^{n+1}-\{0\})/\sim$$

として射影空間を定義する．（例10の定義と一致することの証明は［8］58頁にある）．この

方法によると，KP_n の Hausdorff 性および可算開基をもつことは自明でないので，別に証明しなければならない．

(3) 可微分多様体の定義（続き）

例 9 において，球面 S^n に一見異なると思われる 2 種の座標近傍系を定義して，それぞれが S^n に可微分多様体の構造を与えることを示した．しかし，我々はこの 2 種の可微分構造を同じものとみなしたいのである．そのためにつぎの定義を与える．

定義 Mを座標近傍系 $\mathfrak{D}=\{(U_\lambda,\varphi_\lambda);\lambda\in\Lambda\}$ で与えられた n 次元可微分多様体とする．M の n 次元座標近傍 (U,φ) が，$U\cap U_\lambda\neq\phi$ なる $(U_\lambda,\varphi_\lambda)$ に対して写像

$$\varphi_\lambda\varphi^{-1}:\ \varphi(U\cap U_\lambda)\ \to\ \varphi_\lambda(U\cap U_\lambda)$$
$$\varphi\varphi_\lambda^{-1}:\ \varphi_\lambda(U\cap U_\lambda)\ \to\ \varphi(U\cap U_\lambda)$$

が可微分であるとき，(U,φ) は $(U_\lambda,\varphi_\lambda)$ に**許容的**であるといい，さらにすべての $(U_\lambda,\varphi_\lambda)\in\mathfrak{D}$ に対して許容的であるとき，(U,φ) は $\mathfrak{D}$ **に許容的**であるという．

定義 可算開基をもつ Hausdorff 空間Mの 2 つの可微分構造 $\mathfrak{D}=\{(U_\lambda,\varphi_\lambda);\lambda\in\Lambda\}$，$\mathfrak{D}'=\{(V_\alpha,\psi_\alpha);\alpha\in A\}$ が同値：$\mathfrak{D}\sim\mathfrak{D}'$ であるとは

任意の $(U_\lambda,\varphi_\lambda)\in\mathfrak{D}$ は $\mathfrak{D}'$ に許容的であり
任意の $(V_\alpha,\psi_\alpha)\in\mathfrak{D}'$ は $\mathfrak{D}$ に許容的である

がなりたつことであると定義する．この関係 $\sim$ が M の可微分構造全体の集合に同値関係を与えることは容易にわかる．そしてこの同値関係$\sim$による同値類〔$M,\mathfrak{D}$〕を$\boldsymbol{n}$**次元可微分多様体**という．したがって可微分多様体とは，Mの可微分構造 $\mathfrak{D}$ にさらに $\mathfrak{D}$ に許容的な座標近傍 (U,φ) をすべて付け加えたものを可微分構造にもつものと理解しておいてよい．以後，M の座標近傍 (U,φ) といえば，常に M の可微分構造 $\{(U_\lambda,\varphi_\lambda);\lambda\in\Lambda\}$ に許容的なものに限ることにする．

例11 例 9 において球面S^nに与えた 2 つの可微分構造 $\mathfrak{D}=\{(V_i^+,\varphi_i),(V_i^-,\psi_i);i=1,\cdots,n+1\}$，$\mathfrak{D}'=\{(U_i,\phi_i);i=1,2\}$ は同値である．実際，写像

$$\phi_1\varphi_i^{-1}\colon \varphi_i(V_i^+\cap U_1) \to \phi_1(V_i^+\cap U_1)$$
$$\varphi_i\phi_1^{-1}\colon \phi_1(V_i^+\cap U_1) \to \varphi_i(V_i^+\cap U_1)$$

はそれぞれ

$$\phi_1\varphi_i^{-1}(x_1, \cdots, x_n)=\phi_1\left(x_1, \cdots, x_{i-1}, \sqrt{1-\sum_{k=1}^n x_k^2}, x_i, \cdots, x_n\right)$$
$$=\left(\frac{x_1}{1-x_n}, \cdots, \frac{\sqrt{1-\sum_{k=1}^n x_k^2}}{1-x_n}, \cdots, \frac{x_{n-1}}{1-x_n}\right)$$

$$\varphi_i\phi_1^{-1}(x_1, \cdots, x_n)=\varphi_i\left(\frac{2x_1}{1+\sum_{k=1}^n x_k^2}, \cdots, \frac{2x_n}{1+\sum_{k=1}^n x_k^2}, 1-\frac{2}{1+\sum_{k=1}^n x_k^2}\right)$$

$$=\begin{cases}\left(\dfrac{2x_1}{1+\sum_{k=1}^n x_k^2}, \cdots, \widehat{\dfrac{2x_i}{1+\sum_{k=1}^n x_k^2}}, \cdots, \dfrac{2x_n}{1+\sum_{k=1}^n x_k^2}, 1-\dfrac{2}{1+\sum_{k=1}^n x_k^2}\right) & i\neq n+1 \\ \left(\dfrac{2x_1}{1+\sum_{k=1}^n x_k^2}, \cdots, \dfrac{2x_n}{1+\sum_{k=1}^n x_k^2}\right) & i=n+1\end{cases}$$

となるから可微分である．したがって (U_1, ϕ_1) は (V_i^+, φ_i) に許容的である．同様に (U_1, ϕ_1) は (V_i^-, ψ_i) にも許容的であり，さらに (U_2, ϕ_2) についても同様なことがいえるので，S^n の 2 つの可微分構造 $\mathfrak{D}, \mathfrak{D}'$ は同値である．

注意 与えられた位相多様体 M に適当な座標近傍系をいれて可微分多様体にすることができるかという問題があるが，この答は否定的である．また Milnor が球面 S^7 で示したように，与えられた位相多様体 M に本質的に異なる 2 種以上の可微分構造を与えることも可能である．例 9 で球面 S^n に可微分多様体の構造を与えたが，それは標準的なものであって他にも異なった可微分構造が存在していることもあるのである．したがって S^n は可微分多様体であるというだけではどの可微分構造をさすのかわからないが，特にことわらない限り，例 9 で与えた可微分構造をさすのが普通である．なお Lie 群 G（その定義は 5 節にある）においては，その可微分構造の与え方は一通りであることが知られている．

(4) 積多様体と開部分多様体

定義 M, N をそれぞれ m, n 次元可微分多様体とする．このとき直積空間 $M\times N$ にはつぎの方法で $m+n$ 次元可微分多様体の構造を与えることができる．まず M, N が Hausdorff 空間で可算開基をもつから，$M\times N$ も Hausdorff

空間で可算開基をもつことに注意しよう．さて，$\{(U_\lambda, \varphi_\lambda); \lambda \in \Lambda\}$，$\{(V_\alpha, \psi_\alpha); \alpha \in A\}$ をそれぞれ M, N の可微分構造とするとき

$$\varphi_\lambda \times \psi_\alpha:\ U_\lambda \times V_\alpha \to \varphi_\lambda(U_\lambda) \times \psi_\alpha(V_\alpha)$$
$$(\varphi_\lambda \times \psi_\alpha)(p, q) = (\varphi_\lambda(p), \psi_\alpha(q))$$

は同相写像であるが，さらに

$$\{(U_\lambda \times V_\alpha, \varphi_\lambda \times \psi_\alpha); (\lambda, \alpha) \in \Lambda \times A\}$$

が $M \times N$ に可微分構造を与えることが容易にわかる．このような方法で $M \times N$ に可微分多様体の構造を与えたとき，$M \times N$ を M, N の**積多様体**という．

例12　1次元球面 S^1 の n 個の直積空間 T^n:

$$T^n = S^1 \times \cdots \times S^1$$

を ***n* 次元トーラス**という．n 次元トーラス T^n は，S^1 の積多様体として，n 次元可微分多様体である．例9の方法1によると，S^1 を4つの座標近傍 V_1^+, V_2^+, V_1^-, V_2^- で覆うことができるので，T^n は 4^n 個の座標近傍で覆うことができる．

なお，T^n はコンパクトでありかつ連結である．

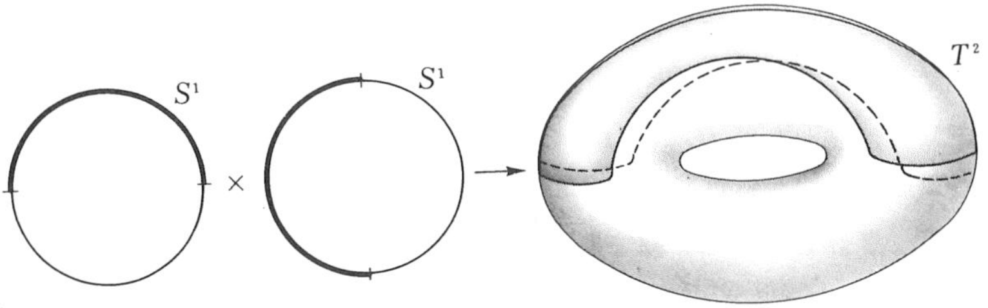

定義　n 次元可微分多様体 M の空でない開集合 O にはつぎの方法で n 次元可微分多様体の構造を与えることができる．まず M が Hausdorff 空間で可算開基をもつから O も Hausdorff 空間で可算開基をもっていることに注意しよう．さて，$\{(U_\lambda, \varphi_\lambda); \lambda \in \Lambda\}$ を M の可微分構造とするとき

$$\{(O \cap U_\lambda, \varphi_\lambda | (O \cap U_\lambda)); \lambda \in \Lambda\}$$

（ただし $O\cap U_\lambda=\phi$ ならば除外する）が O に可微分構造を与えることが容易にわかる．このような方法で O に可微分多様体の構造を与えたとき，O を M の**開部分多様体**という．

例13
$$GL(n,\boldsymbol{R})=\{A\in M(n,\boldsymbol{R})\mid \det A\neq 0\}$$
$$GL(n,\boldsymbol{C})=\{A\in M(n,\boldsymbol{C})\mid \det A\neq 0\}$$
$$GL(n,\boldsymbol{H})=\{A\in M(n,\boldsymbol{H})\mid AB=E^{*)}\ \text{をみたす}\ B\in M(n,\boldsymbol{H})\ \text{がある}\}$$

はそれぞれ行列の積に関して群をつくっている．これらの群を順に**実，複素，四元数一般線型群**という．$GL(n,\boldsymbol{R})$, $GL(n,\boldsymbol{C})$, $GL(n,\boldsymbol{H})$ はそれぞれ $M(n,\boldsymbol{R})$, $M(n,\boldsymbol{C})$, $M(n,\boldsymbol{H})$ の開集合になっている．その証明は $K=\boldsymbol{R},\boldsymbol{C}$ のときにはつぎのようにすればよい．行列 $X\in M(n,K)$ にその行列式 $\det X$ を対応させる写像

$$f\colon M(n,K)\to K,\qquad f(X)=\det X$$

は連続であり，かつ

$$GL(n,K)=f^{-1}(K-\{0\})$$

となっているので，$GL(n,K)$ は K の開集合 $K-\{0\}$ の連続写像 f による逆像として開集合である．$GL(n,\boldsymbol{H})$ については，行列式による方法を用いることができないので別の方法で証明しなければならないが，結果は正しい（[8] 定理8）．これらは $dn^2(d=\dim_{\boldsymbol{R}}K)$ 次元可微分多様体 $M(n,K)=\boldsymbol{R}^{dn^2}$（例8）の開部分多様体として，$GL(n,\boldsymbol{R})$, $GL(n,\boldsymbol{C})$, $GL(n,\boldsymbol{H})$ はそれぞれ n^2, $2n^2$, $4n^2$ 次元可微分多様体である．

注意 一般線型群 $(GL(n,\boldsymbol{R})$, $GL(n,\boldsymbol{C})$, $GL(n,\boldsymbol{H})$ は可微分多様体であるばかりでなく，つぎに定義する Lie 群の構造をもっている．

定義 集合 G が **Lie 群**であるとは

(1) G は群である．

(2) G は可微分多様体である．

(3) 写像 $\mu\colon G\times G\to G$, $\mu(x,y)=xy$ および写像 $\nu\colon G\to G$, $\nu(x)=x^{-1}$ は可微分である（写像の可微分性の定義は6節にある）．

$GL(n,\boldsymbol{R})$, $GL(n,\boldsymbol{C})$ が Lie 群になることの証明は容易であるが，$GL(n,\boldsymbol{H})$

*) E は（n 次の）単位行列を表わす．

の場合，逆元を対応させる写像の可微分性については[8]補題68を用いればよい．

(5) 可微分多様体の例（その2）

つぎの定理14は，ユークリッド空間 $\boldsymbol{R}^n$ のある部分空間 M が可微分多様体であることを示すのにかなり有用である．

定理14 可微分写像 $f: \boldsymbol{R}^n \to \boldsymbol{R}^r$ に対して

$$M=\{p\in \boldsymbol{R}^n \mid f(p)=0\}$$

とおく．いま $r<n$ であるとし，M の各点 p において，f の Jacobi 行列 $(Df)_p$ の階数がつねに r である：

$$\mathrm{rank}(Df)_p=r$$

とするならば，M は $n-r$ 次元可微分多様体である．（この M を，M 上で階数 r の可微分写像 $f: \boldsymbol{R}^n \to \boldsymbol{R}^r$ の零点として得られる可微分多様体ということにする）．

証明 （この証明の大半は陰関数定理（定理4）の証明そのままであるが再記する）．点 $p\in M$ を固定して考える．写像 $f=(f_1, \cdots, f_r): \boldsymbol{R}^n \to \boldsymbol{R}^r$ の点 p における Jacobi 行列

$$(Df)_p=\begin{pmatrix} \dfrac{\partial f_1}{\partial x_1}(p) \cdots \dfrac{\partial f_1}{\partial x_n}(p) \\ \cdots\cdots\cdots\cdots\cdots\cdots \\ \dfrac{\partial f_r}{\partial x_1}(p) \cdots \dfrac{\partial f_r}{\partial x_n}(p) \end{pmatrix}$$

の階数が r であるから，必要ならば $x_1, \cdots, x_n$ の番号をいれかえて，行列

$$\left(\frac{\partial f_i}{\partial x_j}(p)\right)_{\substack{i=1, \cdots, r \\ j=n-r+1, \cdots, n}} \quad \text{が正則}$$

であると仮定しても一般性を失なわない．さて，写像 $F: \boldsymbol{R}^n \to \boldsymbol{R}^n$ を

$$F(x)=F(x_1, \cdots, x_n)=(x_1, \cdots, x_{n-r}, f_1(x_1, \cdots, x_n), \cdots, f_r(x_1, \cdots, x_n))$$

で定義すると，明らかに F は可微分写像であって，点 p における Jacobi 行列は

$$(DF)_p=\left(\begin{array}{ccc|c} 1 & & & \\ & \ddots & & * \\ & & 1 & \\ \hline & 0 & & \left(\dfrac{\partial f_i}{\partial x_j}(p)\right)_{\substack{i=1,\cdots,r \\ j=n-r+1,\cdots,n}} \end{array}\right)\begin{array}{l}\left.\vphantom{\begin{array}{c}1\\ \ddots\\ 1\end{array}}\right\}n-r \\ \left.\vphantom{\dfrac{\partial f}{\partial x}}\right\}r\end{array}$$

となるので，$(DF)_p$ は正則行列である．したがって逆関数定理（定理 3）より，$\boldsymbol{R}^n$ において点 p の近傍 W と点 $F(p)=(p_1,\cdots,p_{n-r},0,\cdots,0)=p''$ の近傍 W' が存在して，F は可微分同相写像 $F|W\colon W\to W'$ を引き起こしている．写像 $F|W$ の逆写像を $G=(G_1,\cdots,G_n)\colon W'\to W$ で表わすと，G は可微分写像であって，当然

$$F(G(x))=x \qquad x\in W'$$

をみたしている．この式は，$x\in W'$ に対して

$$\begin{cases} G_i(x_1,\cdots,x_n)=x_i & i=1,\cdots,n-r \qquad \text{(i)} \\ f_j(G_1(x),\cdots,G_n(x))=x_{n-r+j} & j=1,\cdots,r \qquad \text{(ii)} \end{cases}$$

がなりたつことを意味している．さて，写像 $\pi\colon \boldsymbol{R}^n=\boldsymbol{R}^{n-r}\times\boldsymbol{R}^r\to\boldsymbol{R}^{n-r}$ を射影 $(\pi(x_1,\cdots,x_n)=(x_1,\cdots,x_{n-r}))$ とし

$$V=\pi(W')$$

とおくと，V は $\boldsymbol{R}^{n-r}$ における点 $p'=(p_1,\cdots,p_{n-r})$ の近傍になる．そこで，関数 $g_j\colon V\to\boldsymbol{R},\ j=1,\cdots,r$ を

$$g_j(x_1,\cdots,x_{n-r})=G_{n-r+j}(x_1,\cdots,x_{n-r},0,\cdots,0)$$

で定義すると，G_{n-r+j} の可微分性より g_j は可微分関数である．(i)より特に $G_i(x_1,\cdots,x_{n-r},0,\cdots,0)=x_i,\ i=1,\cdots,n-r$ であることに注意して，(ii)において $x_{n-r+1}=\cdots=x_n=0$ とおくと

$$f_j(x_1,\cdots,x_{n-r},g(x_1,\cdots,x_{n-r}),\cdots,g_r(x_1,\cdots,x_{n-r}))=0 \quad j=1,\cdots,r \qquad \text{(iii)}$$

となる．

さて，$M\cap W$ を U とおくと，U は M の開集合であるが，この U が M の $n-r$ 次元座標近傍であることを示そう．そのために，写像

$$\varphi\colon\ U=M\cap W\ \to\ V$$

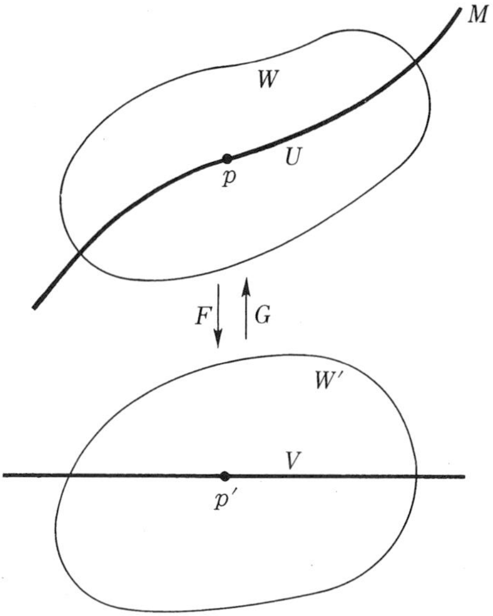

を $\varphi=\pi(F|U)$, すなわち

$$\varphi(a_1, \cdots, a_n)=(a_1, \cdots, a_{n-r})$$

で定義する．さらに，写像

$$\psi:\ V \to\ U=M\cap W$$

を

$$\psi(x_1, \cdots, x_{n-r})=(x_1, \cdots, x_{n-r}, g_1(x_1, \cdots, x_{n-r}), \cdots, g_r(x_1, \cdots, x_{n-r}))$$

で定義する．ψ が確かに V から U への写像であること，すなわち $(x_1, \cdots, x_{n-r})\in V$ に対して $\psi(x_1, \cdots, x_{n-r})\in M$ となることは(iii)のことであり，また $\psi(x_1, \cdots, x_{n-r})\in W$ は明らかである．これらの写像 φ, ψ が連続であることは明らかであり，さらに $\varphi\psi=1$, $\psi\varphi=1$ をみたしている．実際，$(x_1, \cdots, x_{n-r})\in V$ に対して

$$\begin{aligned}\varphi\psi(x_1, \cdots, x_{n-r})&=\varphi(x_1, \cdots, x_{n-r}, g_1(x_1, \cdots, x_{n-r}), \cdots, g_r(x_1, \cdots, x_{n-r}))\\&=(x_1, \cdots, x_{n-r})\end{aligned}$$

となるから $\varphi\psi=1$ である．$\psi\varphi=1$ を示すために

$$G(F(x))=x \qquad x\in W$$

を用いる．この式は

$$G_k(x_1, \cdots, x_{n-r}, f_1(x_1, \cdots, x_n), \cdots, f_r(x_1, \cdots, x_n))=x_k \quad k=1, \cdots, n$$

を意味しているが，これを点 $(a_1, \cdots, a_n)\in U=M\cap W$ で考えると

$$G_k(a_1, \cdots, a_{n-r}, 0, \cdots, 0)=a_k \qquad k=1, \cdots, n$$

となっている．したがって特に

$$g_j(a_1, \cdots, a_{n-r})=G_{n-r+j}(a_1, \cdots, a_{n-r}, 0, \cdots, 0)=a_{n-r+j} \qquad j=1, \cdots, r$$

となる．さて，$(a_1, \cdots, a_n)\in U$ に対して

$$\begin{aligned}\psi\varphi(a_1, \cdots, a_n)&=\psi(a_1, \cdots, a_{n-r})\\&=(a_1, \cdots, a_{n-r}, g_1(a_1, \cdots, a_{n-r}), \cdots, g_r(a_1, \cdots, a_{n-r}))\\&=(a_1, \cdots, a_{n-r}, a_{n-r+1}, \cdots, a_n)\end{aligned}$$

となるから $\psi\varphi=1$ である．以上で $\varphi\colon U\to V$ が同相写像であることが示された．つぎに，Mの各点 λ に対し上記のような $n-r$ 次元座標近傍をつくるとき，$\{(U_\lambda, \varphi_\lambda); \lambda\in M\}$ が M に可微分多様体の構造を与えていることを示そう．そのためには，$U_\lambda\cap U_\mu\neq\phi$ ならば，写像

$$\varphi_\mu\varphi_\lambda^{-1}\colon \varphi_\lambda(U_\lambda\cap U_\mu) \to \varphi_\mu(U_\lambda\cap U_\mu)$$

が可微分であることを示さねばならないが，それは容易である．実際，φ_λ が上記の写像 φ であるとするならば

$$\begin{aligned}\varphi_\mu\varphi_\lambda^{-1}(x_1, \cdots, x_{n-r})&=\varphi_\mu\psi(x_1, \cdots, x_{n-r})\\&=\varphi_\mu(x_1, \cdots, x_{n-r}, g_1(x_1, \cdots, x_{n-r}), \cdots, g_r(x_1, \cdots, x_{n-r}))\end{aligned}$$

となるが，これは $(x_1, \cdots, x_{n-r}, g_1(x_1, \cdots, x_{n-r}), \cdots, g_r(x_1, \cdots, x_{n-r}))$ の中から $n-r$ 個の関数を選び出したものであるから $\varphi_\mu\varphi_\lambda^{-1}$ は可微分である．以上でMが $n-r$ 次元可微分多様体の構造をもつことが証明された．∎

例15　例 9 でみたように，n 次元球面

$$S^n=\{(a_1, \cdots, a_{n+1})\in \boldsymbol{R}^{n+1} \mid a_1{}^2+\cdots+a_{n+1}{}^2=1\}$$

は n 次元可微分多様体であったが，定理14を用いて再びこのことを証明しよう．(本質的には例 9 の方法 1 と同じであるが)．関数 $f\colon \boldsymbol{R}^{n+1}\to \boldsymbol{R}$ を

$$f(x_1, \cdots, x_{n+1}) = x_1{}^2 + \cdots + x_{n+1}{}^2 - 1$$

で定義すると，f は可微分関数で

$$S^n = \{a \in \boldsymbol{R}^{n+1} \mid f(a) = 0\}$$

となっている．さて

$$\left(\frac{\partial f}{\partial x_1}, \cdots, \frac{\partial f}{\partial x_{n+1}}\right) = (2x_1, \cdots, 2x_{n+1})$$

であるから，S^n の各点 $a = (a_1, \cdots, a_{n+1})$ で

$$\left(\frac{\partial f}{\partial x_1}, \cdots, \frac{\partial f}{\partial x_{n+1}}\right)_a = (2a_1, \cdots, 2a_{n+1}) = 2a \neq 0$$

となり $(Df)_a$ の階数は1である．よって S^n は $(n+1)-1=n$ 次元可微分多様体である．

例16　2次元トーラス T^2 を，(x, y)-平面上で，中心 $(0, 2)$，半径1の円：$x^2+(y-2)^2=1$ を x 軸のまわりに回転した空間図形であると考えると，その方程式は

$$(x^2+y^2+z^2+3)^2 = 16(y^2+z^2)$$

で与えられる．すなわち

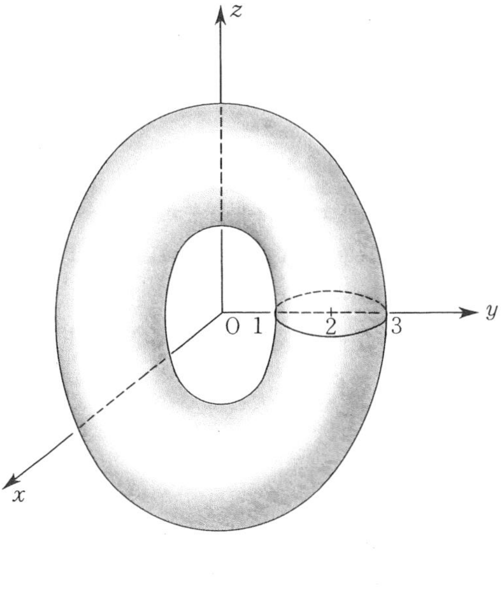

$$T^2=\{(a,b,c)\in \boldsymbol{R}^3 \mid (a^2+b^2+c^2+3)^2=16(b^2+c^2)\}$$

である．したがって，関数 $f\colon \boldsymbol{R}^3\to \boldsymbol{R}$ を

$$f(x,y,z)=(x^2+y^2+z^2+3)^2-16(y^2+z^2)$$

で定義すると

$$T^2=\{p\in \boldsymbol{R}^3 \mid f(p)=0\}$$

となっている． T^2 上で $\operatorname{grad} f$ が 0 にならないことは容易な計算で確かめられる(ので各自の演習としておく)．よって T^2 は $3-1=2$ 次元可微分多様体である（例12参照)．

例17
$$SL(n,\boldsymbol{R})=\{A\in M(n,\boldsymbol{R}) \mid \det A=1\}$$

は行列の積に関して群をつくっている．この群 $SL(n,\boldsymbol{R})$ を**実特殊線型群**という． $SL(n,\boldsymbol{R})$ が n^2-1 次元可微分多様体であることを定理14を用いて示そう．関数 $\varDelta\colon M(n,\boldsymbol{R})\to \boldsymbol{R}$ を

$$\varDelta(X)=\det X-1$$

で定義すると，$\varDelta$ は可微分関数で

$$SL(n,\boldsymbol{R})=\{A\in M(n,\boldsymbol{R}) \mid \varDelta(A)=0\}$$

となっている． 行列 $X=\begin{pmatrix} x_{11} & x_{12} & \cdots & x_{1n} \\ x_{21} & x_{22} & \cdots & x_{2n} \\ \cdots & \cdots & \cdots & \cdots \\ x_{n1} & x_{n2} & \cdots & x_{nn} \end{pmatrix}\in M(n,\boldsymbol{R})$ の (i,j)-余因数を X_{ij} で表わすとき，線型代数学でよく知られた公式

$$\begin{aligned}\varDelta(X)&=x_{11}X_{11}+x_{12}X_{12}+\cdots+x_{1n}X_{1n}-1\\&=x_{21}X_{21}+x_{22}X_{22}+\cdots+x_{2n}X_{2n}-1\\&\cdots\cdots\cdots\cdots\cdots\cdots\\&=x_{n1}X_{n1}+x_{n2}X_{n2}+\cdots+x_{nn}X_{nn}-1\end{aligned}$$

がなりたっている．これより $\dfrac{\partial \varDelta}{\partial x_{ij}}=X_{ij}$ となるから

$$\operatorname{grad}\varDelta=\begin{pmatrix} X_{11} & X_{12} & \cdots & X_{1n} \\ X_{21} & X_{22} & \cdots & X_{2n} \\ \multicolumn{4}{c}{\cdots\cdots\cdots\cdots\cdots\cdots} \\ X_{n1} & X_{n2} & \cdots & X_{nn} \end{pmatrix}$$

となる．元 $A\in SL(n, \boldsymbol{R})$ に対しては，A のすべての余因数が 0 になることはないから $(\operatorname{grad}\varDelta)_A\neq 0$ である．すなわち $(D\varDelta)_A$ の階数が 1 であるから，$SL(n, \boldsymbol{R})$ は n^2-1 次元可微分多様体である．

なお，$SL(n, \boldsymbol{R})$ は連結である（[8]定理23(2)）がコンパクトでない（[8]定理23(1)）．

例18　　$SL(n, \boldsymbol{C})=\{A\in M(n, \boldsymbol{C})\mid \det A=1\}$

は行列の積に関して群をつくっている．この群 $SL(n, \boldsymbol{C})$ を**複素特殊線型群**という．$SL(n, \boldsymbol{C})$ が $2n^2-2$ 次元可微分多様体であることを定理14を用いて示そう．行列 $X=\begin{pmatrix} x_{11}+\mathrm{i}y_{11} & \cdots & x_{1n}+\mathrm{i}y_{1n} \\ \multicolumn{3}{c}{\cdots\cdots\cdots\cdots} \\ x_{n1}+\mathrm{i}y_{n1} & \cdots & x_{nn}+\mathrm{i}y_{nn} \end{pmatrix}\in M(n, \boldsymbol{C})$ $(x_{ij}, y_{ij}\in\boldsymbol{R})$ と行列

$X=\begin{pmatrix} x_{11} & \cdots & x_{1n} & y_{11} & \cdots & y_{1n} \\ \multicolumn{6}{c}{\cdots\cdots\cdots\cdots\cdots\cdots} \\ x_{n1} & \cdots & x_{nn} & y_{n1} & \cdots & y_{nn} \end{pmatrix}\in M(n, 2n, \boldsymbol{R})$ を同一視して

$$M(n, \boldsymbol{C})=M(n, 2n, \boldsymbol{R})=\boldsymbol{R}^{2n^2}$$

とみなしておく．さて，2つの関数 $\varDelta, \delta\colon M(n, \boldsymbol{C})\to\boldsymbol{R}$ を

$$\varDelta(X)=\operatorname{Re}(\det X)-1^{*)}$$
$$\delta(X)=\operatorname{Im}(\det X)^{*)}$$

で定義すると，$\varDelta, \delta$ は可微分関数で

$$SL(n, \boldsymbol{C})=\{A\in M(n, \boldsymbol{C})\mid \varDelta(A)=\delta(A)=0\}$$

となっている．行列 $X=\left(x_{ij}+\mathrm{i}y_{ij}\right)\in M(n, \boldsymbol{C})$ の (i, j)-余因数を $X_{ij}+\mathrm{i}\,Y_{ij}$, $X_{ij}, Y_{ij}\in\boldsymbol{R}$ で表わすと

---

*) 複素数 $\alpha=a+\mathrm{i}b$, $a, b\in\boldsymbol{R}$ に対して，$\operatorname{Re}\alpha$, $\operatorname{Im}\alpha$ でそれぞれαの実部，虚部を表わす：$\operatorname{Re}\alpha=a$, $\operatorname{Im}\alpha=b$.

$$\begin{aligned}\varDelta(X)+\mathrm{i}\delta(X)&=\det X-1\\&=\sum_{j=1}^{n}(x_{ij}+\mathrm{i}y_{ij})(X_{ij}+\mathrm{i}\,Y_{ij})-1\qquad i=1,\cdots,n\end{aligned}$$

がなりたっている．これより

$$\begin{cases}\dfrac{\partial\varDelta}{\partial x_{ij}}+\mathrm{i}\dfrac{\partial\delta}{\partial x_{ij}}=X_{ij}+\mathrm{i}\,Y_{ij}\\[2mm]\dfrac{\partial\varDelta}{\partial y_{ij}}+\mathrm{i}\dfrac{\partial\delta}{\partial y_{ij}}=-Y_{ij}+\mathrm{i}X_{ij}\end{cases}$$

となるから

$$\mathrm{grad}\,\varDelta=\begin{pmatrix}X_{11}&\cdots&X_{1n}&-Y_{11}&\cdots&-Y_{1n}\\&&\cdots\cdots&\cdots\cdots&&\\X_{n1}&\cdots&X_{nn}&-Y_{n1}&\cdots&-Y_{nn}\end{pmatrix}\tag{i}$$

$$\mathrm{grad}\,\delta=\begin{pmatrix}Y_{11}&\cdots&Y_{1n}&X_{11}&\cdots&X_{1n}\\&&\cdots\cdots&\cdots\cdots&&\\Y_{n1}&\cdots&Y_{nn}&X_{n1}&\cdots&X_{nn}\end{pmatrix}\tag{ii}$$

となる．元 $A\in SL(n,\boldsymbol{C})$ に対しては，Aのすべての余因数が 0 になることはないから

$$(\mathrm{grad}\,\varDelta)_A\neq 0,\qquad(\mathrm{grad}\,\delta)_A\neq 0$$

である．さらに，(i)(ii)から直ぐわかるように grad $\varDelta$, grad δ は直交している：

$$(\mathrm{grad}\,\varDelta,\ \mathrm{grad}\,\delta)=0$$

特に $(\mathrm{grad}\,\varDelta)_A$, $(\mathrm{grad}\,\delta)_A$ は 1 次独立である．これより，写像 $f=(\varDelta,\delta)$: $M(n,\boldsymbol{C})\to\boldsymbol{R}^2$ の Jacobi 行列の $SL(n,\boldsymbol{C})$ 上における階数がつねに 2 であることがわかる．よって，$SL(n,\boldsymbol{C})$ は $2n^2-2$ 次元可微分多様体である．

なお，$SL(n,\boldsymbol{C})$ は連結である（[8]定理23(2)）がコンパクトでない（[8]定理23(1)）．

可微分写像 $f=(f_1,\cdots,f_r)$: $\boldsymbol{R}^n\to\boldsymbol{R}^r$ の点 p における Jacobi 行列 $(Df)_p$ の階数が r であるということは，$(Df)_p$ の r 個の行ベクトル

$$(\mathrm{grad}\,f_1)_p=\left(\frac{\partial f_1}{\partial x_1}(p),\cdots,\frac{\partial f_1}{\partial x_n}(p)\right)$$

$$\cdots\cdots\cdots\cdots\cdots\cdots$$

$$(\mathrm{grad}\,f_r)_p=\left(\frac{\partial f_r}{\partial x_1}(p),\cdots,\frac{\partial f_r}{\partial x_n}(p)\right)$$

が１次独立であるということである（このことは例18でも既に用いている）．そこで，ベクトル $\boldsymbol{a}_1, \boldsymbol{a}_2, \cdots, \boldsymbol{a}_r$ が１次独立であるかどうかを判定するつぎの補題がしばしば役に立つ．

補題19 r 個のベクトル $\boldsymbol{a}_1, \boldsymbol{a}_2, \cdots, \boldsymbol{a}_r \in \boldsymbol{R}^n$ が１次独立であるための必要十分条件は

$$\det\begin{pmatrix} (\boldsymbol{a}_1, \boldsymbol{a}_1) & (\boldsymbol{a}_1, \boldsymbol{a}_2) \cdots (\boldsymbol{a}_1, \boldsymbol{a}_r) \\ (\boldsymbol{a}_2, \boldsymbol{a}_1) & (\boldsymbol{a}_2, \boldsymbol{a}_2) \cdots (\boldsymbol{a}_2, \boldsymbol{a}_r) \\ \cdots\cdots & \cdots\cdots\cdots\cdots \\ (\boldsymbol{a}_r, \boldsymbol{a}_1) & (\boldsymbol{a}_r, \boldsymbol{a}_2) \cdots (\boldsymbol{a}_r, \boldsymbol{a}_r) \end{pmatrix} \neq 0$$

がなりたつことである．（行列 $\big((\boldsymbol{a}_i, \boldsymbol{a}_j)\big)_{i,\ j=1,\ \ldots,\ r}$ をベクトル $\boldsymbol{a}_1, \boldsymbol{a}_2, \cdots, \boldsymbol{a}_r$ の **Gramm 行列**といい，その行列式を **Gramm 行列式**という）．

証明 $\det\big((\boldsymbol{a}_i, \boldsymbol{a}_j)\big)=0$ とすると，Gramm 行列 $\big((\boldsymbol{a}_i, \boldsymbol{a}_j)\big)$ の列ベクトルは１次従属である．したがって，すべては０でない $\alpha_1, \alpha_2, \cdots, \alpha_r \in \boldsymbol{R}$ が存在して

$$\begin{cases} \alpha_1(\boldsymbol{a}_1, \boldsymbol{a}_1)+\alpha_2(\boldsymbol{a}_1, \boldsymbol{a}_2)+\cdots+\alpha_r(\boldsymbol{a}_1, \boldsymbol{a}_r)=0 \\ \alpha_1(\boldsymbol{a}_2, \boldsymbol{a}_1)+\alpha_2(\boldsymbol{a}_2, \boldsymbol{a}_2)+\cdots+\alpha_r(\boldsymbol{a}_2, \boldsymbol{a}_r)=0 \\ \cdots\cdots\cdots\cdots\cdots\cdots\cdots\cdots \\ \alpha_1(\boldsymbol{a}_r, \boldsymbol{a}_1)+\alpha_2(\boldsymbol{a}_r, \boldsymbol{a}_2)+\cdots+\alpha_r(\boldsymbol{a}_r, \boldsymbol{a}_r)=0 \end{cases} \tag{i}$$

がなりたつ．すなわち

$$(\boldsymbol{a}_i, \sum_{j=1}^{r} \alpha_j \boldsymbol{a}_j)=0 \qquad i=1, \cdots, r \tag{ii}$$

がなりたつ．これより

$$(\sum_{i=1}^{r} \alpha_i \boldsymbol{a}_i, \sum_{i=1}^{r} \alpha_i \boldsymbol{a}_i)=\sum_{i=1}^{r} \alpha_i(\boldsymbol{a}_i, \sum_{j=1}^{r} \alpha_j \boldsymbol{a}_j)=\sum_{i=1}^{r} \alpha_i \cdot 0=0$$

となる．よって $\sum_{i=1}^{r} \alpha_i \boldsymbol{a}_i=\boldsymbol{0}$ となり，$\boldsymbol{a}_1, \boldsymbol{a}_2, \cdots, \boldsymbol{a}_r$ は１次従属である．逆は今の証明を逆にたどればよい．すなわち，$\boldsymbol{a}_1, \boldsymbol{a}_2, \cdots, \boldsymbol{a}_r$ が１次従属であるとすると，すべては０でない $\alpha_1, \alpha_2, \cdots, \alpha_r \in \boldsymbol{R}$ が存在して $\sum_{i=1}^{r} \alpha_i \boldsymbol{a}_i=\boldsymbol{0}$ となる．すると(ii)，すなわち(i)がなりたつ．これは Gramm 行列の列ベクトルが１次従属であるということであるから，その行列式は０になる．以上で補題が証明され

た. ∎

例20
$$O(n)=\{A\in M(n, \boldsymbol{R})\mid {}^tAA=E\}^{*)}$$
は行列の積に関して群をつくっている．この群 $O(n)$ を**直交群**という．$O(n)$ が $\dfrac{n(n-1)}{2}$ 次元可微分多様体であることを定理14を用いて示そう．直ぐわかるように，行列 $A\in M(n, \boldsymbol{R})$ が $O(n)$ に含まれるための必要十分条件は，A の列ベクトル $\boldsymbol{a}_1, \boldsymbol{a}_2, \cdots, \boldsymbol{a}_n$ が $\boldsymbol{R}^n$ の正規直交基になること，すなわち
$$(\boldsymbol{a}_i, \boldsymbol{a}_j)=\delta_{ij} \qquad i, j=1, \cdots, n$$
がなりたつことである．さて，$M(n, \boldsymbol{R})$ の行列 X を
$$X=\begin{pmatrix} x_{11} & \cdots & x_{1n} \\ & \cdots\cdots\cdots & \\ x_{n1} & \cdots & x_{nn} \end{pmatrix}=(\boldsymbol{x}_1, \cdots, \boldsymbol{x}_n)$$
と書くことにし，$\dfrac{n(n+1)}{2}$ 個の関数
$$f_{ij}\colon M(n, \boldsymbol{R}) \to \boldsymbol{R} \qquad 1\leqq i\leqq j\leqq n$$
を
$$f_{ij}(X)=(\boldsymbol{x}_i, \boldsymbol{x}_j)-\delta_{ij}=\sum_{k=1}^{n} x_{ki}x_{kj}-\delta_{ij}$$
で定義すると，f_{ij} は可微分関数であって
$$O(n)=\{A\in M(n, \boldsymbol{R})\mid f_{ij}(A)=0, i\leqq j\}$$
となっている．そこで，$\{\mathrm{grad}\, f_{ij};\, i\leqq j\}$ が $O(n)$ 上で1次独立であることを示せば，定理14より，$O(n)$ は $n^2-\dfrac{n(n+1)}{2}=\dfrac{n(n-1)}{2}$ 次元可微分多様体であることがわかるが，理解を助けるために $n=3$ の場合の計算を書いておく．

$M(3, \boldsymbol{R})$ の行列を $X=\begin{pmatrix} x_{11} & x_{12} & x_{13} \\ x_{21} & x_{22} & x_{23} \\ x_{31} & x_{32} & x_{33} \end{pmatrix}=(\boldsymbol{x}_1, \boldsymbol{x}_2, \boldsymbol{x}_3)$ で表わすことにし，6 個の関数 $f_{11}, f_{22}, f_{33}, f_{12}, f_{13}, f_{23}\colon M(3, \boldsymbol{R})\to \boldsymbol{R}$ を

---
*) 行列 $A=(a_{ij})\in M(n, \boldsymbol{R})$ に対し，${}^tA$ で A の転置行列を表わす：${}^tA=(a_{ji})\in M(n, \boldsymbol{R})$.

$$\begin{cases} f_{11}=x_{11}{}^2+x_{21}{}^2+x_{31}{}^2-1 \\ f_{22}=x_{12}{}^2+x_{22}{}^2+x_{32}{}^2-1 \\ f_{33}=x_{13}{}^2+x_{23}{}^2+x_{33}{}^2-1 \\ f_{12}=x_{11}x_{12}+x_{21}x_{22}+x_{31}x_{32} \\ f_{13}=x_{11}x_{13}+x_{21}x_{23}+x_{31}x_{33} \\ f_{23}=x_{12}x_{13}+x_{22}x_{23}+x_{32}x_{33} \end{cases}$$

で定義する．このとき

$$\operatorname{grad} f_{11}=\begin{pmatrix} 2x_{11} & 0 & 0 \\ 2x_{21} & 0 & 0 \\ 2x_{31} & 0 & 0 \end{pmatrix}=2(\boldsymbol{x}_1, \boldsymbol{0}, \boldsymbol{0})$$

$$\operatorname{grad} f_{22}=\begin{pmatrix} 0 & 2x_{12} & 0 \\ 0 & 2x_{22} & 0 \\ 0 & 2x_{32} & 0 \end{pmatrix}=2(\boldsymbol{0}, \boldsymbol{x}_2, \boldsymbol{0})$$

$$\operatorname{grad} f_{33}=\begin{pmatrix} 0 & 0 & 2x_{13} \\ 0 & 0 & 2x_{23} \\ 0 & 0 & 2x_{33} \end{pmatrix}=2(\boldsymbol{0}, \boldsymbol{0}, \boldsymbol{x}_3)$$

$$\operatorname{grad} f_{12}=\begin{pmatrix} x_{12} & x_{11} & 0 \\ x_{22} & x_{21} & 0 \\ x_{32} & x_{31} & 0 \end{pmatrix}=(\boldsymbol{x}_2, \boldsymbol{x}_1, \boldsymbol{0})$$

$$\operatorname{grad} f_{13}=\begin{pmatrix} x_{13} & 0 & x_{11} \\ x_{23} & 0 & x_{21} \\ x_{33} & 0 & x_{31} \end{pmatrix}=(\boldsymbol{x}_3, \boldsymbol{0}, \boldsymbol{x}_1)$$

$$\operatorname{grad} f_{23}=\begin{pmatrix} 0 & x_{13} & x_{12} \\ 0 & x_{23} & x_{22} \\ 0 & x_{33} & x_{32} \end{pmatrix}=(\boldsymbol{0}, \boldsymbol{x}_3, \boldsymbol{x}_2)$$

となるから，この Gramm 行列は

$$\begin{pmatrix} 4\|\boldsymbol{x}_1\|^2 & 0 & 0 & 2(\boldsymbol{x}_1, \boldsymbol{x}_2) & 2(\boldsymbol{x}_1, \boldsymbol{x}_3) & 0 \\ 0 & 4\|\boldsymbol{x}_2\|^2 & 0 & 2(\boldsymbol{x}_2, \boldsymbol{x}_1) & 0 & 2(\boldsymbol{x}_2, \boldsymbol{x}_3) \\ 0 & 0 & 4\|\boldsymbol{x}_3\|^2 & 0 & 2(\boldsymbol{x}_3, \boldsymbol{x}_1) & 2(\boldsymbol{x}_3, \boldsymbol{x}_2) \\ 2(\boldsymbol{x}_2, \boldsymbol{x}_1) & 2(\boldsymbol{x}_1, \boldsymbol{x}_2) & 0 & \|\boldsymbol{x}_2\|^2+\|\boldsymbol{x}_1\|^2 & (\boldsymbol{x}_2, \boldsymbol{x}_3) & (\boldsymbol{x}_1, \boldsymbol{x}_3) \\ 2(\boldsymbol{x}_3, \boldsymbol{x}_1) & 0 & 2(\boldsymbol{x}_1, \boldsymbol{x}_3) & (\boldsymbol{x}_3, \boldsymbol{x}_2) & \|\boldsymbol{x}_3\|^2+\|\boldsymbol{x}_1\|^2 & (\boldsymbol{x}_1, \boldsymbol{x}_2) \\ 0 & 2(\boldsymbol{x}_3, \boldsymbol{x}_2) & 2(\boldsymbol{x}_2, \boldsymbol{x}_3) & (\boldsymbol{x}_3, \boldsymbol{x}_1) & (\boldsymbol{x}_2, \boldsymbol{x}_1) & \|\boldsymbol{x}_2\|^2+\|\boldsymbol{x}_3\|^2 \end{pmatrix}$$

となる．したがって $A \in O(3)$ に対しては

$$\begin{pmatrix} 4 & 0 & 0 & 0 & 0 & 0 \\ 0 & 4 & 0 & 0 & 0 & 0 \\ 0 & 0 & 4 & 0 & 0 & 0 \\ 0 & 0 & 0 & 2 & 0 & 0 \\ 0 & 0 & 0 & 0 & 2 & 0 \\ 0 & 0 & 0 & 0 & 0 & 2 \end{pmatrix}$$

となり，その行列式の値は 0 でない．よって 6 個のベクトル $(\mathrm{grad} f_{ij})_A, i \leqq$ は 1 次独立である（補題19）．したがって定理14より $O(3)$ は $9-6=3$ 次元可微分多様体である．一般の $O(n)$ に対しても全く同じ計算で $\{\mathrm{grad}\, f_{ij};\, i \leqq j\}$ の Gramm 行列は $A \in O(n)$ に対して

$$\begin{pmatrix} 4 & & & & \\ & \ddots & & & \\ & & 4 & & \\ & & & 2 & \\ & & & & \ddots \\ & & & & & 2 \end{pmatrix} \begin{matrix} \Big\} n \\ \Big\} \dfrac{n(n-1)}{2} \end{matrix}$$

となり正則である．したがって $O(n)$ は定理14より $\dfrac{n(n-1)}{2}$ 次元可微分多様体である．

なお，$O(n)$ はコンパクトである（[8]定理 7 ）が連結でない（[8]定理20(2)）．

例21　　$SO(n)=\{A \in O(n) \mid \det A=1\}$

は行列の積に関して群をつくっている．この群 $SO(n)$ を**特殊直交群**（または**回転群**）という．$SO(n)$ は $O(n)$ の閉部分群であるが，さらに $SO(n)$ は $O(n)$ の開集合でもある．実際，$A \in O(n)$ ならば $\det A=\pm 1$ であることに注意して，写像

$$f\colon O(n) \to \{-1, 1\}, \qquad f(A)=\det A$$

を考えると，f は連続写像であって

$$SO(n)=f^{-1}(1)$$

となっている．したがって $SO(n)$ は $\{-1, 1\}$ の開集合 $\{1\}$ の連続写像 f による逆像として開集合である．よって $SO(n)$ は，$\dfrac{n(n-1)}{2}$ 次元可微分多様体

$O(n)$（例20）の開部分多様体として，$\dfrac{n(n-1)}{2}$ 次元可微分多様体である．

なお，$SO(n)$ はコンパクトであり（[8] 定理7）かつ連結である（よって $SO(n)$ は $O(n)$ の単位元を含む連結成分である）．

例22
$$U(n)=\{A\in M(n, \boldsymbol{C}) \mid A^*A=E\}$$
は行列の積に関して群をつくっている．この群 $U(n)$ を**ユニタリ群**という．$U(n)$ が n^2 次元可微分多様体であることを定理14を用いて示そう．直ぐわかるように，行列 $A\in M(n, \boldsymbol{C})$ が $U(n)$ に含まれるための必要十分条件は，A の列ベクトル $\boldsymbol{a}_1+\mathrm{i}\boldsymbol{b}_1, \cdots, \boldsymbol{a}_n+\mathrm{i}\boldsymbol{b}_n$ $(\boldsymbol{a}_i, \boldsymbol{b}_i\in \boldsymbol{R}^n)$ が $\boldsymbol{C}^n$ の正規直交基になること，すなわち
$$(\boldsymbol{a}_i+\mathrm{i}\boldsymbol{b}_i, \boldsymbol{a}_j+\mathrm{i}\boldsymbol{b}_j)=\delta_{ij}{}^{*)} \qquad i, j=1, \cdots, n$$
がなりたつことである．この条件は
$$\begin{cases}(\boldsymbol{a}_i, \boldsymbol{a}_j)+(\boldsymbol{b}_i, \boldsymbol{b}_j)=\delta_{ij} \\ (\boldsymbol{a}_i, \boldsymbol{b}_j)-(\boldsymbol{b}_i, \boldsymbol{a}_j)=0\end{cases} \qquad i, j=1, \cdots, n$$
と同じである．さて，$M(n, \boldsymbol{C})$ の行列 X を
$$X=\begin{pmatrix} x_{11}+\mathrm{i}y_{11} & \cdots & x_{1n}+\mathrm{i}y_{1n} \\ \cdots\cdots & \cdots\cdots & \cdots\cdots \\ x_{n1}+\mathrm{i}y_{n1} & \cdots & x_{nn}+\mathrm{i}y_{nn}\end{pmatrix}=(\boldsymbol{x}_1+\mathrm{i}\boldsymbol{y}_1, \cdots, \boldsymbol{x}_n+\mathrm{i}\boldsymbol{y}_n)$$
$(x_{ij}, y_{ij}\in \boldsymbol{R}, \boldsymbol{x}_i, \boldsymbol{y}_i\in \boldsymbol{R}^n)$ と書くことにし，$\dfrac{n(n+1)}{2}+\dfrac{n(n-1)}{2}=n^2$ 個の関数
$$\begin{cases} f_{ij}\colon M(n, \boldsymbol{C}) \to \boldsymbol{R} & 1\leqq i\leqq j\leqq n \\ g_{ij}\colon M(n, \boldsymbol{C}) \to \boldsymbol{R} & 1\leqq i< j\leqq n\end{cases}$$
を
$$\begin{cases} f_{ij}(X)=(\boldsymbol{x}_i, \boldsymbol{x}_j)+(\boldsymbol{y}_i, \boldsymbol{y}_j)-\delta_{ij}=\displaystyle\sum_{k=1}^{n}(x_{ki}x_{kj}+y_{ki}y_{kj})-\delta_{ij} \\ g_{ij}(X)=(\boldsymbol{x}_i, \boldsymbol{y}_j)-(\boldsymbol{y}_i, \boldsymbol{x}_j)=\displaystyle\sum_{k=1}^{n}(x_{ki}y_{kj}-y_{ki}x_{kj})\end{cases}$$

---

*) $K^n=\{\boldsymbol{a}=(a_1, \cdots, a_n) \mid a_i\in K\}$（ただし $K=\boldsymbol{R}, \boldsymbol{C}, \boldsymbol{H}$）において，2つのベクトル $\boldsymbol{a}=(a_1, \cdots, a_n)$, $\boldsymbol{b}=(b_1, \cdots, b_n)$ の内積 $(\boldsymbol{a}, \boldsymbol{b})$ は
$$(\boldsymbol{a}, \boldsymbol{b})=\bar{a}_1b_1+\cdots+\bar{a}_nb_n$$
で与えられている，

で定義すると，f_{ij}, g_{ij} は可微分関数であって

$$U(n)=\{A\in M(n, \boldsymbol{C}) \mid f_{ij}(A)=0;\ i\leqq j,\ g_{ij}(A)=0;\ i<j\}$$

となっている．そこで，$\{\mathrm{grad} f_{ij};\ i\leqq j,\ \mathrm{grad}\, g_{ij};\ i<j\}$ が $U(n)$ 上で1次独立であることを示せば，定理14より，$U(n)$ は $2n^2-n^2=n^2$ 次元可微分多様体であることがわかるが，理解を助けるために $n=2$ の場合の計算を書いておく．

$M(2, \boldsymbol{C})$ の行列 $X=\begin{pmatrix} x_{11}+\mathrm{i}y_{11} & x_{12}+\mathrm{i}y_{12} \\ x_{21}+\mathrm{i}y_{21} & x_{22}+\mathrm{i}y_{22} \end{pmatrix}=(\boldsymbol{x}_1+\mathrm{i}\boldsymbol{y}_1, \boldsymbol{x}_2+\mathrm{i}\boldsymbol{y}_2)$ を行列 $X=\begin{pmatrix} x_{11} & x_{12} & y_{11} & y_{12} \\ x_{21} & x_{22} & y_{21} & y_{22} \end{pmatrix}=(\boldsymbol{x}_1, \boldsymbol{x}_2, \boldsymbol{y}_1, \boldsymbol{y}_2)\in M(2, 4, \boldsymbol{R})$ と同一視して

$$M(2, \boldsymbol{C})=M(2, 4, \boldsymbol{R})=\boldsymbol{R}^8$$

とみなしておくことにし，4個の関数 $f_{11}, f_{22}, f_{12}, g_{12}: M(2, \boldsymbol{C})\to\boldsymbol{R}$ を

$$\begin{cases} f_{11}=x_{11}{}^2+x_{21}{}^2+y_{11}{}^2+y_{21}{}^2-1 \\ f_{22}=x_{12}{}^2+x_{22}{}^2+y_{12}{}^2+y_{22}{}^2-1 \\ f_{12}=x_{11}x_{12}+x_{21}x_{22}+y_{11}y_{12}+y_{21}y_{22} \\ g_{12}=x_{11}y_{12}-y_{11}x_{12}+x_{21}y_{22}-y_{21}x_{22} \end{cases}$$

で定義する．このとき

$$\mathrm{grad} f_{11}=\begin{pmatrix} 2x_{11} & 0 & 2y_{11} & 0 \\ 2x_{21} & 0 & 2y_{21} & 0 \end{pmatrix}=2(\boldsymbol{x}_1, \boldsymbol{0}, \boldsymbol{y}_1, \boldsymbol{0})$$

$$\mathrm{grad} f_{22}=\begin{pmatrix} 0 & 2x_{12} & 0 & 2y_{12} \\ 0 & 2x_{22} & 0 & 2y_{22} \end{pmatrix}=2(\boldsymbol{0}, \boldsymbol{x}_2, \boldsymbol{0}, \boldsymbol{y}_2)$$

$$\mathrm{grad} f_{12}=\begin{pmatrix} x_{12} & x_{11} & y_{12} & y_{11} \\ x_{22} & x_{21} & y_{22} & y_{21} \end{pmatrix}=(\boldsymbol{x}_2, \boldsymbol{x}_1, \boldsymbol{y}_2, \boldsymbol{y}_1)$$

$$\mathrm{grad}\, g_{12}=\begin{pmatrix} y_{12} & -y_{11} & -x_{12} & x_{11} \\ y_{22} & -y_{21} & -x_{22} & x_{21} \end{pmatrix}=(\boldsymbol{y}_2, -\boldsymbol{y}_1, -\boldsymbol{x}_2, \boldsymbol{x}_1)$$

となるから，この Gramm 行列は

$$\begin{pmatrix} 4(\|\boldsymbol{x}_1\|^2+\|\boldsymbol{y}_1\|^2) & 0 & 2((\boldsymbol{x}_1, \boldsymbol{x}_2)+(\boldsymbol{y}_1, \boldsymbol{y}_2)) & 2((\boldsymbol{x}_1, \boldsymbol{y}_2)-(\boldsymbol{y}_1, \boldsymbol{x}_2)) \\ 0 & 4(\|\boldsymbol{x}_2\|^2+\|\boldsymbol{y}_2\|^2) & 2((\boldsymbol{x}_2, \boldsymbol{x}_1)+(\boldsymbol{y}_2, \boldsymbol{y}_1)) & 2(-(\boldsymbol{x}_2, \boldsymbol{y}_1)+(\boldsymbol{y}_2, \boldsymbol{x}_1)) \\ 2((\boldsymbol{x}_2, \boldsymbol{x}_1)+(\boldsymbol{y}_2, \boldsymbol{y}_1)) & 2((\boldsymbol{x}_1, \boldsymbol{x}_2)+(\boldsymbol{y}_1, \boldsymbol{y}_2)) & \|\boldsymbol{x}_2\|^2+\|\boldsymbol{x}_1\|^2+\|\boldsymbol{y}_2\|^2+\|\boldsymbol{y}_1\|^2 & 0 \\ 2((\boldsymbol{y}_2, \boldsymbol{x}_1)-(\boldsymbol{x}_2, \boldsymbol{y}_1)) & 2(-(\boldsymbol{y}_1, \boldsymbol{x}_2)+(\boldsymbol{x}_1, \boldsymbol{y}_2)) & 0 & \|\boldsymbol{y}_2\|^2+\|\boldsymbol{y}_1\|^2+\|\boldsymbol{x}_2\|^2+\|\boldsymbol{x}_1\|^2 \end{pmatrix}$$

となる．したがって $A\in U(2)$ に対しては

$$\begin{pmatrix}4&0&0&0\\0&4&0&0\\0&0&2&0\\0&0&0&2\end{pmatrix}$$

となり， その行列式の値は0でない． よって4個のベクトル $(\mathrm{grad}\, f_{11})_A$, $(\mathrm{grad}\, f_{22})_A$, $(\mathrm{grad}\, f_{12})_A$, $(\mathrm{grad}\, g_{12})_A$ は1次独立である（補題19）． したがって定理14より $U(2)$ は $8-4=4$ 次元可微分多様体である．一般の $U(n)$ に対しても全く同じ計算で $\{\mathrm{grad}\, f_{ij};\, i\leqq j,\, \mathrm{grad}\, g_{ij};\, i<j\}$ の Gramm 行列は $A\in U(n)$ に対して

$$\begin{pmatrix}4&&&&&\\&\ddots&&&&\\&&4&&&\\&&&2&&\\&&&&\ddots&\\&&&&&2\end{pmatrix}\begin{matrix}\left.\vphantom{\begin{matrix}a\\a\\a\end{matrix}}\right\}n\\\left.\vphantom{\begin{matrix}a\\a\\a\end{matrix}}\right\}n(n-1)\end{matrix}$$

となり正則である．したがって $U(n)$ は定理14より n^2 次元可微分多様体である．

なお， $U(n)$ はコンパクトであり（[8] 定理7）かつ連結である（[8] 定理20 (1)）．

例23 $$SU(n)=\{A\in U(n)\mid \det A=1\}$$

は行列の積に関して群をつくっている．この群 $SU(n)$ を**特殊ユニタリ群**という．これから $SU(n)$ が n^2-1 次元可微分多様体であることを示すのであるが，その前につぎの注意をしておこう． $A\in U(n)$ ならばその行列式の値の絶対値は 1: $|\det A|=1$ となるので

$$A\in SU(n)\rightleftarrows A\in U(n),\ \mathrm{Re}(\det A)=1$$

がわかる．したがって， $U(n)$ を定義する例22の関数 $f_{ij}, g_{ij}\colon M(n, \boldsymbol{C})\to \boldsymbol{R}$ および関数 $\varDelta\colon M(n, \boldsymbol{C})\to \boldsymbol{R}$

$$\varDelta(X)=\mathrm{Re}(\det X)-1$$

に対して

$$SU(n)=\{A\in M(n, \boldsymbol{C})\mid f_{ij}(A)=0;\, i\leqq j,\ g_{ij}(A)=0;\, i<j,\ \varDelta(A)=0\}$$

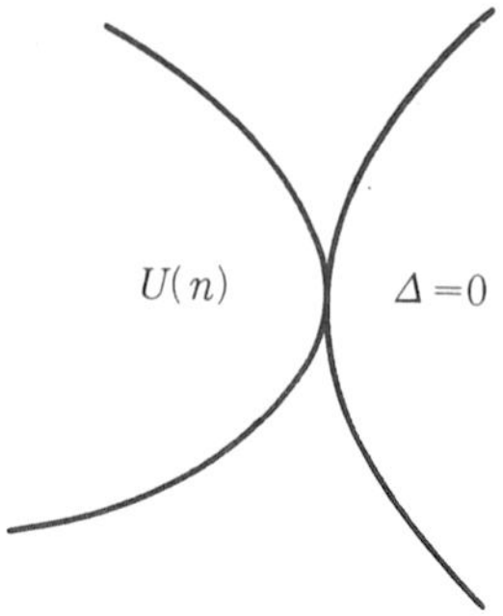

となっている．しかし $\{\mathrm{grad}\, f_{ij};\, i\leqq j,\ \mathrm{grad}\, g_{ij};\, i<j,\ \mathrm{grad}\,\Delta\}$ は $SU(n)$ の上で（実際に計算するとわかることであるが）1次従属になっている．（それは，$\Delta=0$ が決める図形が $U(n)$ に接する状態になっているためである）．したがって，これらの関数を用いて $SU(n)$ が可微分多様体であることを示すことができない．そこで，つぎのようにして証明することにする．

$$SU_{\pm}(n)=\{A\in U(n)\mid \det A=\pm 1\}$$

とおくと $SU_{\pm}(n)$ は行列の積に関して群をつくっている．まずこの群 $SU_{\pm}(n)$ が n^2-1 次元可微分多様体になることを示そう．$U(n)$ を定義する例22の関数 f_{ij}, g_{ij} および例18の関数 $\delta\colon M(n, \boldsymbol{C})\to \boldsymbol{R}$

$$\delta(X)=\mathrm{Im}(\det X)$$

を用いると

$$SU_{\pm}(n)=\{A\in M(n, \boldsymbol{C})\mid f_{ij}(A)=0;\ i\leqq j,\ g_{ij}(A)=0;\ i<j,\ \delta(A)=0\}$$

となっている．さて，これらの関数の方向ベクトルを求め，その Gramm 行列をつくるのであるが，殆んどの計算は例22の $U(n)$ の所で済んでいて，残るのは $\mathrm{grad}\,\delta$ との内積の所だけである．行列 $X=\left(x_{ij}+\mathrm{i}y_{ij}\right)\in M(n, \boldsymbol{C})$ の (i,j)-余因数を $X_{ij}+\mathrm{i}\,Y_{ij}$ で表して実際に計算すると

$$(\mathrm{grad}\, f_{ij},\ \mathrm{grad}\,\delta)=\sum_{k=1}^{n}(x_{kj}Y_{ki}+x_{ki}Y_{kj}+y_{kj}X_{ki}+y_{ki}X_{kj})$$

$$(\mathrm{grad}\, g_{ij},\ \mathrm{grad}\,\delta)=\sum_{k=1}^{n}(y_{kj}Y_{ki}-y_{ki}Y_{kj}-x_{kj}X_{ki}+x_{ki}X_{kj})$$

$$(\text{grad}\,\delta, \text{grad}\,\delta)=\sum_{i,j=1}^{n}(X_{ij}{}^2+Y_{ij}{}^2)$$

となる．$A=\left(a_{ij}+\mathrm{i}b_{ij}\right)\in SU_{\pm}(n)$ の (i,j)–余因数を $A_{ij}+\mathrm{i}B_{ij}$ で表わすと

$$\sum_{k=1}^{n}(a_{ki}+\mathrm{i}b_{ki})(A_{kj}+\mathrm{i}B_{kj})=\delta_{ij}\det A \qquad \text{(i)}$$

すなわち

$$\begin{cases}\displaystyle\sum_{k=1}^{n}(a_{ki}A_{kj}-b_{ki}B_{kj})=\delta_{ij}\det A\\[2ex] \displaystyle\sum_{k=1}^{n}(b_{ki}A_{kj}+a_{ki}B_{kj})=0\end{cases}$$

となる．このことを用いると $A\in SU_{\pm}(n)$ に対して

$$((\text{grad}\,f_{ij})_A, (\text{grad}\,\delta)_A)=((\text{grad}\,g_{ij})_A, (\text{grad}\,\delta)_A)=0$$

がわかる． つぎに $A\in SU_{\pm}(n)$ の余因数行列 $\tilde{A}=\left(A_{ij}+\mathrm{i}B_{ij}\right)$ をつくると，(i)は

$${}^t\tilde{A}A=(\det A)E$$

を意味するが，$A\in U(n)$ の条件 $A^*A=E$ と併せると ${}^t\tilde{A}=(\det A)A^*$，すなわち

$$A_{ij}=(\det A)a_{ij}, \qquad B_{ij}=-(\det A)b_{ij}$$

となる．よって $\det A=\pm 1$ に注意すると

$$\begin{aligned}((\text{grad}\,\delta)_A, (\text{grad}\,\delta)_A)&=\sum_{i,j=1}^{n}(A_{ij}{}^2+B_{ij}{}^2)=\sum_{i,j=1}^{n}(a_{ij}{}^2+b_{ij}{}^2)\\&=\sum_{j=1}^{n}\Big(\sum_{i=1}^{n}(a_{ij}{}^2+b_{ij}{}^2)\Big)=\sum_{j=1}^{n}1=n\end{aligned}$$

となる． よって $\{\text{grad}\,f_{ij};\, i\leqq j,\ \text{grad}\,g_{ij};\, i<j,\ \text{grad}\,\delta\}$ の Gramm 行列を $A\in SU_{\pm}(n)$ で考えると

$$\begin{pmatrix}4 & & & & & \\ & \ddots & & & & \\ & & 4 & & & \\ & & & 2 & & \\ & & & & \ddots & \\ & & & & & 2 & \\ & & & & & & n\end{pmatrix}\begin{matrix}\}\,n\\ \\ \}\,n(n-1)\end{matrix}$$

となり正則である．　したがって $SU_{\pm}(n)$ は定理14より $2n^2-(n^2+1)=n^2-1$ 次元可微分多様体である．さて，$SU(n)$ は $SU_{\pm}(n)$ の開集合であることが例21のときと全く同様にして証明されるので，$SU(n)$ は $SU_{\pm}(n)$ の開部分多様体として n^2-1 次元可微分多様体である．

なお，$SU(n)$ はコンパクトであり（[8] 定理 7）かつ連結である（[8] 定理20(1)）（よって $SU(n)$ は $SU_{\pm}(n)$ の単位元を含む連結成分である）．

例24　　$$Sp(n)=\{A\in M(n, \boldsymbol{H})\mid A^*A=E\}$$

は行列の積に関して群をつくっている．　この群 $Sp(n)$ を**シンプレクティック群**という．$Sp(n)$ が $n(2n+1)$ 次元可微分多様体であることを定理14を用いて示そう．$U(n)$ のとき（例22）と同様に，$X\in M(n, \boldsymbol{H})$ を列ベクトルを用いて $X=(\cdots, \boldsymbol{x}_i+\mathrm{i}\boldsymbol{y}_i+\mathrm{j}\boldsymbol{z}_i+\mathrm{k}\boldsymbol{t}_i, \cdots)$ $(\boldsymbol{x}_i, \boldsymbol{y}_i, \boldsymbol{z}_i, \boldsymbol{t}_i\in \boldsymbol{R}^n)$ と表わすことにして，　関数 $f_{ij};\ i\leqq j,\ g_{ij}, h_{ij}, k_{ij};\ i<j\colon M(n, \boldsymbol{H})\to \boldsymbol{R}$ を

$$\begin{cases} f_{ij}(X)=(\boldsymbol{x}_i, \boldsymbol{x}_j)+(\boldsymbol{y}_i, \boldsymbol{y}_j)+(\boldsymbol{z}_i, \boldsymbol{z}_j)+(\boldsymbol{t}_i, \boldsymbol{t}_j)-\delta_{ij} \\ g_{ij}(X)=(\boldsymbol{x}_i, \boldsymbol{y}_j)-(\boldsymbol{y}_i, \boldsymbol{x}_j)-(\boldsymbol{z}_i, \boldsymbol{t}_j)+(\boldsymbol{t}_i, \boldsymbol{z}_j) \\ h_{ij}(X)=(\boldsymbol{x}_i, \boldsymbol{z}_j)-(\boldsymbol{z}_i, \boldsymbol{x}_j)+(\boldsymbol{y}_i, \boldsymbol{t}_j)-(\boldsymbol{t}_i, \boldsymbol{y}_j) \\ k_{ij}(X)=(\boldsymbol{x}_i, \boldsymbol{t}_j)-(\boldsymbol{t}_i, \boldsymbol{x}_j)+(\boldsymbol{z}_i, \boldsymbol{y}_j)-(\boldsymbol{y}_i, \boldsymbol{z}_j) \end{cases}$$

で定義すると，これらの関数は可微分で

$$Sp(n)=\{A\in M(n, \boldsymbol{H})\mid f_{ij}(A)=0;\ i\leqq j,\ g_{ij}(A)=h_{ij}(A)=k_{ij}(A)=0;\ i<j\}$$

となっている．これらの関数の方向ベクトルの $Sp(n)$ 上での Gramm 行列は，$U(n)$ のとき（例22）と同様な計算をすれば

$$\begin{pmatrix} 4 & & & & \\ & \ddots & & & \\ & & 4 & & \\ & & & 2 & \\ & & & & \ddots \\ & & & & & 2 \end{pmatrix} \begin{matrix} \}\, n \\ \\ \}\, 2n(n-1) \end{matrix}$$

となり正則である．したがって $Sp(n)$ は定理14より $4n^2-\left(\dfrac{n(n+1)}{2}+\dfrac{3n(n-1)}{2}\right)=n(2n+1)$ 次元可微分多様体である．

なお，$Sp(n)$ はコンパクトであり（[8] 定理27）かつ連結である（[8] 定理20(1)）．

これまでの例であげた群 $SL(n, \boldsymbol{R})$, $SL(n, \boldsymbol{C})$, $O(n)$, $SO(n)$, $U(n)$, $SU(n)$, $Sp(n)$ はいずれも Lie 群になっている．それを知るにはつぎの定理を用いるのが近道である．

定理 (Cartan) Lie 群の閉部分群は Lie 群である．

(証明は例えば J.F. Adams: Lectures on Lie groups; Benjamin, 1969, Chap. 1 にある)．例13の注意でみたように，一般線型群 $GL(n, \boldsymbol{R})$, $GL(n, \boldsymbol{C})$, $GL(n, \boldsymbol{C})$ は Lie 群であった．そして，$SL(n, \boldsymbol{R})$, $O(n)$, $SO(n)$ が $GL(n, \boldsymbol{R})$ の，$SL(n, \boldsymbol{C})$, $U(n)$, $SU(n)$ が $GL(n, \boldsymbol{C})$ の，$Sp(n)$ が $GL(n, \boldsymbol{H})$ の閉部分群であることを示すことは容易である．よって上記の定理より，これらの群は Lie 群であることがわかり，特に可微分多様体であることがわかる．しかしこの定理を用いたのでは，これらの群の上に座標近傍系を具体的に与えたわけではないので，4章で行うような Morse 理論の計算を行い難い．したがって本書では定理14を用いる方法に従った．なお，Lie 群 G にはその Lie 環 $\mathfrak{g}$ を用いて座標近傍系を与える方法があり，それは理論上極めて秀れたよい方法であるが，実際の具体的な計算を行うには常に好都合にいくとは限らないようである．

(6) 多様体上の可微分関数

定義 Mを可微分多様体とし，OをMの開集合とする．関数 $f: O \to \boldsymbol{R}$ が点 $p \in O$ で**可微分**であるとは，点pのまわりのある座標近傍 $(U_\lambda, \varphi_\lambda)$ に対し，関数

$$f\varphi_\lambda^{-1}: \varphi_\lambda(U_\lambda \cap O) \to \boldsymbol{R}$$

が点 $\varphi_\lambda(p)$ で可微分であることである．fがOの各点pで可微分であるとき，fはOで**可微分**であるという．

定義の妥当性 関数 $f: O \to \boldsymbol{R}$ が可微分であるという定義は点 $p \in O$ のまわりの座標近傍のとり方によらない．実際，(U_μ, φ_μ) を点 p のまわりのもう1つの座標近傍とするとき，$f\varphi_\mu^{-1}$ は

$$f\varphi_\mu^{-1} = (f\varphi_\lambda^{-1})(\varphi_\lambda\varphi_\mu^{-1}): \varphi_\mu(U_\mu \cap U_\lambda \cap O) \to \boldsymbol{R}$$

となるが，多様体Mの可微分構造より $\varphi_\lambda\varphi_\mu^{-1}$ は可微分であり，さらに仮定より $f\varphi_\lambda^{-1}$ も可微分であるから，その合成関数 $f\varphi_\mu^{-1}$ も可微分となる．

可微分関数についてもう少し説明しよう．Mを可微分多様体，OをMの開集合とし，$f: O\to \boldsymbol{R}$ を関数とする．(U,φ) を $U\subset O$ なるMの座標近傍とし，$x_1,\cdots,x_n$ をその座標関数系とする．関数 $F:\varphi(U)\to \boldsymbol{R}$ を

$$F(x_1,\cdots,x_n)=f(\varphi^{-1}(x_1,\cdots,x_n))$$

で定義するとき，Fが可微分のとき，fは可微分であるというのがfの可微分性の定義であった．このときUの各点pに対して

$$f(p)=F(x_1(p),\cdots,x_n(p))$$

がなりたっている．以後この式を略して，すなわちFを同じ記号fで書いて

$$f=f(x_1,\cdots,x_n)$$

で表わすことが多い．したがって

$$\frac{\partial F}{\partial x_i}(\varphi(p)) \quad を \quad \frac{\partial f}{\partial x_i}(p) \quad と書く$$

ことになる．（これは $\varphi(U)$ をU と同一視して $\varphi(U)\subset O$ とみなすことである）．

例25 Mを可微分多様体とし，(U,φ) をMの座標近傍とするとき，U における座標関数 $x_1,\cdots,x_n$: $U\to \boldsymbol{R}$ は可微分である． 実際， 関数 $x_i\varphi^{-1}:\varphi(U)\to \boldsymbol{R}$ は

$$x_i\varphi^{-1}(x_1,\cdots,x_n)=x_i$$

となるから可微分である．そしてU上で

$$\frac{\partial x_i}{\partial x_j}=\delta_{ij}$$

がなりたっている．

例26 2次元球面 $S^2=\{(a,b,c)\in \boldsymbol{R}^3 \mid a^2+b^2+c^2=1\}$ 上の関数 $f: S^2\to \boldsymbol{R}$

$$f(a,b,c)=c$$

は可微分関数である．これを証明するために，例9の方法1で与えた座標近傍系

$$S^2=V_1{}^+\cup V_2{}^+\cup V_3{}^+\cup V_1{}^-\cup V_2{}^-\cup V_3{}^-$$

を用いよう．例9と同じ記号を用いることにし，まず関数 f が $V_3{}^+$ 上で可微

分であることを示そう．関数

$$F=f\varphi_3^{-1}\colon E^2 \to V_3^+ \to \boldsymbol{R}$$

は

$$F(x,y)=f\varphi_3^{-1}(x,y)=(x,y,\sqrt{1-x^2-y^2})=\sqrt{1-x^2-y^2}$$

となるから可微分である．よって定義より f は V_3^+ 上で可微分である．同様に，V_3^- では $F=f\psi_3^{-1}\colon E^2 \to V_3^- \to \boldsymbol{R}$ は

$$F(x,y)=-\sqrt{1-x^2-y^2}$$

となるから，f は V_3^- 上で可微分である．また V_2^+ では $F=f\varphi_2^{-1}\colon E^2 \to V_2^+ \to \boldsymbol{R}$ は

$$F(x,y)=f\varphi_2^{-1}(x,y)=f(x,\sqrt{1-x^2-y^2},y)=y$$

となるから可微分である．さらに V_2^-, V_1^+, V_1^- 上でいずれも $F(x,y)=y$ となるから可微分である．以上で f は S^2 上で可微分であることが示された．

補題27　可微分多様体 M が定理14のように，M 上で階数 r の可微分関数 $f_1,\cdots,f_r\colon \boldsymbol{R}^n \to \boldsymbol{R}$ の零点として得られているとする：

$$M=\{p\in \boldsymbol{R}^n \mid f_1(p)=\cdots=f_r(p)=0\}$$

このとき可微分関数 $f\colon \boldsymbol{R}^n \to \boldsymbol{R}$ を M に制限した関数 $\bar{f}=f\,|\,M\colon M \to \boldsymbol{R}$ は可微分である．

証明　p を M の点とし，定理14のように点 p のまわりの座標近傍 $(U=M\cap W,\varphi)$ をとり，$V=\varphi(U)$ とおく．(以下定理14と同じ記号を用いる)．このとき関数

$$\bar{F}=\bar{f}\varphi^{-1}\colon V \to U=M\cap W\subset M \to \boldsymbol{R}$$

は

$$\begin{aligned}\bar{F}(x_1,\cdots,x_{n-r})&=\bar{f}\psi(x_1,\cdots,x_{n-r})\\&=f(x_1,\cdots,x_{n-r},g_1(x_1,\cdots,x_{n-r}),\cdots,g_r(x_1,\cdots,x_{n-r}))\end{aligned}$$

となるが，$f\colon W \to \boldsymbol{R}$ および $g_i\colon V \to \boldsymbol{R}$, $i=1,\cdots,r$ が可微分であるから $\bar{F}$ は可微分である．よって関数 $\bar{f}$ は可微分である．∎

例28　例26の関数 $f\colon S^2 \to \boldsymbol{R}$

$$f(a,b,c)=c$$

が可微分であることの別証明を与えよう．この関数fは可微分関数$\tilde{f}$: $\boldsymbol{R}^3\to\boldsymbol{R}$

$$\tilde{f}(x, y, z)=z$$

の球面S^2への制限関数であるから，補題27より，fは可微分関数である．

先に述べたように関数f: $M\to\boldsymbol{R}$の可微分性は座標のとり方によらなかったが，座標変換に関してつぎの補題がなりたつ．

補題29　Mを可微分多様体とし，f: $O\to\boldsymbol{R}$を点$p_0\in M$の近傍Oで定義された可微分関数とする．このとき点p_0のまわりの2つの座標関数系$(U, \varphi; x_1, \cdots, x_n)$, $(V, \psi; y_1, \cdots, y_n)$, $(U, V\subset O)$に対して

$$\begin{cases} \dfrac{\partial f}{\partial x_i}(p)=\displaystyle\sum_{k=1}^n \dfrac{\partial f}{\partial y_k}(p)\dfrac{\partial y_k}{\partial x_i}(p) \\ \dfrac{\partial f}{\partial y_i}(p)=\displaystyle\sum_{k=1}^n \dfrac{\partial f}{\partial x_k}(p)\dfrac{\partial x_k}{\partial y_i}(p) \end{cases} \qquad p\in U\cap V$$

がなりたつ．特に座標関数$(x_1, \cdots, x_n)$, $(y_1, \cdots, y_n)$の間には

$$\begin{cases} \displaystyle\sum_{k=1}^n \dfrac{\partial x_i}{\partial y_k}(p)\dfrac{\partial y_k}{\partial x_j}(p)=\delta_{ij} \\ \displaystyle\sum_{k=1}^n \dfrac{\partial y_i}{\partial x_k}(p)\dfrac{\partial x_k}{\partial y_j}(p)=\delta_{ij} \end{cases} \qquad p\in U\cap V$$

がなりたつ．

証明

$$f=F(x_1, \cdots, x_n), \qquad f=G(y_1, \cdots, y_n)$$

とし，さらに

$$y=\psi\varphi^{-1}(x)=g(x)=(g_1(x), \cdots, g_n(x))$$

とおくとき

$$F(x_1, \cdots, x_n)=f\varphi^{-1}(x)=f\psi^{-1}(\psi\varphi^{-1}(x))=G(g_1(x), \cdots, g_n(x))$$

となる．この式を微分して$\varphi(p)$における値を考えると

$$\begin{aligned} \frac{\partial f}{\partial x_i}(p)=\frac{\partial F}{\partial x_i}(\varphi(p)) &= \sum_{k=1}^n \frac{\partial G}{\partial y_k}(g(\varphi(p)))\frac{\partial g_k}{\partial x_i}(\varphi(p)) \\ &= \sum_{k=1}^n \frac{\partial G}{\partial y_k}(\psi(p))\frac{\partial g_k}{\partial x_i}(\varphi(p)) \\ &= \sum_{k=1}^n \frac{\partial f}{\partial y_k}(p)\frac{\partial y_k}{\partial x_i}(p) \end{aligned}$$

となり第１式を得る． 第３式は第１式で $f=x_i$ とおけばよい． 他の２式の証明も全く同様にすればよい． ∎

補題30 M を可微分多様体とし，$y_1, \cdots, y_n$ を点 $p_0 \in M$ の近傍 W で定義された可微分関数とする：$y_1, \cdots, y_n : W \to \boldsymbol{R}$. $(y_1, \cdots, y_n)$ が点 p_0 のある近傍 V の座標関数系になるための必要十分条件は， 点 p_0 のまわりのある座標近傍 $(U, \varphi; x_1, \cdots, x_n)$ に対して

$$\left.\frac{D(y_1, \cdots, y_n)}{D(x_1, \cdots, x_n)}\right|_{p_0} \neq 0$$

となることである．

証明 必要条件は補題29よりわかる．実際，補題29は行列 $\left(\dfrac{\partial y_i}{\partial x_j}(p_0)\right)$ の逆行列が $\left(\dfrac{\partial x_i}{\partial y_j}(p_0)\right)$ であることを示しているからである．逆に $\left(\dfrac{\partial y_i}{\partial x_j}(p_0)\right)$ が正則であると仮定する．点 $\varphi(p_0)$ の近傍 $\varphi(U)=U'$ 上の関数 F_i: $U' \to \boldsymbol{R}$, $i=1, \cdots, n$ を

$$F_i(x_1, \cdots, x_n) = y_i(\varphi^{-1}(x_1, \cdots, x_n))$$

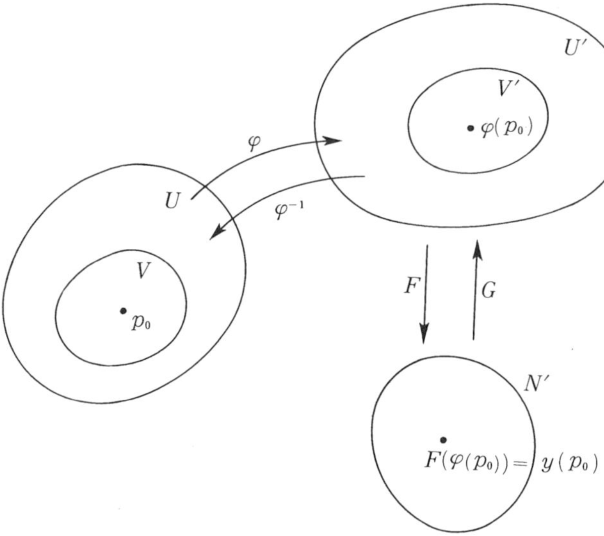

で定義すると，F_i は可微分であり，かつ仮定より

$$\left(\frac{\partial F_i}{\partial x_j}(\varphi(p_0))\right)=\left(\frac{\partial y_i}{\partial x_j}(p_0)\right) \quad \text{は正則}$$

である．したがって逆関数定理(定理３)より，$F=(F_1, \cdots, F_n)$ は点 $\varphi(p_0)$ の近傍 V' と点 $F(\varphi(p_0))=y(p_0)$ の近傍 N' の間の可微分同相写像 F: $V'\to N'$ を誘導する．この F の逆写像を $G=(G_1, \cdots, G_n)$: $N'\to V'$ とする．点 p_0 の近傍 $V=\varphi^{-1}(V')$ をとり，写像 ψ: $V\to N'$, ψ^{-1}: $N'\to V$ を

$$\psi(p)=F(\varphi(p)), \quad \psi^{-1}(x')=\varphi^{-1}(G(x'))$$

で定義する．すると ψ, ψ^{-1} は互いに逆写像でありかつ連続写像であるから，ψ は V と N' の間の同相写像である．この座標近傍 (V, ψ) は (U, φ) に許容的である．実際，写像 $\psi\varphi^{-1}$: $\varphi(U\cap V)=V'\to\psi(U\cap V)=N'$, $\varphi\psi^{-1}$: $\psi(U\cap V)=N'\to\varphi(U\cap V)=V'$ は

$$\psi\varphi^{-1}(x_1, \cdots, x_n)=F\varphi\varphi^{-1}(x_1, \cdots, x_n)=F(x_1, \cdots, x_n)$$
$$\varphi\psi^{-1}(x_1', \cdots, x_n')=\varphi\varphi^{-1}G(x_1', \cdots, x_n')=G(x_1', \cdots, x_n')$$

より可微分であるからである．また (V, ψ) が $U_\lambda\cap V\neq\phi$ となる M の任意の座標近傍 $(U_\lambda, \varphi_\lambda)$ に許容的であることは，$V\subset U$ に注意すると $U\cap U_\lambda\neq\phi$ となるので

$$\psi\varphi_\lambda^{-1}=(\psi\varphi^{-1})(\varphi\varphi_\lambda^{-1}):\ \varphi_\lambda(U_\lambda\cap V)\ \to\ \psi(U_\lambda\cap V)$$
$$\varphi_\lambda\psi^{-1}=(\varphi_\lambda\varphi^{-1})(\varphi\psi^{-1}):\ \psi(U_\lambda\cap V)\ \to\ \varphi_\lambda(U_\lambda\cap V)$$

より $\psi\varphi_\lambda^{-1}, \varphi_\lambda\psi^{-1}$ が可微分となるからである．以上で補題が証明された．

多様体は局所的にはユークリッド空間 $\boldsymbol{R}^n$ と同じ構造をもっているので，ユークリッド空間 $\boldsymbol{R}^n$ で局所的になりたつ定理があれば，それは多様体の局所的な定理としてなりたつ．例えば，平均値の定理や Taylor 展開定理は $\boldsymbol{R}^n$ における局所的定理であるから，そのまま多様体上の定理にすることができる．したがってつぎの補題は補題２より明らかであるが，念のため書いておく．

補題31 (1)（**平均値の定理**） Mを可微分多様体とし，関数 f: $V\to\boldsymbol{R}$ を点 $p_0\in M$ の近傍 V で定義された

$$f(p_0)=0$$

をみたす可微分関数とする．点 p_0 のまわりの座標近傍 $(U, \varphi; x_1, \cdots, x_n)$ を，

$U \subset V$ でありかつ

$$x_1(p_0) = \cdots = x_n(p_0) = 0$$

をみたすようにとり，十分小さい正数 $\varepsilon > 0$ をとって点 p_0 の近傍 W を

$$W' = \{(x_1, \cdots, x_n) \in \boldsymbol{R}^n \mid |x_i| < \varepsilon,\ i = 1, \cdots, n\} \subset \varphi(U),\ W = \varphi^{-1}(W')$$

のように選ぶ．このとき関数 $f = f|W : W \to \boldsymbol{R}$ は可微分関数 $g_i : W \to \boldsymbol{R},\ i = 1, \cdots, n$ を用いて，W 上で

$$\begin{cases} f = \sum_{i=1}^{n} g_i \cdot x_i \\ g_i(p_0) = \dfrac{\partial f}{\partial x_i}(p_0) \end{cases}$$

と表わされる．

(2) **(Taylor 展開)** M を可微分多様体とし，$f : U \to \boldsymbol{R}$ を点 $p_0 \in M$ のまわりの座標近傍 $(U; x_1, \cdots, x_n)$ 上で定義された可微分関数とする．このとき点 p_0 の近傍 $W\ (W \subset U)$ を適当にとると，f は可微分関数 $h_{ij} : W \to \boldsymbol{R}$ を用いて，W 上で

$$f = f(p_0) + \sum_{i=1}^{n} \frac{\partial f}{\partial x_i}(p_0)(x_i - x_i(p_0)) + \sum_{i,j=1}^{n} h_{ij} \cdot (x_i - x_i(p_0))(x_j - x_j(p_0))$$

と表わされる．

証明 (1) W' が $\boldsymbol{R}^n$ の原点 $\varphi(p_0) = 0$ の凸，近傍であることに注意して，関数 $F : W' \to \boldsymbol{R}$ を

$$F(x_1, \cdots, x_n) = f(\varphi^{-1}(x_1, \cdots, x_n))$$

で定義すると，F は可微分関数で $F(0) = f(p_0) = 0$ をみたしている．したがって平均値の定理（補題2）より，F は可微分関数 $G_i : W' \to \boldsymbol{R},\ i = 1, \cdots, n$ を用いて

$$\begin{cases} F = \sum_{i=1}^{n} G_i \cdot x_i \\ G_i(0) = \dfrac{\partial F}{\partial x_i}(0) \end{cases}$$

と表わされる．そこで，関数 $g_i : W \to \boldsymbol{R}$ を

$$g_i = G_i\varphi$$

で定義すればよい．実際，

$$f = F\varphi = \sum_{i=1}^{n}(G_i\cdot x_i)\varphi = \sum_{i=1}^{n}(G_i\varphi)\cdot(x_i\varphi) = \sum_{i=1}^{n} g_i x_i$$

$$g_i(p_0) = G_i(0) = \frac{\partial F}{\partial x_i}(0) = \frac{\partial f}{\partial x_i}(p_0)$$

となるからである．

(2)　補題 2 (3) の Taylor 展開を用いて，上記 (1) と同様に証明すればよい．■

可微分多様体M上の可微分関数全体の集合に和と積を定義して多元環の構造をいれておく必要が起るので，その定義を書いておく．

定義　Mを可微分多様体とし，$C^\infty(M)$ をM上の可微分関数全体の集合とする：

$$C^\infty(M) = \{f \mid f\colon M \to \boldsymbol{R}\ \ \text{は可微分関数}\}$$

$C^\infty(M)$ において，和 $f+g$，スカラー倍 $\alpha f\,(\alpha\in\boldsymbol{R})$，積 fg を

$$(f+g)(p) = f(p) + g(p)$$
$$(\alpha f)(p) = \alpha f(p)$$
$$(fg)(p) = f(p)g(p)$$

で定義すると，$C^\infty(M)$ は単位元 1 （1 は定数関数 $1(p)=1$) をもつ可換な $\boldsymbol{R}$ 上多元環になる．

注意　$C^\infty(M)$ には Whitney 位相と呼ばれる位相を導入して考察する場合が多いが，本書ではそれを特に必要としないので触れなかった．（実は 4 章の Morse 関数と大いに関係あるのだが)．

いままで可微分関数 f の定義域はつねに多様体Mの開集合であったが，あとで（4 章で）そうでない場合が起るので，その定義を書いておく．

定義　Mを可微分多様体とし，AをMの部分空間とする．関数 $f\colon A\to\boldsymbol{R}$ に対し，Aを含むMの開集合 O と可微分関数 $\tilde{f}\colon O\to\boldsymbol{R}$ が存在して $f=\tilde{f}|A$ となっているとき，関数 $f\colon A\to\boldsymbol{R}$ は**可微分**であるという．

(7) 可微分関数の構成

位相空間論で我々は Urysohn の補題と呼ばれるつぎの定理を知っている．

定理 (Urysohn の補題) X を正規空間とし，F を X の閉集合，U を F を含む開集合とする：$F\subset U$. このとき連続関数 $h\colon X\to \boldsymbol{R}$ でつぎの性質

$$0\leqq h(p)\leqq 1 \qquad p\in X$$

$$h(p)=\begin{cases}1 & p\in F\\ 0 & p\notin U\end{cases}$$

をみたすものが存在する．

この定理の連続性を可微分性におきかえて可微分多様体のときに拡張しよう．

補題32 つぎの式で定義される関数 $k\colon \boldsymbol{R}\to\boldsymbol{R}$

$$k(x)=\begin{cases}0 & x\leqq 0\\ e^{-\frac{1}{x}} & x>0\end{cases}$$

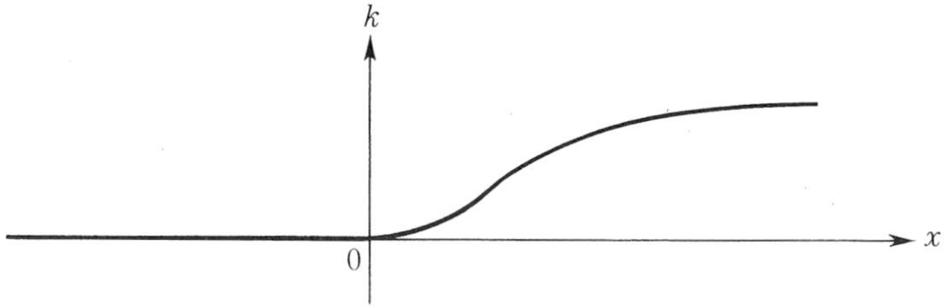

は可微分関数である．

証明 $\lim_{t\to+0} e^{-\frac{1}{t}}=0$ となるから，まず k は連続関数である．関数 k が $x\neq 0$ で可微分であることは明らかであるから，$x=0$ における可微分性を示すことが問題である．

$$k'(0)=\lim_{t\to 0}\frac{k(t)-k(0)}{t}=\lim_{t\to 0}\frac{k(t)}{t}$$

を求める計算において，左方極限値は明らかに $\lim_{t\to -0}\frac{k(t)}{t}=\lim_{t\to -0}\frac{0}{t}=0$ であり，一方右方極限値は

$$\lim_{t\to+0}\frac{k(t)}{t}=\lim_{t\to+0}\frac{e^{-\frac{1}{t}}}{t}=\lim_{t\to+0}\frac{\frac{1}{t}}{e^{\frac{1}{t}}}$$

$$=\lim_{s\to\infty}\frac{s}{e^s}\quad\left(\frac{1}{t}=s\ \text{とおいた}\right)$$

$\left(\text{これは}\ \frac{\infty}{\infty}\ \text{の不定形であるから l'hospital の定理を用いて}\right)$

$$=\lim_{s\to\infty}\frac{1}{e^s}=0$$

となる．したがって $k'(0)$ が存在して

$$k'(0)=0$$

となる．つぎに n に続する帰納法により，関数 k の n 次導関数 $k^{(n)}$ が定まり，かつ $k^{(n)}(0)=0$ であると仮定する．さて，

$$k^{(n+1)}(0)=\lim_{t\to0}\frac{k^{(n)}(t)-k^{(n)}(0)}{t}=\lim_{t\to0}\frac{k^{(n)}(t)}{t}$$

を求める計算において，$t<0$ のときは明らかに $k^{(n)}(t)=0$ であるから左方極限値は $\lim_{t\to-0}\frac{k^{(n)}(t)}{t}=\lim_{t\to-0}\frac{0}{t}=0$ である． つぎに右方極限値 $\lim_{t\to+0}\frac{k^{(n)}(t)}{t}$ を求めよう．$k^{(n)}(t)$, $t>0$ は

$$k'(t)=\frac{1}{t^2}e^{-\frac{1}{t}}$$

$$k''(t)=\left(-\frac{2}{t^3}+\frac{1}{t^4}\right)e^{-\frac{1}{t}}$$

....

$$k^{(n)}(t)=P\left(\frac{1}{t}\right)e^{-\frac{1}{t}}\quad(P(x)\ \text{は}\ x\ \text{の多項式})$$

となることが n に関する帰納法で証明される．これより

$$\lim_{t\to+0}\frac{k^{(n)}(t)}{t}=\lim_{t\to+0}\frac{P\left(\frac{1}{t}\right)e^{-\frac{1}{t}}}{t}$$

$$=\lim_{s\to\infty}\frac{sP(s)}{e^s}\quad\left(\frac{1}{t}=s\ \text{とおいた}\right)=0$$

$\left(\text{これは } \frac{\infty}{\infty} \text{ の不定形であるから l'hospital の定理を繰返し用いればよい}\right)$となる．したがって，$k^{(n+1)}(0)$ が存在して

$$k^{(n+1)}(0)=0$$

となる．よって関数 $k: \boldsymbol{R}\to\boldsymbol{R}$ は可微分である．∎

注意　可微分関数より条件の強い解析関数 $k: \boldsymbol{R}\to\boldsymbol{R}$ で補題32のような性質をもつ関数，すなわち

$$k(x)=\begin{cases}0 & x\leqq 0\\ \text{増加関数} & x>0\end{cases}$$

をみたすものは存在しない．実際，k が $x\leqq 0$ でつねに 0 ならば，$x\geqq 0$ の x に対しても 0 になってしまうからである．すなわち，解析関数では，局所的な性質が k の全域的な性質まで規定しまうからである．したがって，この節で述べる殆んどの補題，定理は（たとえ M が解析多様体!! であるとしても）解析関数の範囲ではなりたたない．

補題33　与えられた任意の正数 $a>b>0$ に対し，可微分関数 $h: \boldsymbol{R}\to\boldsymbol{R}$ でつぎの性質

$$0\leqq h(x)\leqq 1 \qquad x\in\boldsymbol{R}$$

$$h(x)=\begin{cases}1 & |x|\leqq b\\ 0 & |x|\geqq a\end{cases}$$

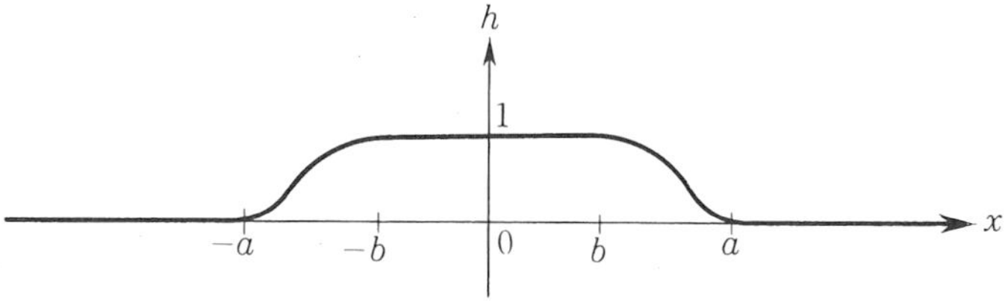

をみたすものが存在する．

証明　補題32の関数 $k: \boldsymbol{R}\to\boldsymbol{R}$ を用いて，関数 $g: \boldsymbol{R}\to\boldsymbol{R}$

$$g(x)=\frac{k(x)}{k(x)+k(1-x)}$$

（$g(x)$ の分母は 0 にならないことに注意）をつくると，g は可微分関数であって

$$0 \leqq g(x) \leqq 1 \qquad x \in \boldsymbol{R}$$

$$g(x)=\begin{cases} 0 & x \leqq 0 \\ 1 & x \geqq 1 \end{cases}$$

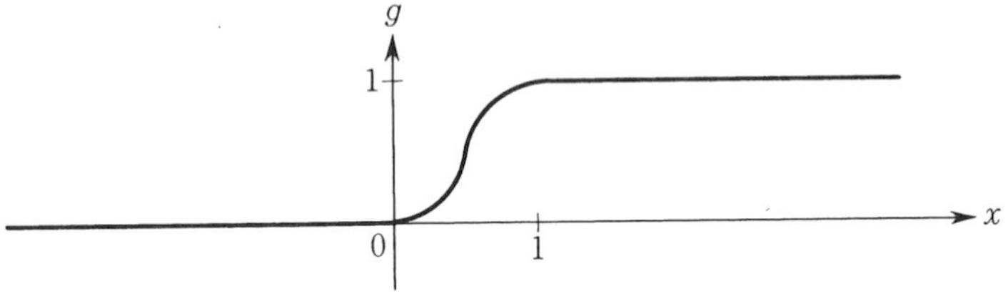

をみたしている．そこで，関数 $h: \boldsymbol{R} \to \boldsymbol{R}$ を

$$h(x)=g\left(\frac{x+a}{a-b}\right) g\left(\frac{-x+a}{a-b}\right)$$

とおくと，h は可微分関数であり，補題の条件をみたしている．∎

補題33はそのまま n 次元ユークリッド空間 $\boldsymbol{R}^n$ に拡張される．

補題34　与えられた正数 $a>b>0$ に対し，$\boldsymbol{R}^n$ の2つの（n 次元 cube と呼ばれる）開集合

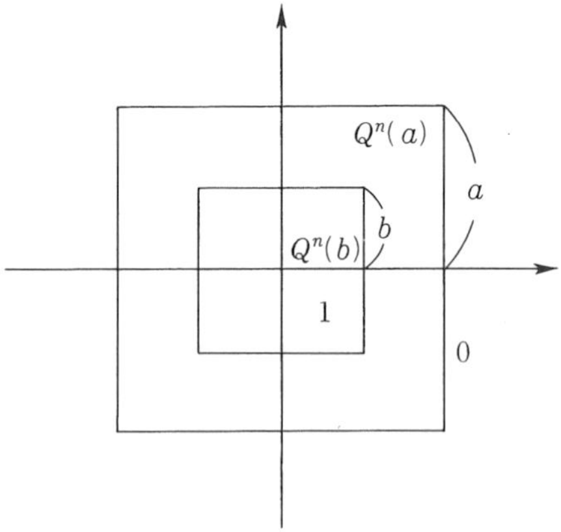

$$Q^n(a)=\{(x_1, \cdots, x_n) \in \boldsymbol{R}^n \mid |x_i|<a, \quad i=1, \cdots, n\}$$

$$Q^n(b)=\{(x_1, \cdots, x_n) \in \boldsymbol{R}^n \mid |x_i|<b, \quad i=1, \cdots, n\}$$

をつくる．このとき可微分関数 $h: \boldsymbol{R}^n \to \boldsymbol{R}$ でつぎの性質

$$0 \leqq h(x) \leqq 1 \qquad x \in \boldsymbol{R}^n$$
$$h(x) = \begin{cases} 1 & x \in \overline{Q^n(b)} \\ 0 & x \notin Q^n(a) \end{cases}$$

をみたすものが存在する．

証明 補題33の性質をもつ関数 $h_1: \boldsymbol{R} \to \boldsymbol{R}$ を用いて，関数 $h: \boldsymbol{R}^n \to \boldsymbol{R}$ を

$$h(x) = h(x_1, \cdots, x_n) = h_1(x_1) \cdots h_1(x_n)$$

で定義すればよい．∎

つぎの補題35は，局所的に定義された可微分関数族が大域的な可微分関数を定義する条件を与えていて，以下しばしば用いるのでここに書いておく．

補題35 (1) Mを可微分多様体とし，$\{U_\lambda; \lambda \in \Lambda\}$ をMの開被覆とする．可微分関数族 $\{f_\lambda: U_\lambda \to \boldsymbol{R}; \lambda \in \Lambda\}$ が

$$f_\lambda | (U_\lambda \cap U_\mu) = f_\mu | (U_\lambda \cap U_\mu)$$

をみたすならば，関数 $f: M \to \boldsymbol{R}$ を

$$p \in M \text{ が } p \in U_\lambda \text{ ならば } f(p) = f_\lambda(p)$$

で定義することができるが，このとき関数fは可微分である．

(2) Mを可微分多様体とし，FをMの閉集合，UをFを含む開集合とする：$F \subset U$. このとき可微分関数 $f: U \to \boldsymbol{R}$ が

$$p \notin F \text{ ならば } f(p) = 0$$

をみたすならば，関数 $\tilde{f}: M \to \boldsymbol{R}$ を

$$\tilde{f}(p) = \begin{cases} f(p) & p \in U \\ 0 & p \notin U \end{cases}$$

で定義すると，$\tilde{f}$は可微分である．

証明 (1)は明らかである．(2) Mの開被覆 $\{U, M-F\}$ と関数 $f: U \to \boldsymbol{R}$ と零関数 $0: M-F \to \boldsymbol{R}$ に対して(1)の結果を用いればよい．∎

補題36 Mを可微分多様体とし，Oを点 $p_0 \in M$ の近傍とする．このとき点 p_0 の近傍 V (ただし $\bar{V} \subset O$) を適当にとれば，可微分関数 $h: M \to \boldsymbol{R}$ でつぎの性質

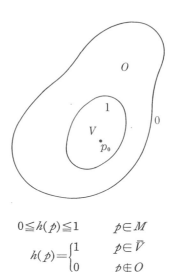

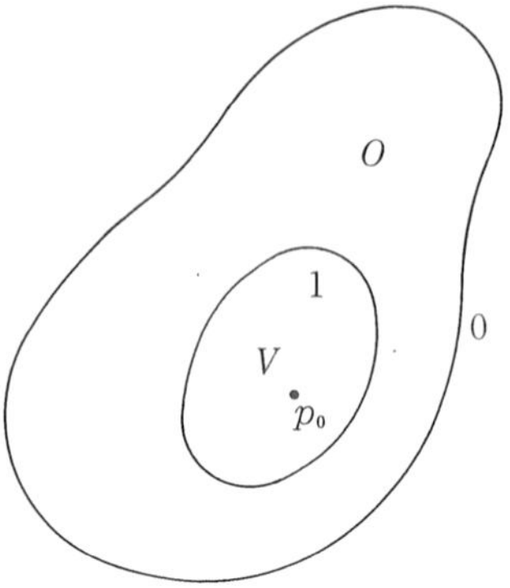

$$0 \leqq h(p) \leqq 1 \qquad p \in M$$
$$h(p) = \begin{cases} 1 & p \in \bar{V} \\ 0 & p \notin O \end{cases}$$

をみたすものが存在する.

証明　点 p_0 のまわりの座標近傍 $(U; x_1, \cdots, x_n)$ をとる. この座標近傍は, $U \subset O$ でかつ $x_1(p_0) = \cdots = x_n(p_0) = 0$ をみたしているとしておいてよい. さて, 正数 $a > b > 0$ を十分小さくとり

$$V = \{p \in U \mid |x_i(p)| < b, \quad i = 1, \cdots, n\}$$
$$W = \{p \in U \mid |x_i(p)| < a, \quad i = 1, \cdots, n\}$$

とおくと, V, W は点 p_0 の近傍で, $\bar{V} \subset W \subset O$ をみたしている. そこで補題34の性質をもつ関数 $h_1 \colon \boldsymbol{R}^n \to \boldsymbol{R}$ を用いて, 関数 $h \colon M \to \boldsymbol{R}$ を

$$h(p) = \begin{cases} h_1(x_1(p), \cdots, x_n(p)) & p \in W \\ 0 & p \notin W \end{cases}$$

で定義すればよい. 実際, $p \in \bar{V}$ ならば $h(p) = 1$ となることは h_1 の性質からよく, $p \notin O$ ならば $h(p) = 0$ となるのは自明である. h の可微分性は補題35 (2) よりよい.

補題36を用いて関数 f の拡張定理を述べよう.

命題37 (定理46参照)　M を可微分多様体とし, $g \colon U \to \boldsymbol{R}$ を点 $p_0 \in M$ の近傍 U で定義された可微分関数とする. このとき点 p_0 の近傍 V (ただし $\bar{V}$

$\subset U$）と可微分関数 $f\colon M\to \boldsymbol{R}$ で

$$f(p)=\begin{cases} g(p) & p\in V \\ 0 & p\notin U \end{cases}$$

をみたす V, f が存在する.

証明　点 p_0 の近傍 W を $W\subset U$ をみたすようにとる．さらに，補題36を用いて，点 p_0 の近傍 V（ただし $\bar{V}\subset W$）と可微分関数 $h\colon M\to \boldsymbol{R}$ で性質

$$h(p)=\begin{cases} 1 & p\in V \\ 0 & p\notin W \end{cases}$$

をみたすものをつくり，関数 $f\colon M\to \boldsymbol{R}$ を

$$f(p)=\begin{cases} h(p)g(p) & p\in U \\ 0 & p\notin U \end{cases}$$

で定義すると，f は命題の条件をみたしている．f の可微分性は補題35(2)を用いればよい．

補題38（定理45参照）　Mを可微分多様体とし，KをMのコンパクト集合，UをKを含む開集合とする：$K\subset U$．このとき可微分関数 $h\colon M\to \boldsymbol{R}$ でつぎの性質

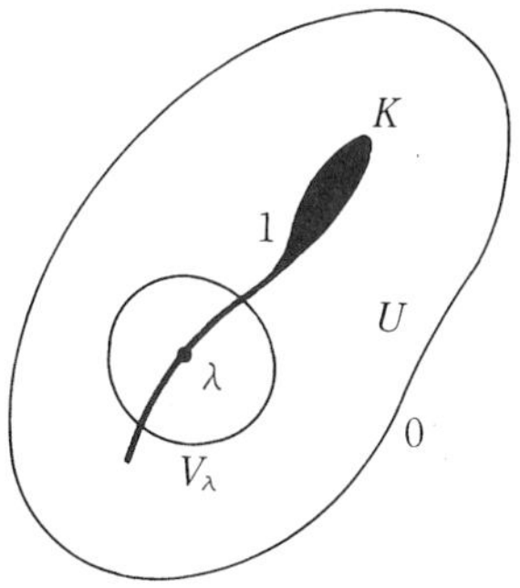

$$0\leqq h(p)\leqq 1 \qquad p\in M$$

$$h(p)=\begin{cases} 1 & p\in K \\ 0 & p\notin U \end{cases}$$

をみたすものが存在する.

証明　Kの各点 λ に対し，補題36の性質をもつ λ の近傍 V_λ(ただし$\bar{V}_\lambda\subset U$)と可微分関数 $h_\lambda\colon M\to \boldsymbol{R}$ で

$$0\leqq h_\lambda(p)\leqq 1 \qquad p\in M$$
$$h_\lambda(p)=\begin{cases}1 & p\in \bar{V}_\lambda\\ 0 & p\notin U\end{cases}$$

をみたすものをとる．Kの開被覆 $K\subset \bigcup_{\lambda\in K} V_\lambda$ をつくるとき，Kがコンパクトであるから，有限個の $\lambda_1,\cdots,\lambda_s$ を選び出して $K\subset \bigcup_{i=1}^{s} V_{\lambda_i}$ とすることができる．そこで関数 $h\colon M\to \boldsymbol{R}$ を

$$h(p)=1-(1-h_{\lambda_1}(p))\cdots(1-h_{\lambda_s}(p))$$

で定義すると，h は求める条件をみたしている．実際，$p\in K$ ならば，p はある近傍 V_{λ_i} に含まれるから $h_{\lambda_i}(p)=1$，したがって $h(p)=1$ である．また $p\notin U$ ならば $h_{\lambda_i}(p)=0$, $i=1,\cdots,s$ であるから $h(p)=0$ である．　また $0\leqq h(p)\leqq 1$ と h の可微分性は明らかである．

最後に，4章で用いる関数 μ をつぎの補題で構成しておこう．

補題39　与えられた正数 $\varepsilon>0$ に対し，可微分関数 $\mu\colon \boldsymbol{R}\to \boldsymbol{R}$ でつぎの性質

$$\begin{cases}\mu(0)>\varepsilon & \\ \mu(x)=0 & x\geqq 2\varepsilon\\ -1<\mu'(x)\leqq 0 & x\in \boldsymbol{R}\end{cases}$$

(μ' は μ の導関数) をみたすものが存在する．

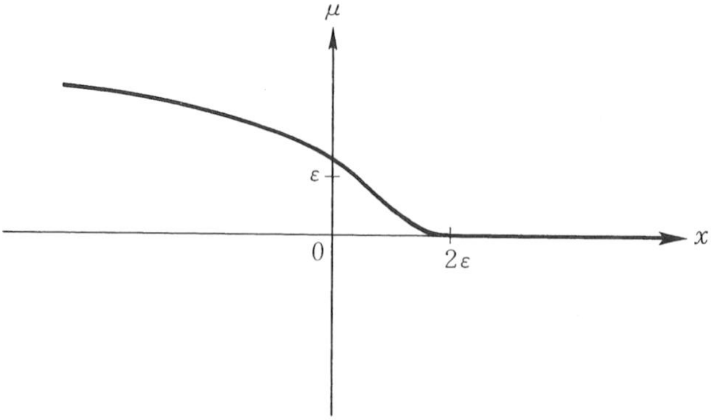

証明　補題32の関数 $k: \boldsymbol{R} \to \boldsymbol{R}$ を用いて，関数 $h: \boldsymbol{R} \to \boldsymbol{R}$ を

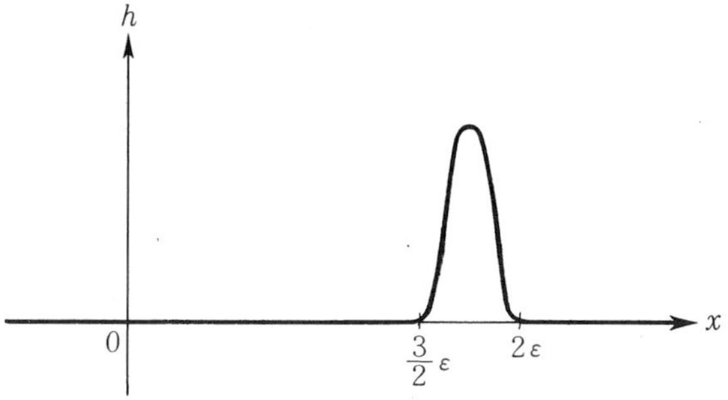

$$h(x) = k\left(x - \frac{3}{2}\varepsilon\right)k(-x + 2\varepsilon)$$

で定義すると，h は可微分関数で

$$h(x) = 0 \qquad x \leqq \frac{3}{2}\varepsilon,\ x \geqq 2\varepsilon$$

をみたしている．つぎに関数 $g: \boldsymbol{R} \to \boldsymbol{R}$ を

$$g(x) = \frac{\dfrac{2}{3}\displaystyle\int_{2\varepsilon}^{x} h(t)dt}{\displaystyle\int_{\frac{3}{2}\varepsilon}^{2\varepsilon} h(t)dt}$$

で定義すると，g は可微分関数で

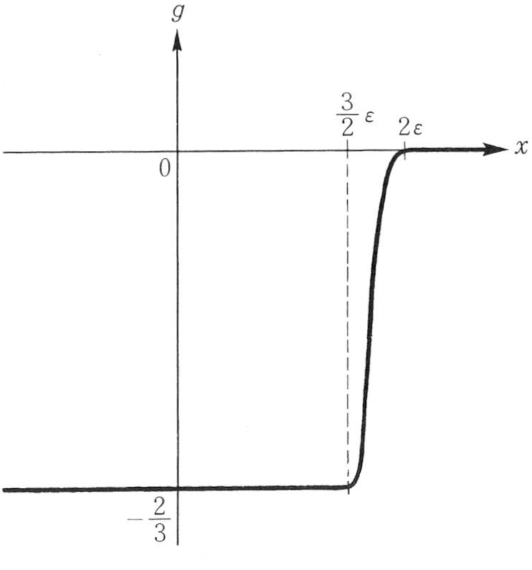

$$-\frac{2}{3}\leqq g(x)\leqq 0$$

$$g(x)=\begin{cases}0 & x\geqq 2\varepsilon\\ -\dfrac{2}{3} & x\leqq \dfrac{3}{2}\varepsilon\end{cases}$$

をみたしている．そこで，関数 $\mu: \boldsymbol{R}\to\boldsymbol{R}$ を

$$\mu(x)=\int_{2\varepsilon}^{x} g(t)dt$$

で定義すればよい．実際，$\mu(0)=\int_{2\varepsilon}^{0} g(t)dt>\int_{\frac{3}{2}\varepsilon}^{0}-\frac{2}{3}dt=\frac{2}{3}\,\frac{3}{2}\varepsilon=\varepsilon$ であり，$x\geqq 2\varepsilon$ ならば $\mu(x)=0$ は明らかである．また $\mu'(x)=g(x)$ であるから $-1<-\frac{2}{3}\leqq\mu'(x)\leqq 0$ である．∎

(8) 1 の 分 割

前節で構成した可微分関数を用いて可微分多様体 M 上の定数関数 $1: M\to\boldsymbol{R}$, $1(p)=1$ の分割をしよう．この 1 の分割は，局所的に与えられた可微分関数 $f_\lambda: U_\lambda\to\boldsymbol{R}$（またはベクトル場等）を滑らかにつなぎ併わせて，$M$ 全体で定義された可微分関数 $f: M\to\boldsymbol{R}$（または M 全体で定義されたベクトル場等）をつくるのによく用いられる．

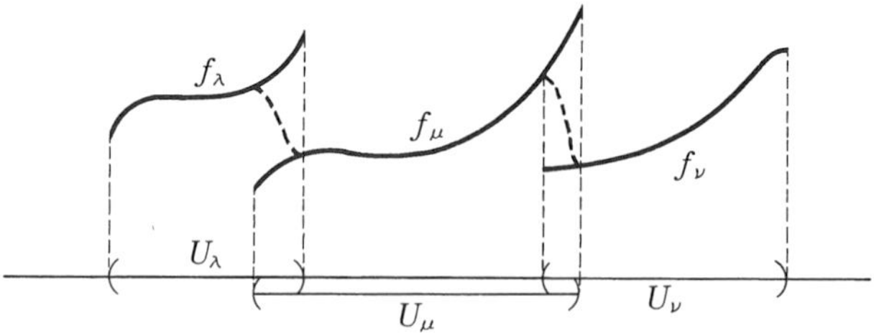

我々は多様体 M の定義に可算開基をもつことを仮定したが，それは M にこれから述べるパラコンパクト性を要求したかったからである．まずパラコンパクトの定義を与える準備から始めよう．

定義 X を位相空間とし，$\{U_\lambda;\lambda\in\Lambda\}$，$\{V_\alpha;\alpha\in A\}$ を X の 2 つの開被覆とする．$\{V_\alpha;\alpha\in A\}$ が $\{U_\lambda;\lambda\in\Lambda\}$ の**細分**であるとは，任意の $\alpha\in A$ に対し

て $V_\alpha \subset U_\lambda$ なる $\lambda \in \Lambda$ が存在することである.

定義　X を位相空間とし, $\{Y_\alpha ; \alpha \in A\}$ を X の部分集合族とする. $\{Y_\alpha ; \alpha \in A\}$ が**局所有限**であるとは, 任意の点 $p \in X$ に対して, p の近傍 W を適当に選ぶと

$$W \cap Y_\alpha \neq \phi \quad \text{なる} \quad \alpha \in A \ \text{は有限個}$$

にできることである.

補題40　Xを位相空間とし, $\{Y_\alpha ; \alpha \in A\}$ を局所有限な部分集合族とするならば, 集合の閉包に関し

$$\overline{\bigcup_{\alpha \in A} Y_\alpha} = \bigcup_{\alpha \in A} \bar{Y}_\alpha$$

がなりたつ.

証明　包含関係 $\overline{\bigcup_{\alpha \in A} Y_\alpha} \supset \bigcup_{\alpha \in A} \bar{Y}_\alpha$ は明らかである. 逆の包含関係を示そう. 点 $p \in X$ が $p \notin \bigcup_{\alpha \in A} \bar{Y}_\alpha$, すなわちすべての $\alpha \in A$ に対し $p \notin \bar{Y}_\alpha$ であるとする. このとき, 点pの近傍 U_α が存在して

$$U_\alpha \cap Y_\alpha = \phi \qquad \alpha \in A$$

となる. $\{Y_\alpha ; \alpha \in A\}$ は局所有限であるから, pの近傍Wを適当にとると

$$W \cap Y_\alpha \neq \phi \quad \text{となる} \quad Y_\alpha \ \text{は} \ Y_{\alpha_1}, \cdots, Y_{\alpha_s} \ \text{の有限個}$$

であるようにすることができる. そこで $V = W \cap U_{\alpha_1} \cap \cdots \cap U_{\alpha_s}$ とおくと V はpの近傍であって, すべての $\alpha \in A$ に対して

$$V \cap Y_\alpha = \phi$$

となっている. したがって $V \cap (\bigcup_{\alpha \in A} Y_\alpha) = \phi$ となり $p \notin \overline{\bigcup_{\alpha \in A} Y_\alpha}$ である. これで $\overline{\bigcup_{\alpha \in A} Y_\alpha} \subset \bigcup_{\alpha \in A} \bar{Y}_\alpha$ が示された. ∎

定義　位相空間Xの任意の開被覆 $\{U_\lambda ; \lambda \in \Lambda\}$ に対し, その細分である局所有限な開被覆 $\{V_\alpha ; \alpha \in A\}$ が選ぶことができるとき, X は**パラコンパクト**であるという.

コンパクト空間Xは明らかにパラコンパクトである.

命題41　多様体はパラコンパクトである. すなわちMの任意の開被覆 $\{U_\lambda ; \lambda \in \Lambda\}$ は局所有限な開被覆 $\{V_i ; i \in I\}$ をもっている. (なお, 各 V_i は $\bar{V}_i$ が

コンパクトであるように選ぶことができる).

証明　仮定よりMは可算開基 $\{O_i; i\in I=\{1,2,\cdots\}\}$ をもっている．Mは局所コンパクトである（補題7）から $\bar{O}_i$ はコンパクトであるとしておいてよい．Mのこの開被覆 $\{O_i, i\in I\}$ を用いて，Mのコンパクト部分集合族 $\{A_i, i\in I\}$ でつぎの性質

$$\operatorname{Int} A_{i+1}\supset A_i\supset O_i \tag{i}$$

$$M=\bigcup_{i=0}^{\infty}(A_{i+1}-\operatorname{Int} A_i) \tag{ii}$$

（ただし $\operatorname{Int} A_0=\phi$ とする）をもつものを構成しよう．　まず $A_1=\bar{O}_1$ とおく．$A_1,\cdots,A_i$ がつくられたとしよう．A_i はコンパクトであるから，$\{O_i, i\in I\}$ のうちの有限個で覆うことができる．すなわちある $j\in I$ に対して

$$A_i\subset O_1\cup O_2\cup\cdots\cup O_j$$

となるが，そのようなjのうちで最小のものをkとし

$$A_{i+1}=\overline{O_1\cup O_2\cup\cdots\cup O_k}\cup\bar{O}_{i+1}$$

とおけばよい．実際，明らかに A_{i+1} はコンパクトであり，また

$$\operatorname{Int} A_{i+1}\supset O_1\cup O_2\cup\cdots\cup O_k\cup O_{i+1}\supset A_i$$

であり，さらに

$$A_1-\operatorname{Int} A_0=A_1\supset O_1$$
$$(A_2-\operatorname{Int} A_1)\cup A_1=A_2\supset O_2$$
$$(A_3-\operatorname{Int} A_2)\cup(A_2-\operatorname{Int} A_1)\cup A_1=A_3\supset O_3$$
$$\cdots\cdots\cdots\cdots\cdots\cdots\cdots\cdots\cdots\cdots\cdots$$
$$(A_{i+1}-\operatorname{Int} A_i)\cup\cdots\cup(A_2-\operatorname{Int} A_1)\cup A_1=A_{i+1}\supset O_{i+1}$$

であるから $\bigcup_{i=0}^{\infty}(A_{i+1}-\operatorname{Int} A_i)=\bigcup_{i=1}^{\infty}A_i\supset\bigcup_{i=1}^{\infty}O_i=M$ となり(ii)を得る．以上で求める $\{A_i; i\in I\}$ をつくることができた．(i)(ii)より

$$M=\bigcup_{i=1}^{\infty}\operatorname{Int} A_i \tag{iii}$$

にもなっている．さて $\{U_\lambda; \lambda\in\Lambda\}$ をMの任意に与えられた開被覆とする．$A_{i+1}-\operatorname{Int} A_i$ はコンパクトであるから，$\{U_\lambda; \lambda\in\Lambda\}$ のうちの有限個 $U_{\lambda_1}{}^{(i)}$,

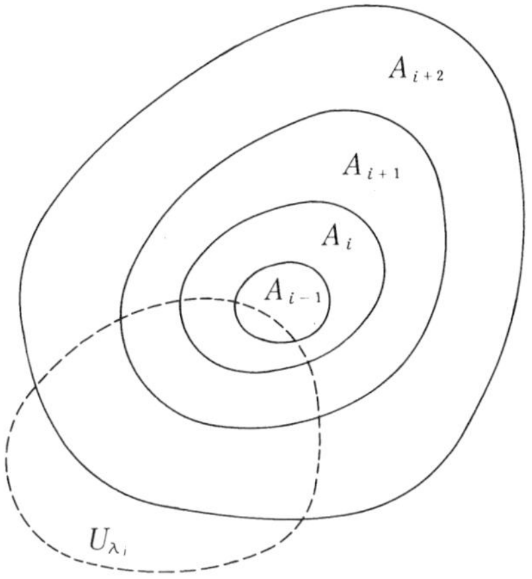

$\cdots, U_{\lambda_{s(i)}}{}^{(i)}$ で覆うことができる．そこで

$$V_j{}^{(i)}=(\mathrm{Int}\,A_{i+1}-A_{i-2})\cap U_{\lambda_j}{}^{(i)} \qquad j=1,\cdots,s(i)$$

とおくと明らかに

$$\begin{cases} A_{i+1}-\mathrm{Int}\,A_i\subset \bigcup_{j=1}^{s(i)} V_j{}^{(i)} & \text{(iv)} \\ V_j{}^{(i)}\subset U_{\lambda_j}{}^{(i)} & \text{(v)} \\ V_j{}^{(i)}\subset \mathrm{Int}\,A_{i+2}-A_{i-1} & \text{(vi)} \end{cases}$$

となっている．各 i に対し $\mathfrak{V}^{(i)}=\{V_j{}^{(i)}; j=1,\cdots,s(i)\}$ を考え，その合併集合

$$\mathfrak{V}=\{\mathfrak{V}^{(1)},\mathfrak{V}^{(2)},\mathfrak{V}^{(3)},\cdots\}$$

をつくると，$\mathfrak{V}$ が求めるものである．実際，

(1)　$\mathfrak{V}$ は M の開被覆である．これは(iv)(ii)より明らかである．

(2)　$\mathfrak{V}$ は $\{U_\lambda; \lambda\in\Lambda\}$ の細分である．これは(v)より明らかである．

(3)　$\mathfrak{V}$ は局所有限である．実際，点 $p\in M$ は，(iii)よりある i があって $p\in\mathrm{Int}\,A_i$ となるが，このとき

$$V_j{}^{(k)}\cap\mathrm{Int}\,A_i\neq\phi \quad なる\ k\ は \quad k\leqq i+1$$

でなければならない．なぜならば，$k>i+1$ とすると $A_{k-1}\supset\mathrm{Int}\,A_{k-1}\supset A_i\supset \mathrm{Int}\,A_i$ となるので

$$V_{j^{(k)}}\cap \mathrm{Int}\,A_i=(\mathrm{Int}\,A_{k+2}-A_{k-1})\cap U_{\lambda_j{}^{(k)}}\cap \mathrm{Int}\,A_i$$
$$\subset(\mathrm{Int}\,A_{k+2}-A_i)\cap \mathrm{Int}\,A_i=\phi$$

となるからである．なお，上記の k に対して j は $1, \cdots, s(k)$ の有限個である．これは $\mathfrak{V}$ が局所有限であることを示している．

以上でMがパラコンパクトであることが証明された．なお，$V_{j^{(i)}}\subset A_{i+2}$ となっているので $\bar{V}_{j^{(i)}}$ はコンパクトである．■

補題42 Mを多様体とし，$\{U_\lambda; \lambda\in\Lambda\}$ をMの開被覆とする．このときMの開被覆 $\{V_\lambda; \lambda\in\Lambda\}$（添数集合 Λ が同じであることに注意）でつぎの性質

$$\bar{V}_\lambda\subset U_\lambda \qquad \lambda\in\Lambda$$

をみたすものが存在する．

証明 各点 $p\in M$ に対し，pの近傍 W_p を $\overline{W}_p$ がある U_λ に含まれるようにとり，Mの開被覆 $\{W_p; p\in M\}$ をつくる．Mはパラコンパクトである（命題41）から，$\{W_p; p\in M\}$ の細分である局所有限なMの開被覆 $\{O_i; i\in I\}$ を選ぶことができる．さて各 $\lambda\in\Lambda$ に対して $I_\lambda=\{i\in I\mid \bar{O}_i\subset U_\lambda\}$ とし

$$V_\lambda=\bigcup_{i\in I_\lambda} O_i$$

とおくと $\{V_\lambda; \lambda\in\Lambda\}$ は求めるMの開被覆である．実際，$q\in M$ とすると，$M=\bigcup_{i\in I} O_i$ より q はある O_i に含まれる．$\{O_i; i\in I\}$ は $\{W_p; p\in M\}$ の細分であるから，O_i はある W_p に含まれており，さらに $\bar{W}_p$ はある U_λ に含まれている：

$$q\in O_i\subset\bar{O}_i\subset\overline{W}_p\subset U_\lambda$$

したがって $q\in V_\lambda$ である．よって $M\subset\bigcup_{\lambda\in\Lambda} V_\lambda$ となり $\{V_\lambda; \lambda\in\Lambda\}$ はMの開被覆である．また $\{O_i; i\in I\}$ は局所有限であるから，補題40を用いると

$$\bar{V}_\lambda=\overline{\bigcup_{i\in I_\lambda} O_i}=\bigcup_{i\in I_\lambda}\bar{O}_i\subset U_\lambda$$

となる．以上で補題が証明された．■

定義 位相空間X上の関数 $f\colon X\to \boldsymbol{R}$ に対し

$$\mathrm{supp}(f)=\overline{\{p\in X\mid f(p)\neq 0\}}$$

とおき，supp(f) を関数 f の**台**という．

補題43　Xを位相空間とする．関数族 $\{f_\lambda\colon X\to \boldsymbol{R};\lambda\in\Lambda\}$ に対して $\{\mathrm{supp}(f_\lambda);\lambda\in\Lambda\}$ が局所有限ならば，つぎの(1)(2)(3)がなりたつ．

(1)　関数 $f\colon X\to \boldsymbol{R}$ を $f(p)=\sum_{\lambda\in\Lambda}f_\lambda(p)$ で定義することができる．

(2)　関数 $f=\sum_{\lambda\in\Lambda}f_\lambda$ に対して

$$\mathrm{supp}(f)\subset\bigcup_{\lambda\in\Lambda}\mathrm{supp}(f_\lambda)$$

がなりたつ．

(3)　$X=M$ が可微分多様体であり，$\{f_\lambda\colon M\to \boldsymbol{R};\lambda\in\Lambda\}$ が可微分関数族であるならば，$f=\sum_{\lambda\in\Lambda}f_\lambda$ は可微分関数である．

証明　(1)　$\{\mathrm{supp}(f_\lambda);\lambda\in\Lambda\}$ は局所有限であるから，点 p を含む $\mathrm{supp}(f_\lambda)$ の個数は有限個である．したがって $f_\lambda(p)\neq 0$ となる λ は有限個しかないので，$\sum_{\lambda\in\Lambda}f_\lambda(p)$ の和は有限和である．

(2)　関数 $g\colon X\to\boldsymbol{R}$ に対して，$N(g)=\{p\in X\mid g(p)=0\}$ とおくと $\mathrm{supp}(g)=\overline{X-N(g)}$ である．さて，点 $p\in X$ がすべての $\lambda\in\Lambda$ に対して $f_\lambda(p)=0$ ならば $f(p)=0$ となるから

$$\bigcap_{\lambda\in\Lambda}N(f_\lambda)\subset N(f)$$

である．したがって

$$X-N(f)\subset\bigcup_{\lambda\in\Lambda}(X-N(f_\lambda))$$

となる．$\{\mathrm{supp}(f_\lambda);\lambda\in\Lambda\}$ は局所有限であるから当然 $\{X-N(f_\lambda);\lambda\in\Lambda\}$ も局所有限になることに注意して，上式の閉包をとると

$$\begin{aligned}\mathrm{supp}(f)=\overline{X-N(f)}&\subset\overline{\bigcup_{\lambda\in\Lambda}(X-N(f_\lambda))}\\&=\bigcup_{\lambda\in\Lambda}\overline{X-N(f_\lambda)}\qquad(\text{補題40})\\&=\bigcup_{\lambda\in\Lambda}\mathrm{supp}(f_\lambda)\end{aligned}$$

となる．

(3)　$\{\mathrm{supp}(f_\lambda);\lambda\in\Lambda\}$ は局所有限であるから，各点 $p\in M$ に対し，p の

近傍 W を適当に選ぶと， $\mathrm{supp}(f_\lambda)\cap W\neq\phi$ となる λ は $\lambda_1,\cdots,\lambda_s$ の有限個であるようにすることができる．このとき，f を W 上で考えると，f は有限個の可微分関数 $f_{\lambda_1},\cdots,f_{\lambda_s}$ の和

$$f=f_{\lambda_1}+\cdots+f_{\lambda_s}$$

となっているから，f は W 上で可微分関数である．p は M の任意の点であったから，f は M 上で可微分である．∎

定義　M を可微分多様体とし，$\{U_\lambda;\lambda\in\Lambda\}$ を M の開被覆とする．可微分関数族 $\{h_\lambda\colon M\to\boldsymbol{R};\lambda\in\Lambda\}$ がつぎの 4 つの条件をみたすとき，関数族 $\{h_\lambda;\lambda\in\Lambda\}$ を開被覆 $\{U_\lambda;\lambda\in\Lambda\}$ に従属する **1 の分割**という．

(1)　$0\leqq h_\lambda(p)\leqq 1\qquad p\in M,\lambda\in\Lambda$

(2)　$\mathrm{supp}(h_\lambda)\subset U_\lambda\qquad \lambda\in\Lambda$

(3)　$\{\mathrm{supp}(h_\lambda);\lambda\in\Lambda\}$ は局所有限である．

(4)　$\displaystyle\sum_{\lambda\in\Lambda}f_\lambda(p)=1\qquad p\in M$

定理44　M を可微分多様体とするとき，M の任意の開被覆 $\{U_\lambda;\lambda\in\Lambda\}$ に対して，$\{U_\lambda;\lambda\in\Lambda\}$ に従属する 1 の分割が存在する．

証明　M はパラコンパクトである（命題41）から $\{U_\lambda;\lambda\in\Lambda\}$ の細分である局所有限な M の開被覆 $\{V_i;i\in I\}$ が存在する．なお，この各 V_i は $\bar{V}_i$ がコンパクトであるようにしておくことができる（命題41）．この開被覆 $\{V_i;i\in I\}$ に対し M の開被覆 $\{W_i;i\in I\}$ で

$$\overline{W}_i\subset V_i\qquad i\in I$$

をみたすものをとり（補題42），さらにこの開被覆 $\{W_i;i\in I\}$ に対し M の開被覆 $\{O_i;i\in I\}$ で

$$\bar{O}_i\subset W_i\qquad i\in I$$

をみたすものをとる（補題42）．このとき，$\bar{O}_i$ がコンパクトであることに注意して補題38を用いれば，可微分関数 $g_i\colon M\to\boldsymbol{R}$ で

$$0\leqq g_i(p)\leqq 1\qquad p\in M$$

$$g_i(p)=\begin{cases}1 & p\in\bar{O}_i\\ 0 & p\notin W_i\end{cases}$$

をみたすものが存在する．このとき

$$\mathrm{supp}(g_i) \subset \overline{W}_i \subset V_i$$

がなりたっているので $\{\mathrm{supp}(g_i); i \in I\}$ は局所有限である． そこで， 関数 $g: M \to \boldsymbol{R}$ を

$$g(p) = \sum_{i \in I} g_i(p)$$

で定義すると g は可微分関数である（補題43(3)）．また，任意の点 $p \in M$ に対し $g(p) \geqq 1$ となっている．実際，$g_j \geqq 0$ であり，かつ $p \in M$ が $p \in O_i$ ならば $g_i(p) = 1$ となるからである．そこで，関数 $k_i: M \to \boldsymbol{R}$ を

$$k_i(p) = \frac{g_i(p)}{g(p)}$$

で定義すると，k_i は可微分関数で

$$\mathrm{supp}(k_i) = \mathrm{supp}(g_i) \subset V_i$$

$$\sum_{i \in I} k_i(p) = \frac{\sum_{i \in I} g_i(p)}{g(p)} = \frac{g(p)}{g(p)} = 1$$

をみたしている． さて， $\{V_i; i \in I\}$ は $\{U_\lambda; \lambda \in \Lambda\}$ の細分であるから， 各 $i \in I$ に対し $V_i \subset U_\lambda$ となる $\lambda \in \Lambda$ があるが，そのうちの1つの λ を定めて，写像 $r: I \to \Lambda$ をつくる．そして各 $\lambda \in \Lambda$ に対して

$$I_\lambda = r^{-1}(\lambda) = \{i \in I \mid r(i) = \lambda\}$$

とおく．このとき明らかに

$$I_\lambda \cap I_\mu = \phi \ (\lambda \neq \mu), \qquad \bigcup_{\lambda \in \Lambda} I_\lambda = I \tag{i}$$

となっている．そこで関数 $h_\lambda M \to \boldsymbol{R}$ を

$$h_\lambda = \sum_{i \in I_\lambda} k_i$$

（ただし $I_\lambda = \phi$ のときには $h_\lambda = 0$ としておく）で定義すると，h_λ は可微分関数であり（補題43(3)），かつ(1)より

$$\sum_{\lambda \in \Lambda} h_\lambda(p) = \sum_{i \in I} k_i(p) = 1$$

となる．また

$$\mathrm{supp}(h_\lambda)=\mathrm{supp}\Big(\sum_{i\in I_\lambda} k_i\Big)\subset \bigcup_{i\in I_\lambda}\mathrm{supp}(k_i) \quad (\text{補題43(2)})$$
$$\subset \bigcup_{i\in I_\lambda} V_i\subset U_\lambda$$

をみたしている．なお，$\{\mathrm{supp}(h_\lambda);\lambda\in\Lambda\}$ が局所有限であることは $\{\mathrm{supp}(k_i);i\in I\}$ の局所有限性より明らかである．以上で $\{h_\lambda;\lambda\in\Lambda\}$ が $\{U_\lambda;\lambda\in\Lambda\}$ に従属する1の分割であることが示された．∎

1の分割の簡単な応用例を2,3述べておこう．（1の分割はあとで Riemann 計量の存在に用いる）．

定理45（Urysohn の補題） M を可微分多様体とし，F を M の閉集合，U を F を含む開集合とする：$F\subset U$. このとき可微分関数 $h: M\to \boldsymbol{R}$ でつぎの性質

$$0\leqq h(p)\leqq 1 \qquad p\in M$$
$$h(p)=\begin{cases}1 & p\in F\\ 0 & p\notin U\end{cases}$$

をみたすものが存在する．

証明 $\{U, M-F\}$ は M の開被覆であるから，これに従属する1の分割を $\{h, k\}$ とする．すなわち $h, k: M\to\boldsymbol{R}$ は可微分関数で

$$h(p)+k(p)=1, \qquad h(p)\geqq 0,\ k(p)\geqq 0$$
$$\mathrm{supp}(h)\subset U, \qquad \mathrm{supp}(k)\subset M-F$$

をみたしている．この h が求めるものになっている．実際，もし $p\in F$ ならば $k(p)=0$ となるから $k(p)=1$ であり，$p\notin U$ ならば明らかに $h(p)=0$ である．∎

定理46（関数の拡張定理） M を可微分多様体とし，F を M の閉集合，U を F を含む閉集合とする．このとき可微分関数 $g: U\to\boldsymbol{R}$ に対し，可微分関数 $f: M\to\boldsymbol{R}$ でつぎの性質

$$f(p)=\begin{cases}g(p) & p\in F\\ 0 & p\notin U\end{cases}$$

をみたすものが存在する．

証明 M の開被覆 $\{U, M-F\}$ に従属する1の分割 $\{h, k\}$ をとり

$$f(p)=\begin{cases} h(p)g(p) & p\in U \\ 0 & p\notin U \end{cases}$$

と定義すると，f は可微分関数であって（$\mathrm{supp}(h)\subset U$ であるから補題35(2)を用いればよい）求める条件をみたしている．∎

例47　定理46によると，可微分関数 $g\colon U\to \boldsymbol{R}$ に対して，$\bar{V}\subset U$ なる任意の開集合 V を選ぶと，$g=g|V\colon V\to \boldsymbol{R}$ は M の可微分関数 f に拡張されることがわかる．このように g を拡張するとき，g の定義域 U を少し縮める必要が起る．すなわち，関数 $g\colon U\to \boldsymbol{R}$ はそのまま M 全体に拡張することは不可能である．例えば

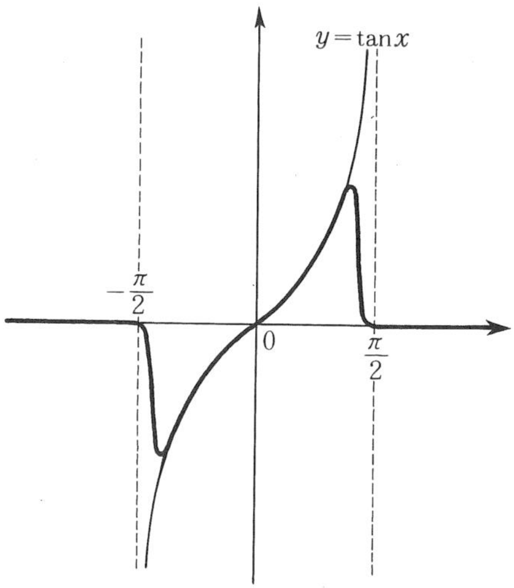

$$g\colon \left(-\frac{\pi}{2},\frac{\pi}{2}\right)\to \boldsymbol{R},\qquad g(x)=\tan x$$

は定義域を $\boldsymbol{R}$ 全体に拡張しようとしてもそれはできない．しかし g の定義域を少し縮めると上図のように $\boldsymbol{R}$ 全域に拡張される．

この節の始めに述べたように1の分割はつぎの形でよく用いられる．

補題48　M を可微分多様体とし，$\{U_\lambda;\lambda\in\Lambda\}$ を M の開被覆とする．可微分関数族 $\{f_\lambda\colon U_\lambda\to \boldsymbol{R};\lambda\in\Lambda\}$ が与えられたとき，$\{U_\lambda;\lambda\in\Lambda\}$ に従属する1

の分割 $\{h_\lambda; \lambda \in \Lambda\}$ をとり，関数 $f: M \to \boldsymbol{R}$ を

$$f = \sum_{\lambda \in \Lambda} h_\lambda f_\lambda$$

で定義すると，f は可微分関数である．

証明　$\mathrm{supp}(h_\lambda) \subset U_\lambda$ であるから，関数 $\tilde{f}_\lambda: M \to \boldsymbol{R}$ を

$$\tilde{f}_\lambda(p) = \begin{cases} h_\lambda(p) f_\lambda(p) & p \in U_\lambda \\ 0 & p \notin U_\lambda \end{cases}$$

で定義すると $\tilde{f}_\lambda$ は可微分関数である(補題35(2))．$\mathrm{supp}(\tilde{f}_\lambda) \subset \mathrm{supp}(h_\lambda)$ より，$\{\mathrm{supp}(\tilde{f}_\lambda); \lambda \in \Lambda\}$ も局所有限となるから，関数 $f = \sum_{\lambda \in \Lambda} \tilde{f}_\lambda: M \to \boldsymbol{R}$ は可微分である (補題43(3))．以上で補題が証明されたのであるが，補題ではこの $\sum_{\lambda \in \Lambda} \tilde{f}_\lambda$ を $\sum_{\lambda \in \Lambda} h_\lambda f_\lambda$ と書いている．しかし混同は起らないであろう．■

(9) 接ベクトルと接ベクトル空間

球面 S^n をはじめ今までの可微分多様体の例からわかるように，可微分多様体 M の図形は一般には曲っている．その曲った図形を調べるのに各点 $p \in M$ において接ベクトル空間を引いて真直ぐにして調べる方法がよく用いられる．点 p における接ベクトル空間 $T_p(M)$ はベクトル空間の構造をもっているから，それ自身の構造はよくわかっているが，重要なことは，点 p の近くの M 上の構造と点 p の近くの $T_p(M)$ 上の構造がよく似ていることである．すなわ

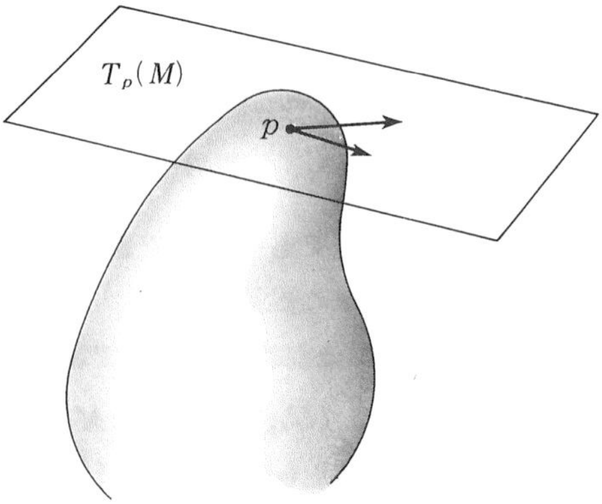

ち，点 p の近くの M の局所的性質は $T_p(M)$ の局所的性質におきかえられるのである．

可微分多様体 M 上の点 p における接ベクトルとは，直観的には点 p において M に接しているベクトル（もう少し詳しくいうならば，点 p を通る曲線の接線ベクトル）と考えられるが，つぎに述べる微分作用素的な定義もよく用いられる．ここでは後者の方法で接ベクトルを定義し，曲線の接線ベクトルについては少し触れるにとどめた．

定義 M を可微分多様体とし，p_0 を M の点とする．

$$\mathfrak{F}_{p_0}=\{(f,U)\mid f \text{ は } p_0 \text{ の近傍 } U \text{ 上で定義された可微分関数}\}$$

とおく．$\mathfrak{F}_{p_0}$ において

$$(f, U)\sim(g, V) \rightleftarrows W\subset U\cap V \text{ なる } p_0 \text{ の近傍 } W \text{ が存在し，} W \text{ 上で } f=g$$

と定義すると，この関係～は同値法則をみたす．$\mathfrak{F}_{p_0}$ をこの同値関係によって類別した等化集合を $C^\infty(p_0)$ で表わす：

$$C^\infty(p_0)=\mathfrak{F}_{p_0}/\sim$$

関数 $f=(f, U)$ を含む類を $\{f\}_{p_0}$ で表わし，$\{f\}_{p_0}$ を関数 f の点 p_0 における**関数芽**という．混同が起らないときには，関数芽 $\{f\}_{p_0}$ から代表元 f を1つとり，$\{f\}_{p_0}$ を単に f で表わすことが多い．$C^\infty(p_0)$ には和，スカラー倍，積が自然に定義できて，$C^\infty(p_0)$ は単位元1をもつ可換な $\boldsymbol{R}$ 上多元環になる（多元環 $C^\infty(M)$ 参照）．この多元環 $C^\infty(p_0)$ を点 p_0 のまわりの**可微分関数芽全体のつくる多元環**という．

定義 M は可微分多様体とし，p_0 を M の点とする．

(1) 点 p_0 のまわりの可微分関数芽 f 全体のつくる多元環 $C^\infty(p_0)$ から $\boldsymbol{R}$ への写像 $L: C^\infty(p_0)\to\boldsymbol{R}$ がつぎの条件

$$L(f+g)=L(f)+L(g)$$
$$L(af)=aL(f) \qquad a\in\boldsymbol{R}$$
$$L(f\cdot g)=f(p_0)L(g)+L(f)g(p_0)$$

をみたすとき，L を点 p_0 における（M の）**接ベクトル**という．

(2) 点 p_0 における接ベクトル全体の集合：

$$T_{p_0}(M)=\{L|L \text{ は点 } p_0 \text{ における接ベクトル}\}$$

は和 L_1+L_2, スカラー倍 αL

$$(L_1+L_2)(f)=L_1(f)+L_2(f)$$
$$(\alpha L)(f)=\alpha L(f) \qquad \alpha\in \boldsymbol{R}$$

に関して $\boldsymbol{R}$ 上ベクトル空間になる．このベクトル空間 $T_{p_0}(M)$ を点 p_0 における（M の）**接ベクトル空間**という．

命題49 M を可微分多様体とし，p_0 を M の点とする．点 p_0 における接ベクトル L の定義を（したがって接ベクトル空間 $T_{p_0}(M)$ の定義も）つぎのようにしてもよい．M 上の可微分関数 $f: M\to \boldsymbol{R}$ 全体のつくる多元環 $C^\infty(M)$ から $\boldsymbol{R}$ への写像 $L: C^\infty(M)\to \boldsymbol{R}$ が

$$L(f+g)=L(f)+L(g)$$
$$L(\alpha f)=\alpha L(f) \qquad \alpha\in \boldsymbol{R}$$
$$L(f\cdot g)=f(p_0)L(g)+L(f)g(p_0)$$

をみたすとき，L を点 p_0 における（M の）**接ベクトル**という．

証明 写像 $\pi: C^\infty(M)\to C^\infty(p_0)$ を

$$\pi(f)=\{f\}_{p_0}$$

で定義すると，π は多元環準同型写像であるが，命題37より π が全射であることがわかる．さて，接ベクトル $L: C^\infty(p_0)\to \boldsymbol{R}$ に対し，写像

$$\tilde{L}: C^\infty(M)\to \boldsymbol{R} \qquad \tilde{L}=L\pi$$

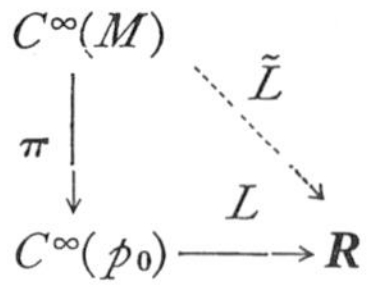

は明らかに命題の意味の接ベクトルになっている．逆に命題の意味の接ベクトル $\tilde{L}: C^\infty(M)\to \boldsymbol{R}$ に対して，接ベクトル $L: C^\infty(p_0)\to \boldsymbol{R}$ をつぎのように定義する．写像 $\pi: C^\infty(M)\to C^\infty(p_0)$ は全射であるから，$\{f\}_{p_0}\in C^\infty(p_0)$ に対し $\pi(\tilde{f})=\{f\}_{p_0}$ なる $\tilde{f}\in C^\infty(M)$ をとり

$$L(\{f\}_{p_0})=\tilde{L}(\tilde{f})$$

と定義するのであるが，この定義が代表元のとり方および拡張の仕方によらな

いことを示さなければならない． $\{f\}_{p_0}=\{g\}_{p_0}$ とし， $\pi(\tilde{f})=\{f\}_{p_0}$, $\pi(\tilde{g})=\{g\}_{p_0}$ なる $\tilde{f}, \tilde{g}\in C^\infty(M)$ をとり， $f, g, \tilde{f}, \tilde{g}$ は点 p_0 の近傍 W 上で一致しているとする．補題38より

$$\begin{cases} h(p_0)=0 \\ h(p)=1 \qquad p\notin W \end{cases}$$

をみたす $h\in C^\infty(M)$ をとれば

$$\tilde{f}-\tilde{g}=(\tilde{f}-\tilde{g})\cdot h$$

となっている．このとき

$$\begin{aligned}\tilde{L}(\tilde{f})-\tilde{L}(\tilde{g})&=\tilde{L}(\tilde{f}-\tilde{g})=\tilde{L}((\tilde{f}-\tilde{g})\cdot h)\\ &=(\tilde{f}-\tilde{g})(p_0)\tilde{L}(h)+\tilde{L}(\tilde{f}-\tilde{g})h(p_0)=0+0=0\end{aligned}$$

より $\tilde{L}(\tilde{f})=\tilde{L}(\tilde{g})$ となる． 以上で写像 $L: C^\infty(p_0)\to \boldsymbol{R}$ が定義できたが，この L が接ベクトルの条件をみたしていることは明らかである．そこで L と $\tilde{L}$ を同一視すればよい．すなわち，点 p_0 における命題の意味での接ベクトル全体を $\tilde{T}_{p_0}(M)$ で表わすとき，対応

$$\chi:\ T_{p_0}(M)\ \to\ \tilde{T}_{p_0}(M), \qquad \chi(L)=\tilde{L}$$

はベクトル空間の同型を与えている．∎

補題50 M は可微分多様体とし， p_0 を M の点とする． $a: M\to\boldsymbol{R}$ を定数関数 $a(p)=a$ とするとき，任意の接ベクトル $L\in T_{p_0}(M)$ に対して

$$L(a)=0$$

となる．

証明 $L(a)=aL(1)$ であるから $a=1$ として証明すればよい．しかるに

$$L(1)=L(1\cdot 1)=1(p_0)L(1)+L(1)1(p_0)=L(1)+L(1)$$

より $L(1)=0$ を得る．∎

ここで基本的な接ベクトル $\left(\dfrac{\partial}{\partial x_i}\right)_{p_0}$ を定義しよう．

定義 M を可微分多様体とし， $(x_1, \cdots, x_n)$ を点 $p_0\in M$ のまわりの座標関数系とする．このとき，点 p_0 における接ベクトル $\left(\dfrac{\partial}{\partial x_i}\right)_{p_0}: C^\infty(p_0)\to \boldsymbol{R}, i=1, \cdots, n$ を

$$\left(\frac{\partial}{\partial x_i}\right)_{p_0}(f)=\frac{\partial f}{\partial x_i}(p_0)$$

で定義する．(右辺の f は関数芽 $\{f\}_{p_0}$ の代表元のことであるが，この定義は関数芽 $\{f\}_{p_0}$ の代表元のとり方によらないことは明らかであり，また $\left(\dfrac{\partial}{\partial x_i}\right)_{p_0}$ が点 p_0 における接ベクトルであることも容易にわかる)．

定理51　M を n 次元可微分多様体とし，p_0 を M の点とする．

(1)　接ベクトル空間 $T_{p_0}(M)$ は n 次元 $\boldsymbol{R}$ 上ベクトル空間である．

(2)　点 p_0 のまわりの座標関数系 $(x_1, \cdots, x_n)$ を任意にとるとき

$$\left(\frac{\partial}{\partial x_1}\right)_{p_0}, \cdots, \left(\frac{\partial}{\partial x_n}\right)_{p_0}$$

は接ベクトル空間 $T_{p_0}(M)$ の基になる．

証明　(1)は(2)の結果であるから，(2)を証明しよう．まず任意の $L\in T_{p_0}(M)$ が $\left(\dfrac{\partial}{\partial x_1}\right)_{p_0}, \cdots, \left(\dfrac{\partial}{\partial x_n}\right)_{p_0}$ の1次結合で表わされることを示そう．そのためには，任意の $f\in C^\infty(p_0)$ に対し

$$L(f)=\left(\sum_{i=1}^{n} L(x_i)\left(\frac{\partial}{\partial x_i}\right)_{p_0}\right)(f) \tag{i}$$

がなりたつことをいえばよい．f を点 p_0 のまわりの座標近傍 $(U; x_1, \cdots, x_n)$ で定義された可微分関数とし，f を点 p_0 の十分小さい適当な近傍 $W(W\subset U)$ 上で

$$f=f(p_0)+\sum_{i=1}^{n}\frac{\partial f}{\partial x_i}(p_0)(x_i-x_i(p_0))+\sum_{i,j=1}^{n} h_{ij}\cdot(x_i-x_i(p_0))(x_j-x_j(p_0))$$

($h_{ij}\colon W\to\boldsymbol{R}$ は可微分関数) と Taylor 展開する (補題31(2))．これに $L\in T_{p_0}(M)$ を施して，$L(x_i-x_i(p_0))=L(x_i)$ (補題50)，$L((x_i-x_i(p_0))(x_j-x_j(p_0)))=(x_i(p_0)-x_i(p_0))L(x_j)+L(x_i)(x_j(p_0)-x_j(p_0))=0$ を用いると

$$L(f)=\sum_{i=1}^{n}\frac{\partial f}{\partial x_i}(p_0)L(x_i)=\left(\sum_{i=1}^{n} L(x_i)\left(\frac{\partial}{\partial x_i}\right)_{p_0}\right)(f)$$

となり，(i)が証明された．つぎに $\left(\dfrac{\partial}{\partial x_1}\right)_{p_0}, \cdots, \left(\dfrac{\partial}{\partial x_n}\right)_{p_0}$ が1次独立であることを示そう．

$$a_1\left(\frac{\partial}{\partial x_1}\right)_{p_0}+\cdots+a_n\left(\frac{\partial}{\partial x_n}\right)_{p_0}=0 \qquad a_i\in\boldsymbol{R}$$

とするとき，これを座標関数 $x_j \in C^\infty(p_0)$ に施して，$\dfrac{\partial x_j}{\partial x_i} = \delta_{ij}$ (例25) を用いると

$$a_j = 0 \qquad j = 1, \cdots, n$$

を得る．以上で定理が証明された．∎

例52 p_0 を $\boldsymbol{R}^n$ の点とする． ベクトル $v = (v_1, \cdots, v_n) \in \boldsymbol{R}^n$ に対し， 写像 $L_v \colon C^\infty(\boldsymbol{R}^n) \to \boldsymbol{R}$ を

$$L_v(f) = \lim_{t \to 0} \frac{f(p_0 + tv) - f(p_0)}{t} = \left. \frac{df(p_0 + tv)}{dt} \right|_{t=0}$$

で定義すると，L_v は点 p_0 における接ベクトルになる．(この $L_v(f)$ は可微分関数 f の点 p_0 における**方向 $\boldsymbol{v}$ の微分係数**と呼ばれているものである)． 上式は $L_v(f) = \sum_{i=1}^{n} \dfrac{\partial f}{\partial x_i}(p_0) v_i$ と表わされるので

$$L_v = \sum_{i=1}^{n} v_i \left(\frac{\partial}{\partial x_i} \right)_{p_0}$$

になっている． 対応 $l \colon \boldsymbol{R}^n \to T_{p_0}(\boldsymbol{R}^n)$, $l(v) = L_v$ はベクトル空間の同型を与えるので，この対応 l により v と L_v, $\boldsymbol{R}^n$ と $T_{p_0}(\boldsymbol{R}^n)$ を同一視する：

$$T_{p_0}(\boldsymbol{R}^n) = \boldsymbol{R}^n$$

ことが多い．

補題53 M を可微分多様体とし，$(x_1, \cdots, x_n)$, $(y_1, \cdots, y_n)$ を点 $p_0 \in M$ のまわりの 2 つの座標関数系とする．

(1) 接ベクトル空間 $T_{p_0}(M)$ の 2 つの基 $\left(\dfrac{\partial}{\partial x_1}\right)_{p_0}, \cdots, \left(\dfrac{\partial}{\partial x_n}\right)_{p_0}; \left(\dfrac{\partial}{\partial y_1}\right)_{p_0}, \cdots, \left(\dfrac{\partial}{\partial y_n}\right)_{p_0}$ の間には

$$\begin{cases} \left(\dfrac{\partial}{\partial y_i}\right)_{p_0} = \displaystyle\sum_{k=1}^{n} \dfrac{\partial x_k}{\partial y_i}(p_0) \left(\dfrac{\partial}{\partial x_k}\right)_{p_0} \\ \left(\dfrac{\partial}{\partial x_i}\right)_{p_0} = \displaystyle\sum_{k=1}^{n} \dfrac{\partial y_k}{\partial x_i}(p_0) \left(\dfrac{\partial}{\partial y_k}\right)_{p_0} \end{cases}$$

の関係がある．

(2) 接ベクトル $L \in T_{p_0}(M)$ は基 $\left(\dfrac{\partial}{\partial x_1}\right)_{p_0}, \cdots, \left(\dfrac{\partial}{\partial x_n}\right)_{p_0}; \left(\dfrac{\partial}{\partial y_1}\right)_{p_0}, \cdots,$

$\left(\dfrac{\partial}{\partial y_n}\right)_{p_0}$ に関して，$L=\sum_{i=1}^{n}\xi_i\left(\dfrac{\partial}{\partial x_i}\right)_{p_0}$, $L=\sum_{i=1}^{n}\eta_i\left(\dfrac{\partial}{\partial y_i}\right)_{p_0}$ と一意的に表わされるが，この係数 $(\xi_1, \cdots, \xi_n)$, $(\eta_1, \cdots, \eta_n)$ の間には

$$\begin{cases}\eta_i=\sum_{j=1}^{n}\dfrac{\partial y_i}{\partial x_j}(p_0)\xi_j\\ \xi_i=\sum_{j=1}^{n}\dfrac{\partial x_i}{\partial y_j}(p_0)\eta_j\end{cases}$$

の関係がある．

証明　(1)は補題29より明らかである．(2)は(1)を用いればよい．■

(10)　可微分写像と可微分曲線

定義　M, N をそれぞれ m, n 次元可微分多様体とする．連続写像 $\kappa: M\to N$ に対し，その可微分性をつぎのように定義する．点 $p\in M$ に対し，p のまわりの座標近傍 (U, φ) と点 $\kappa(p)$ のまわりの座標近傍 (V, ψ) を $\kappa(U)\subset V$ のようにとるとき，写像

$$\psi\kappa\varphi^{-1}: \varphi(U)\xrightarrow{\varphi^{-1}}U\xrightarrow{\kappa}V\xrightarrow{\psi}\psi(V)$$

が点 $\varphi(p)$ で可微分であるとき，κ は点 p で**可微分**であるという．κ が M の各点 p で可微分であるとき，κ は M 上で**可微分**であるという．

定義の妥当性　連続写像 $\kappa: M\to N$ が可微分であることの定義は，それを定義する座標近傍 U, V のとり方によらない．それは関数 $f: M\to \boldsymbol{R}$ の可微分の定義が座標近傍のとり方によらなかったときと同様にして証明される．なお，$(y_1, \cdots, y_n)$ を V 上の座関標数系とするとき，κ が可微分であるという条件は，関数

$$y_i\kappa: U\to \boldsymbol{R}\qquad i=1, \cdots, n$$

が可微分であることである．

補題54　M_1, M_2, M_3 を可微分多様体とし，$\kappa_1: M_1\to M_2$, $\kappa_2: M_2\to M_3$ を可微分写像とするとき，合成写像 $\kappa_2\kappa_1: M_1\to M_3$ も可微分である．

証明　明らかである．(補題55の証明参照) ■

補題55　M, N を可微分多様体とし，$\kappa: M\to N$ を可微分写像とする．こ

のとき

$$f\in C^\infty(N) \quad \text{ならば} \quad f\kappa\in C^\infty(N)$$

がなりたつ.

証明 点 $p\in M$ に対し, 点 $p, \kappa(p)$ のまわりの座標近傍 $(U,\varphi), (V,\psi)$ を $\kappa(U)\subset V$ みたすようにとるとき, 仮定より

$$f\psi^{-1}: \psi(V)\to \boldsymbol{R}, \qquad \psi\kappa\varphi^{-1}: \varphi(U)\to\psi(V)$$

は可微分である. これより

$$f\kappa\varphi^{-1}=(f\psi)^{-1}(\psi\kappa\varphi^{-1}): \varphi(U)\to\boldsymbol{R}$$

も可微分であるから, $f\kappa$ は可微分関数である. ∎

例56 可微分多様体 M が, M 上で階数 r の可微分写像 $f: \boldsymbol{R}^n\to\boldsymbol{R}^r$ の零点として得られているとき, 包含写像

$$\iota: M \to \boldsymbol{R}^n \quad \text{は可微分}$$

である. 実際, 定理14の写像 $\iota\varphi^{-1}: \varphi(U)=\varphi(M\cap W)\to W\subset\boldsymbol{R}^n$

$$\iota\varphi^{-1}(x_1, \cdots, x_{n-r})=(x_1, \cdots, x_{n-r}, g_1(x_1, \cdots, x_{n-r}), \cdots, g_r(x_1, \cdots, x_{n-r}))$$

が可微分であるからである. したがって, 可微分関数 $f: \boldsymbol{R}^n\to\boldsymbol{R}$ に対し, f の M への制限関数 $f|M=f\iota: M\to\boldsymbol{R}$ は可微分になる(補題55). このことは既に補題27で証明されていたことである.

定義 開区間 $(-\varepsilon, \varepsilon)$ から可微分多様体 M への可微分写像

$$c: (-\varepsilon, \varepsilon) \to M$$

を**可微分曲線**という. また, $c(0)=p_0$ としたとき, c を $t=0$ で点 p_0 を通る可微分曲線という.

点 $p_0\in M$ を通る可微分曲線 $c: (-\varepsilon, \varepsilon)\to M$ が接ベクトル $L_c\in T_{p_0}(M)$ を定めることを示そう. これは例52において, 曲線 $c: \boldsymbol{R}\to\boldsymbol{R}^n$, $c(t)=p_0+tv$ ($v\in\boldsymbol{R}^n$) が接ベクトル $L_v\in T_{p_0}(\boldsymbol{R}^n)$ を定義したことの拡張になっている.

定義 M を可微分多様体とし, $c: (-\varepsilon, \varepsilon)\to M$ を $t=0$ で点 $p_0\in M$ を通る可微分曲線とする. このとき, 点 p_0 における接ベクトル $L_c\in T_{p_0}(M)$ を

$$L_c(f)=\lim_{t\to 0}\frac{f(c(t))-f(p_0)}{t}=\left.\frac{df(c(t))}{dt}\right|_{t=0} \qquad f\in C^\infty(M)$$

で定義する．($L_c \in T_{p_0}(M)$ であることを確かめるのは容易である)． 点 p_0 のまわりの座標関数系 $(x_1, \cdots, x_n)$ をとり，$c_i(t)=x_i(c(t))$ とおくとき

$$L_c=\sum_{i=1}^{n}\frac{dc_i}{dt}(0)\left(\frac{\partial}{\partial x_i}\right)_{p_0}$$

となっている．この接ベクトル L_c を $\dfrac{dc}{dt}(0)$ とか $c'(0)$ と書くことが多い．

注意 曲線 $c\colon(-\varepsilon, \varepsilon)\to M$ の $t=0$ の所での接ベクトルを考えたが，これは便宜的なものであって，一般的に，可微分曲線 $c\colon(\alpha, \beta)\to M$ に対し

$$L_{c(t)}(f)=\lim_{s\to 0}\frac{f(c(t+s))-f(c(t))}{s}=\frac{df(c(t))}{dt} \qquad f\in C^\infty(M)$$

により，点 $c(t)$ $(t\in(\alpha, \beta))$ における接ベクトル $L_{c(t)}\in T_{c(t)}(M)$ が定義される．この接ベクトル $L_{c(t)}$ を $\dfrac{dc(t)}{dt}$ と書く．

可微分曲線 $c\colon(-\varepsilon, \varepsilon)\to M$ は点 $p_0=c(0)$ における接ベクトル $L_c\in T_{p_0}(M)$ を決定したが，逆に任意の接ベクトル $L\in T_{p_0}(M)$ はつねに可微分曲線から上記のようにして得られることを示そう．

補題57 M は可微分多様体とする．点 $p_0\in M$ における接ベクトル $L\in T_{p_0}(M)$ に対して，$t=0$ で p_0 を通る可微分曲線 $c\colon(-\varepsilon, \varepsilon)\to M$ が存在し，L は c から得られる接ベクトルになっている：

$$\frac{dc}{dt}(0)=L$$

証明 点 p_0 のまわりの座標近傍 $(U; x_1, \cdots, x_n)$ で $x_1(p_0)=\cdots=x_n(p_0)=0$ をみたすものをとり，Lが

$$L=\sum_{i=1}^{n}\xi_i\left(\frac{\partial}{\partial x_i}\right)_{p_0}$$

と表わされているとする． このとき， 正数 $\varepsilon>0$ を十分小さくとり，写像 c: $(-\varepsilon, \varepsilon)\to U\subset M$ を

$$x_i(c(t))=\xi_i t \qquad i=1, \cdots, n$$

をみたすようにとると，c は求める曲線になっている．∎

(11) 部分多様体

定義 M, N を可微分多様体とし，p_0 を M の点とする．このとき，可微分

写像 $\kappa: M \to N$ に対し，写像

$$(d\kappa)_{p_0}: T_{p_0}(M) \to T_{\kappa(p_0)}(N)$$

を（$f \in C^\infty(N)$ ならば $f\kappa \in C^\infty(M)$ である（補題55）ことに注意して）

$$((d\kappa)_{p_0}L)(f) = L(f\kappa)$$

で定義する．（$(d\kappa)_{p_0}L = \tilde{L} \in T_{\kappa(p_0)}(N)$ であることは容易にわかる．実際，$\tilde{L}$ の線型性は明らかであり，かつ

$$\begin{aligned}\tilde{L}(f\cdot g) &= L((f\cdot g)\kappa) = L(f\kappa\cdot g\kappa) = f\kappa(p_0)L(g\kappa) + L(f\kappa)g\kappa(p_0) \\ &= f(\kappa(p_0))\tilde{L}(g) + \tilde{L}(f)g(\kappa(p_0))\end{aligned}$$

となるからである）．$(d\kappa)_{p_0}$ は線型写像である．すなわち

$$(d\kappa)_{p_0}(L_1 + L_2) = (d\kappa)_{p_0}(L_1) + (d\kappa)_{p_0}(L_2)$$
$$(d\kappa)_{p_0}(\alpha L) = \alpha(d\kappa)_{p_0}L \qquad \alpha \in \mathbf{R}$$

をみたしている． この写像 $(d\kappa)_{p_0}: T_{p_0}(M) \to T_{\kappa(p_0)}(N)$ を可微分写像 $\kappa: M \to N$ の点 p_0 における**微分**という．

定義 M, N を可微分多様体とし， さらに M は N の部分空間であるとする：$M \subset N$． このとき M が N の**部分多様体**であるとは，包含写像 $\iota: M \to N$ がつぎの条件をみたすことである．

(1) $\iota: M \to N$ は可微分写像である．

(2) 各点 $p \in M$ に対し，ι の微分 $(d\iota)_p: T_p(M) \to T_p(N)$ は単射である．

注意 M が N の部分多様体であるという定義において，M の位相が N の相対位相であるとは限らないとする方がむしろ普通である．これを区別したいときには，本文のような部分多様体を**正則部分多様体**とよんでいる．

例58 可微分多様体 M の開部分多様体 O は M の部分多様体である．実際，包含写像 $\iota: O \to M$ の可微分性は明らかである．つぎに各点 $p \in O$ に対し，$(d\iota)_p: T_p(O) \to T_p(M)$ が単射であることを示そう． $L \in T_p(O)$ が $(d\iota)_p L = 0$ であるとする． 関数 $f \in C^\infty(O)$ に対し，$\tilde{f} \in C^\infty(M)$ で p のある近傍 V 上で f と一致するものが存在する：$\tilde{f}|V = f|V$（命題37）．このとき

$$0 = ((d\iota)_p L)(\tilde{f}) = L(\tilde{f}\iota) = L(\tilde{f}|O) = L(\tilde{f}|V) = L(f|V) = L(f)$$

となるので $L = 0$ である．よって $(d\iota)_p$ は単射である．以上で O が M の部分多様体であることが示されたが，このときさらに $(d\iota)_p: T_p(O) \to T_p(M)$ は同

型対応になっている．

命題59 可微分多様体 M が，M 上で階数 r の可微分写像 $f=(f_1, \cdots, f_r)$: $\boldsymbol{R}^n \to \boldsymbol{R}^r$ の零点として得られているとき，M は $\boldsymbol{R}^n$ の部分多様体である．また，点 p_0 における接ベクトル空間 $T_{p_0}(M)$ を $(d\iota)_{q_0}T_{p_0}(M)$ と同一視して $T_{p_0}(\boldsymbol{R}^n)=\boldsymbol{R}^n$ (例52) の部分集合とみなすとき，$T_{p_0}(M)$ は $(\mathrm{grad}\, f_1)_{p_0}, \cdots,$ $(\mathrm{grad}\, f_r)_{p_0}$ に直交する $\boldsymbol{R}^n$ の部分ベクトル空間になる：

$$T_{p_0}(M)=\{v\in \boldsymbol{R}^n \mid (v, (\mathrm{grad}\, f_i)_{p_0})=0,\ i=1, \cdots, n\}$$

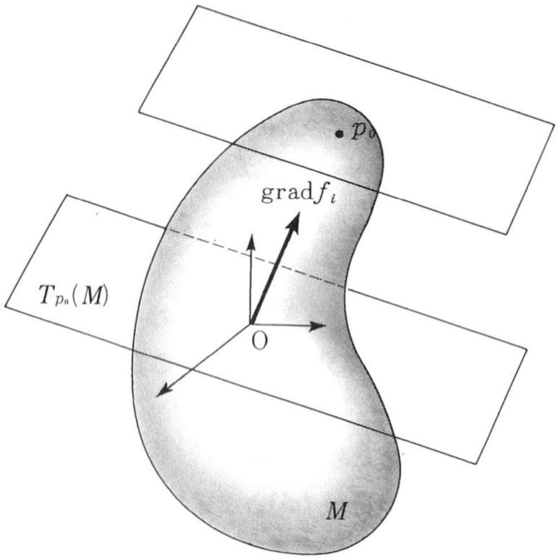

証明 まず，包含写像 $\iota: M\to \boldsymbol{R}^n$ は可微分である(例56)．定理14によると，各点 $p\in M$ に対して，p の近傍 $U=M\cap W$ (W は $\boldsymbol{R}^n$ における点 p の近傍であった)と $\boldsymbol{R}^{n-r}$ における開集合 V および可微分写像 $\varphi: W\to V, \psi: V \to U$ が存在して $(\psi\varphi)|U=1_U$ となっていた．さて，接ベクトル $L\in T_p(M)$ が $(d\iota)_pL=0$ であるとする．可微分関数 $f: U\to \boldsymbol{R}$ に対し，可微分関数 $f\psi\varphi$: $W\to \boldsymbol{R}$ を考えると $(f\psi\varphi)|U=f$ となっているので

$$0=((d\iota)_pL)(f\psi\varphi)=L((f\psi\varphi)|U)=L(f)$$

となり，$L=0$ が示された．よって $(d\iota)_p$ は単射である．以上で M が $\boldsymbol{R}^n$ の部分多様体であることが証明された．$c: (-\varepsilon, \varepsilon)\to M$ を $t=0$ で点 p_0 を通る可

微分曲線とするとき，この曲線を $\boldsymbol{R}^n$ における可微分曲線 $c:(-\varepsilon,\varepsilon)\to M\subset\boldsymbol{R}^n$ とみて，$\boldsymbol{R}^n$ の標準座標関数系 $(x_1,\cdots,x_n)$ を用いて $c_i(t)=x_i(c(t)),\ i=1,\cdots,n$ とおくとき，ベクトル

$$\frac{dc}{dt}(0)=\left(\frac{dc_1}{dt}(0),\cdots,\frac{dc_n}{dt}(0)\right)\in\boldsymbol{R}^n=T_{p_0}(\boldsymbol{R}^n)$$

が接ベクトル $\dfrac{dc}{dt}(0)\in T_{p_0}(M)$ の $(d\iota)_{p_0}$ による像である．さて，曲線 c は M 上にあるから，すべての $t\in(-\varepsilon,\varepsilon)$ に対し

$$f_i(c_1(t),\cdots,c_n(t))=0 \qquad i=1,\cdots,r$$

をみたしている．これを t で微分して $t=0$ とおくと

$$\sum_{j=1}^{n}\frac{\partial f_i}{\partial x_j}(p_0)\frac{dc_j}{dt}(0)=0$$

となるが，これは $\dfrac{dc}{dt}(0)$ が $(\mathrm{grad}\,f_i)_{p_0}$ と直交していることを示している．任意の $L\in T_{p_0}(M)$ はある可微分曲線 $c:(-\varepsilon,\varepsilon)\to M$ を用いて $L=\dfrac{dc}{dt}(0)$ と表わされる（補題57）ので，包含関係

$$T_{p_0}(M)\subset T_{p_0}'(M)=\{v\in\boldsymbol{R}^n\,|\,(v,(\mathrm{grad}\,f_i)_{p_0})=0,\ i=1,\cdots,n\}$$

が示された．しかるに，ベクトル空間として，$T_{p_0}(M)$ は $n-r$ 次元であり（定理51），また $(\mathrm{grad}\,f_1)_{p_0},\cdots,(\mathrm{grad}\,f_r)_{p_0}$ は1次独立であるから $T_{p_0}'(M)$ も $n-r$ 次元である．よって両者は一致する：$T_{p_0}(M)=T_{p_0}'(M)$．以上で命題が証明された．∎

注意 本書で今までにあげた可微分多様体の例はいずれもあるユークリッド空間の部分多様体になっていたが，このことに関してつぎの重要な定理がある．

定理（Whitney の埋蔵定理） M を n 次元可微分多様体とすると，M は $2n+1$ 次元ユークリッド空間 $\boldsymbol{R}^{2n+1}$ の部分多様体になる．

（証明は例えば[5]にある）．

(12) ベクトル場と積分曲線

定義 M を可微分多様体とし，O を M の開集合とする．X が O 上の**ベクトル場**であるとは，X は，O の各点 p に対し p における M の接ベクトル $X_p\in T_p(M)$ を対応させる写像

$$X\colon O \to \bigcup_{p\in O} T_p(M)$$

であって，かつつぎの可微分性の条件をみたすものである．$U\subset O$ なる点 p のまわりの座標近傍 $(U; x_1, \cdots, x_n)$ に対し

$$X(p)=\sum_{i=1}^{n} \xi_i(p)\left(\frac{\partial}{\partial x_i}\right)_p$$

と表わして得られる関数 $\xi_i\colon U\to \boldsymbol{R}$, $i=1, \cdots, n$ が可微分である．(以後 $X(p)$ を X_p とかくことにする)．

定義の妥当性　ベクトル場の可微分性は座標近傍のとり方によらない．実際，$(V; y_1, \cdots, y_n)$ を点 p のまわりのもう1つの座標近傍とし，これに関して $X_p=\sum_{j=1}^{n} \eta_j(p)\left(\frac{\partial}{\partial y_j}\right)_p$ で表わすとき，$U\cap V$ 上で

$$\eta_j=\sum_{i=1}^{n} \frac{\partial y_j}{\partial x_i}\xi_i$$

(補題53 (2)) の関係がある．したがって各 ξ_i が可微分ならば η_j も可微分になる．

命題60　M を可微分多様体とする．X を M 上のベクトル場とするとき，可微分関数 $f\colon M\to \boldsymbol{R}$ に対し，関数 $Xf\colon M\to \boldsymbol{R}$ を

$$(Xf)(p)=X_p(f)$$

で定義することにより，写像 $X\colon C^\infty(M)\to C^\infty(M)$ を得るが，この X は

$$X(f+g)=Xf+Xg$$
$$X(\alpha f)=\alpha(Xf) \qquad \alpha\in \boldsymbol{R}$$
$$X(f\cdot g)=Xf\cdot g+f\cdot Xg$$

をみたしている．逆に上記の条件をみたす写像 $X\colon C^\infty(M)\to C^\infty(M)$ は，$X_p(f)=(Xf)(p)$ と定義することにより M 上のベクトル場を定める．

証明　容易である．∎

補題61　M を可微分多様体とし，X を M 上のベクトル場とする．このとき任意の可微分関数 $f\colon M\to \boldsymbol{R}$ に対して

$$(fX)_p=f(p)X_p \qquad p\in M$$

と定義すると，fX も M 上のベクトル場になる．

証明　明らかである．∎

例62　M を可微分多様体とし，$(U; x_1, \cdots, x_n)$ を座標近傍とする．このとき，U の各点 p に接ベクトル $\left(\dfrac{\partial}{\partial x_i}\right)_p$ を対応させる写像 $\dfrac{\partial}{\partial x_i}: U \to \bigcup_{p\in U} T_p(M)$ $(i=1, \cdots, n)$ は U 上のベクトル場である．

例63　可微分関数 $f: \boldsymbol{R}^n \to \boldsymbol{R}$ に対し

$$\operatorname{grad} f = \left(\frac{\partial f}{\partial x_1}, \cdots, \frac{\partial f}{\partial x_n}\right)$$

は $\boldsymbol{R}^n$ 上のベクトル場である．この意味は，$(\operatorname{grad} f)_p = \sum_{i=1}^{n} \dfrac{\partial f}{\partial x_i}(p)\left(\dfrac{\partial}{\partial x_i}\right)_p$, $p \in U$ のことである（例52参照）．

定義　M を可微分多様体とし，X を M 上のベクトル場とする．可微分曲線 $c: (\alpha, \beta) \to M$ が X の**積分曲線**であるとは

$$\frac{dc}{dt}(t) = X_{c(t)} \qquad t \in (\alpha, \beta)$$

がなりたつことである．

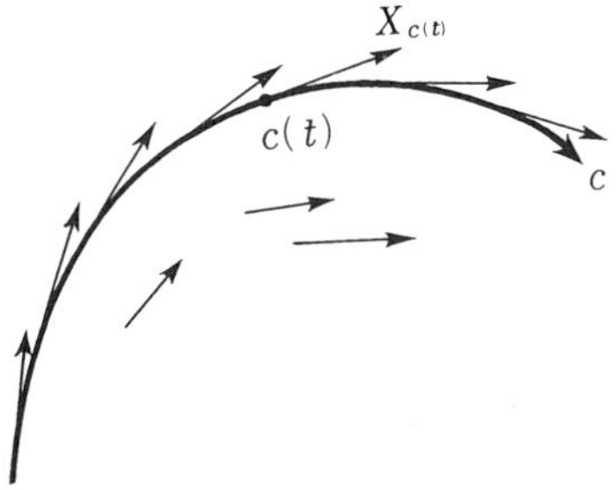

$c: (\alpha, \beta) \to M$ がベクトル場 X の積分曲線であるとし，その像が座標近傍 $(U; x_1, \cdots, x_n)$ に含まれているとする．この座標近傍で X は

$$X = \sum_{i=1}^{n} \xi_i \frac{\partial}{\partial x_i}$$

と表わされているとし，また $c_i(t) = x_i(c(t))$ とおく．このとき関数 $c_i: (\alpha, \beta) \to \boldsymbol{R}$, $i=1, \cdots, n$ は

$$\frac{dc_i(t)}{dt}=\xi_i(c_1(t), \cdots, c_n(t)) \qquad i=1, \cdots, n$$

をみたしている．すなわち，関数 $c_i: (\alpha, \beta) \to \boldsymbol{R}$, $i=1, \cdots, n$ は連立微分方程式

$$\frac{du_i}{dt}=\xi_i(u_1, \cdots, u_n) \qquad i=1, \cdots, n$$

の解になっている．

命題64 Mを可微分多様体とし，XをM上のベクトル場とする．$\tilde{c}, c$ をそれぞれ0を含む開区間 $\tilde{J}, J$ で定義された X の積分曲線で，かつ

$$\tilde{c}(0)=c(0)$$

とすると，$\tilde{c}, c$ はその共通定義域で一致する：

$$\tilde{c}(t)=c(t) \qquad t\in \tilde{J}\cap J$$

証明 $A=\{t\in\tilde{J}\cap J \mid \tilde{c}(t)=c(t)\}$ とおくと，Aは0を含むから空集合でなく，また明らかに $\tilde{J}\cap J$ の閉集合である．Aが $\tilde{J}\cap J$ の開集合であることを示そう．$t_0\in A$ とし，$\tilde{c}(t_0)=p_0=c(t_0)$ とおく．点 p_0 のまわりの座標近傍 $(U; x_1, \cdots, x_n)$ をとり，$\tilde{c}_i(t)=x_i(\tilde{c}(t))$, $c_i(t)=x_i(c(t))$ とおくと，$\tilde{c}_i, c_i$, $i=1, \cdots, n$ は共に t_0 の近くで定義された可微分関数で，かつ連立微分方程式

$$\frac{du_i}{dt}=\xi_i(u_1, \cdots, u_n) \qquad i=1, \cdots, n$$

の解で，初期条件

$$\tilde{c}_i(t_0)=x_i(p_0)=c_i(t_0) \qquad i=1, \cdots, n$$

をみたしている．したがって微分方程式の解の一意性定理（定理6）より，t_0 のある近傍Iで $\tilde{c}$ と c は一致している．よって$t_0\in I\subset A$ となり，A は$\tilde{J}\cap J$ の開集合であることがわかった．しかるに$\tilde{J}\cap J$は連結であるから，$A=\tilde{J}\cap J$ となる．以上で命題が証明された．∎

(13) 1助変数群

ベクトル場 X の積分曲線 $c: (\alpha, \beta) \to M$ は，ベクトル場 X の方向に流れて行く曲線のことであったが，Mの各点pに対し，その点が動いて行く流れが定まっている1助変数群について述べよう．

定義　Mを可微分多様体とする．可微分写像 ϕ: $\boldsymbol{R}\times M\to M$ がつぎの 2 つの条件

(1)　$\phi(0,p)=p$　　$p\in M$

(2)　$\phi(s,\phi(t,p))=\phi(s+t,p)$　　$s,t\in \boldsymbol{R},\ p\in M$

をみたすとき，ϕ を **1 助変数群**（または **1 助変数変換群**，**力学系**，**流れ**，または**実数 Lie 加群 $\boldsymbol{R}$ が M に働く**）という．

1 助変数群 ϕ: $\boldsymbol{R}\times M\to M$ に対し，$\phi(t,p)$ を $\phi_t(p)$ と書くのが普通である．このとき，各 $t\in\boldsymbol{R}$ に対し，写像

$$\phi_t:\ M\to M,\qquad \phi_t(p)=\phi(t,p)$$

が定義できるが，上記の(1)(2)の条件は

(1)　$\phi_0=1$

(2)　$\phi_s\phi_t=\phi_{s+t}$　　$s,t\in\boldsymbol{R}$

のことに外ならない．特に，ϕ_t: $M\to M$ は可微分同相写像になっている．実際，ϕ_t の逆写像は ϕ_{-t} である．点 p_0 を固定するとき，写像

$$c:\ \boldsymbol{R}\to M,\qquad c(t)=\phi_t(p_0)$$

は $t=0$ で点 p_0 を通る可微分曲線になる．この曲線 c を 1 助変数群 ϕ による点 p_0 の**軌道曲線**という．

さて，1 助変数群 ϕ は M 上のベクトル場 X を定義することを示そう．

定義　M を可微分多様体とし，ϕ: $\boldsymbol{R}\times M\to M$ を 1 助変数群とする．このとき，M 上のベクトル場 X を

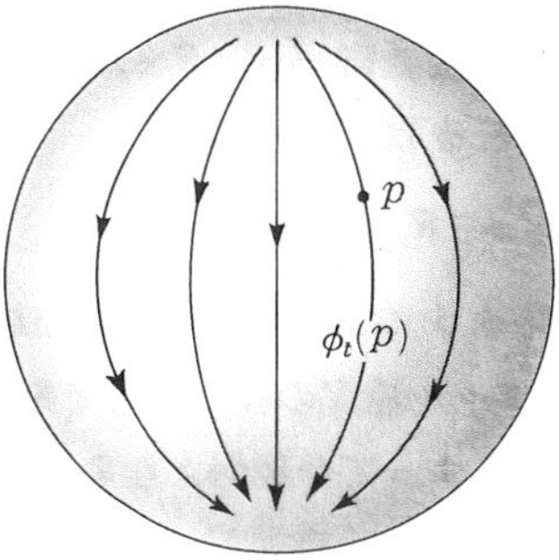

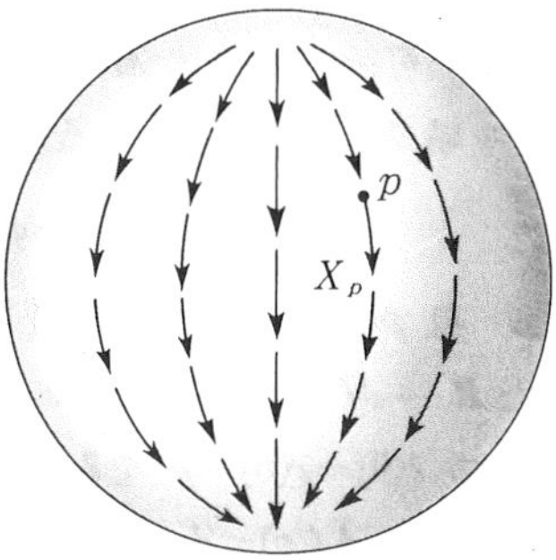

$$X_p(f)=\lim_{t\to 0}\frac{f(\phi_t(p))-f(p)}{t}=\left.\frac{df(\phi_t(p))}{dt}\right|_{t=0}\qquad f\in C^\infty(M)$$

で定義する．X が M 上のベクトル場であることは容易にわかる）．このベクトル場 X は1助変数群 ϕ を**生成する**（またはXは1助変数群 ϕ に**付属するベクトル場**である）という．

命題65 M を可微分多様体とし，ϕ: $\boldsymbol{R}\times M\to M$ を1助変数群，Xをϕに付属する M 上のベクトル場とする．このとき，点 $p_0\in M$ の軌道曲線

$$c:\ \boldsymbol{R}\to M,\qquad c(t)=\phi_t(p_0)$$

は $t=0$ で点 p_0 を通る可微分曲線であるが，さらに X の積分曲線：

$$\frac{dc}{dt}(t)=X_{c(t)}\qquad t\in\boldsymbol{R}$$

になっている．

証明 $f\in C^\infty(M)$ に対し

$$X_{c(t)}(f)=\lim_{s\to 0}\frac{f(\phi_s(c(t)))-f(c(t))}{s}=\lim_{s\to 0}\frac{f(\phi_s(\phi_t(p_0)))-f(\phi_t(p_0))}{s}$$
$$=\lim_{s\to 0}\frac{f(\phi_{s+t}(p_0))-f(\phi_t(p_0))}{s}=\lim_{s\to 0}\frac{f(c(s+t))-f(c(t))}{s}$$

であり，一方

$$\frac{dc}{dt}(t)(f)=\frac{df(c(t))}{dt}=\lim_{s\to 0}\frac{f(c(t+s))-f(c(t))}{s}$$

で，両者は一致する．∎

命題66 可微分多様体 M 上の2つの1助変数群 $\tilde{\phi},\phi$: $\boldsymbol{R}\times M\to M$ が同じベクトル場 X から生成されるならば，$\tilde{\phi}$ と ϕ は一致する：

$$\tilde{\phi}(t,p)=\phi(t,p)\qquad t\in\boldsymbol{R},p\in M$$

証明 点 $p\in M$ を固定し，1助変数群 $\tilde{\phi},\phi$ による点 p の軌道曲線をそれぞれ $\tilde{c},c$: $\boldsymbol{R}\to M$ とすると，$\tilde{c},c$ は同じベクトル場Xの積分曲線であって（命題65)，かつ $\tilde{c}(0)=c(0)=p$ をみたしている．よって命題64より $\tilde{c}$ と c は一致する．すなわち $\tilde{\phi}_t(p)=\phi_t(p)$ である．∎

命題66より，可微分多様体 M 上の1助変数群全体の集合 $\Phi(M)$ から M 上

のベクトル場全体の集合 $\mathfrak{X}(M)$ への単射な対応

$$\Phi(M) \to \mathfrak{X}(M)$$

が得られるが，この対応はさらに全射であるだろうか．すなわちベクトル場Xはつねに1助変数群 ϕ を生成するだろうかということが問題になる．この答は一般には否定的である(局所的には可能ではあるが[2])．しかし，多様体がコンパクトであればこれは可能である．すなわち，つぎの定理がなりたつ．

定理67　Mをコンパクト可微分多様体とするとき，M上のベクトル場Xは1助変数群 $\phi: \boldsymbol{R}\times M \to M$ を生成する．

証明　しばらく点 $\lambda\in M$ を固定しておく．点λのまわりの座標近傍 $(U, x_1, \cdots, x_n)$ を $x_1(\lambda)=\cdots=x_n(\lambda)=0$ みたすようにとり，ベクトル場XはU上で

$$X=\sum_{i=1}^{n}\xi_i\frac{\partial}{\partial x_i}$$

で表わされているとする．$u_1, \cdots, u_n$ に関する連立微分方程式

$$\frac{du_i}{dt}=\xi_i(u_1, \cdots, u_n) \qquad i=1, \cdots, n \tag{i}$$

を考えると，微分方程式の解の存在定理(定理6)より，十分小さい正数 $\delta_1>0$ と $\varepsilon>0$ に対して

$$U_1=\{p\in U \mid |x_i(p)|<\delta_1, \quad i=1, \cdots, n\}$$

とおくと，(i)の解である可微分関数

$$\phi_i^{\lambda}: (-\varepsilon, \varepsilon)\times U_1 \to \boldsymbol{R} \qquad i=1, \cdots, n$$

で初期条件

$$\phi_i^{\lambda}(0, p)=x_i(p) \qquad i=1, \cdots, n \tag{ii}$$

をみたすものが存在する．点 $\phi^{\lambda}(t, p)$ をその座標が $\phi_1^{\lambda}(t, p), \cdots, \phi_n^{\lambda}(t, p))$ であるUの点とする：$x_i(\phi^{\lambda}(t, p))=\phi_i^{\lambda}(t, p)$ と，(ii)の条件は

$$\phi^{\lambda}(0, p)=p \qquad p\in U_1$$

を意味している．特に $\phi^{\lambda}(0, \lambda)=\lambda$ となっている．したがって，$\varepsilon_\lambda>0, \delta>0$ を更に小さくとり

$$U_\lambda=\{p\in U \mid |x_i(p)|<\delta, \quad i=1, \cdots, n\}$$

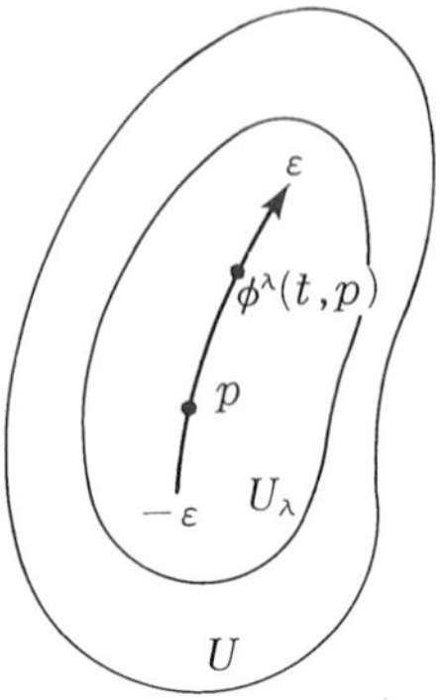

とおくとき

$$(t,p)\in(-\varepsilon_\lambda,\varepsilon_\lambda)\times U_\lambda \quad ならば \quad \phi^\lambda(t,p)\in U_1$$

にできる．したがって $|s|,|t|,|s+t|<\varepsilon_\lambda$ ならば $\phi_i{}^\lambda(s+t,p), \phi_i{}^\lambda(t,\phi_s{}^\lambda(p))$ が定義されている．そこで，$\tilde{\psi}_i(t)=\phi_i{}^\lambda(s+t,p)$, $\psi_i(t)=\phi_i{}^\lambda(t,\phi_s{}^\lambda(p))$ とおくと，$\tilde{\psi}_i$ ψ_i, $i=1,\cdots,n$ は共に微分方程式(i)の解で同じ初期条件

$$\psi_i{}^\lambda(0)=\phi_i{}^\lambda(s,p), \quad \psi_i(0)=\phi_i{}^\lambda(0,\phi_s{}^\lambda(p))=x_i(\phi_s{}^\lambda(p))=\phi_i{}^\lambda(s,p)$$

をみたしているので，微分方程式の解の一意性定理（定理６）より，$\tilde{\psi}_i(t)$ と $\psi_i(t)$ は一致する，$i=1,\cdots,n$: $\phi^\lambda(s+t,p)=\phi^\lambda(t,\phi^\lambda(s,p))$. 以上のことをまとめると，結局，各点 $\lambda\in M$ に対し，正数 $\varepsilon_\lambda>0$ と点 λ の近傍 U_λ および可微分写像

$$\phi^\lambda\colon (-\varepsilon_\lambda,\varepsilon_\lambda)\times U_\lambda \to M$$

で，つぎの性質

$$\frac{d\phi^\lambda(t,p)}{dt}=X_{\phi^\lambda(t,\,p)}$$

$$\phi^\lambda(0,p)=p$$

$$|s|,|t|,|s+t|<\varepsilon_\lambda \quad ならば \quad \phi^\lambda(s,\phi^\lambda(t,p))=\phi^\lambda(s+t,p)$$

をみたすものの存在がわかった．

各点 $\lambda\in M$ に対し，上記の近傍 U_λ をつくり，M を $U_\lambda, \lambda\in M$ で覆う：$M=\bigcup_{\lambda\in M} U_\lambda$. M はコンパクトであるから，有限個の $\lambda_1,\cdots,\lambda_k\in M$ を選び出して $M=U_{\lambda_1}\cup\cdots\cup U_{\lambda_k}$ とすることができる．そこで

$$\varepsilon=\min\{\varepsilon_{\lambda_1}, \cdots, \varepsilon_{\lambda_k}\}$$

とおく．このとき可微分写像

$$\phi\colon (-\varepsilon, \varepsilon)\times M \to M$$

を，点 $p\in M$ が $p\in U_{\lambda_i}$ ならば

$$\phi(t, p)=\phi^{\lambda_i}(t, p)$$

とおいて定義することができる．実際，$p\in U_{\lambda_i}\cap U_{\lambda_j}$ ならば，$c^{\lambda_i}, c^{\lambda_j}; (-\varepsilon, \varepsilon)\to M$, $c^{\lambda_i}(t)=\phi^{\lambda_i}(t, p)$, $c^{\lambda_j}(t)=\phi^{\lambda_j}(t, p)$ は共に X の積分曲線で，かつ $c^{\lambda_i}(0)=c^{\lambda_j}(0)$ となるので両者は一致するからである（命題64）．ϕ は $(-\varepsilon,\varepsilon)\times U_{\lambda_i}$ 上で ϕ^{λ_i} に一致するから可微分である（補題35(1)）．さらに，任意の $p\in M$ に対し

$$|s|, |t|, |s+t|<\varepsilon \quad ならば \quad \phi_t(\phi_s(p))=\phi_{s+t}(p)$$

がなりたつ．実際，点 $p\in M$ が $p\in U_{\lambda_i}$ であって $\phi_s(p)\in U_{\lambda_j}$ としよう．このとき曲線 $\tilde{c}, c$ を，0の十分近くで，$\tilde{c}(t)=\phi_t{}^{\lambda_j}(\phi_s{}^{\lambda_i}(p))$, $c(t)=\phi_{s+t}{}^{\lambda_i}(p)$ で定義すると，$\tilde{c}, c$ は共に X の積分曲線で，かつ $\tilde{c}(0)=c(0)$ となるので両者は一致する（命題64）．よって $\phi_t(\phi_s(p))=\phi_{s+t}(p)$ である．以上より，可微分写像

$$\phi\colon (-\varepsilon, \varepsilon)\times M \to M$$

で，つぎの性質

$$\frac{d\phi(t, p)}{dt}=X_{\phi(t, p)}$$

$$\phi(0, p)=p$$

$$|s|, |t|, |s+t|<\varepsilon \quad ならば \quad \phi_s(\phi_t(p))=\phi_{s+t}(p)$$

をみたすものの存在がわかった．この ϕ の定義域 $(-\varepsilon, \varepsilon)$ を $\boldsymbol{R}$ に拡張しよう．$t\in\boldsymbol{R}$ を固定し，$|t/m|<\varepsilon$ なるように正整数 m を十分大きくとり

$$\phi_t=(\phi_{t/m})^m \quad (\phi_{t/m} の m 回の合成写像)$$

と定義する．この定義が m のとり方によらないこと，すなわち，正整数 l を $|t/l|<\varepsilon$ なるようにとるとき

$$(\phi_{t/m})^m=(\phi_{t/l})^l$$

を示さなければならない．そのために，$t/lm=\sigma, t/m=\tau, t/l=\tau'$ とおくと $\tau=l\sigma$ となり，$0<k\leqq l$ に対しては $|k\sigma|<\varepsilon$ であるから，$\phi_{k\sigma}=\phi_\sigma\phi_{(k-1)\sigma}$ を繰返し

用いて $\phi_{k\sigma}=(\phi_\sigma)^k$ を得る．よって $\phi_\tau=(\phi_\sigma)^l$，また $\phi_{\tau'}=(\phi_\sigma)^m$ となる．さて

$$(\phi_{t/m})^m=(\phi_\tau)^m=(\phi_\sigma)^{lm}=(\phi_{\tau'})^l=(\phi_{t/l})^l$$

となり，ϕ_t の定義が m のとり方によらないことがわかった．さらに

$$s, t\in \boldsymbol{R} \quad \text{ならば} \quad \phi_{s+t}=\phi_s\phi_t$$

がなりたつ．実際，十分大きい正整数 m をとるとき

$$\phi_{s+t}=(\phi_{(s+t)/m})^m=(\phi_{s/m}\phi_{t/m})^m=(\phi_{s/m})^m(\phi_{t/m})^m=\phi_s\phi_t$$

となるからである．また $\phi_{s+t}=\phi_s\phi_t$ の性質を用いると，$t\in \boldsymbol{R}$ に対し

$$\frac{d\phi(t,p)}{dt}=X_{\phi(t,p)}$$

がなりたつことがわかり(命題65の証明参照)，これより $\phi: \boldsymbol{R}\times M\to M$ の可微分性がわかる（微分方程式の解の可微分性定理（定理 6 ））．以上で定理が証明された．■

(14) Riemann 計量

有限次元 $\boldsymbol{R}$ 上ベクトル空間 V を考察するとき，V を単にベクトル空間として取り扱うよりも，V に正値な内積を与えて考察すると便利であったことを思い出そう．これと同様に，多様体 M にも Riemann 計量を与えて考察することが多い．Riemann 計量とは，M の各接ベクトル空間に正値な内積を与えることであるが，その与え方は滑らかでなければならない．

定義 M を可微分多様体とする．M 上の **Riemann 計量** $\langle\ ,\ \rangle$ とは，つぎの条件をみたすものである．

(1) M の各点 p に対し，$\langle\ ,\ \rangle_p$ は接ベクトル空間 $T_p(M)$ 上の正値な内積である．すなわち，$L_1, L_2\in T_p(M)$ に対し実数 $\langle L_1, L_2\rangle_p$ が定まり，条件

$$\langle L_1, L_2\rangle_p=\langle L_2, L_1\rangle_p$$

$$\langle a_1L_1+a_2L_2, L\rangle_p=a_1\langle L_1, L\rangle_p+a_2\langle L_2, L\rangle_p \qquad a_i\in \boldsymbol{R}$$

$$\langle L, L\rangle_p\geqq 0$$

$$\langle L, L\rangle_p=0 \quad \text{ならば} \quad L=0$$

をみたしている．

(2) 点 p_0 のまわりのある座標近傍 $(U; x_1, \cdots, x_n)$ に対して，関数 $g_{ij}: U$

$\to \boldsymbol{R}$, $i, j=1, \cdots, n$ を

$$g_{ij}(p)=\left\langle \left(\frac{\partial}{\partial x_i}\right)_p, \left(\frac{\partial}{\partial x_j}\right)_p \right\rangle_p$$

で定義するとき，g_{ij} は可微分である．

定義の妥当性 関数 g_{ij} の可微分性は座標近傍のとり方によらない．実際，$(V; y_1, \cdots, y_n)$ を点 p_0 のまわりのもう1つの座標近傍とし，$\bar{g}_{ij}(p)=\left\langle \left(\frac{\partial}{\partial y_i}\right)_p, \left(\frac{\partial}{\partial y_j}\right)_p \right\rangle_p$ とおくとき，$\bar{g}_{ij}$ と g_{ij} と間には，$U \cap V$ 上で

$$\bar{g}_{ij}=\sum_{k,l=1}^{n} \frac{\partial x_k}{\partial y_i} \frac{\partial x_l}{\partial y_j} g_{kl}$$

の関係がある（補題53(1)）．したがって，各 g_{ij} が可微分ならば $\bar{g}_{ij}$ も可微分になる．

例68 $(x_1, \cdots, x_n)$ を $\boldsymbol{R}^n$ の標準座標関数とするとき，各点 $p \in \boldsymbol{R}^n$ の接ベクトル空間 $T_p(\boldsymbol{R}^n)$ 上に内積 $\langle\ ,\ \rangle_p$ を

$$\left\langle \sum_{i=1}^{n} \xi_i \left(\frac{\partial}{\partial x_i}\right)_p, \sum_{i=1}^{n} \eta_i \left(\frac{\partial}{\partial x_i}\right)_p \right\rangle_p = \sum_{i=1}^{n} \xi_i \eta_i$$

で与えると，$\langle\ ,\ \rangle$ は $\boldsymbol{R}^n$ 上の Riemann 計量になる．同様に，M を可微分多様体とし，$(U; x_1, \cdots, x_n)$ を座標近傍とするとき，（U を可微分多様体とみて）各点 $p \in U$ の接ベクトル空間 $T_p(U)$ $(=T_p(M)$ であった(例58)) 上に内積 $\langle\ ,\ \rangle_p$ を

$$\langle L_1, L_2 \rangle_p = \sum_{k=1}^{n} L_1(x_k) L_2(x_k)$$

で与えると，$\langle\ ,\ \rangle$ は U 上の Riemann 計量になる．実際，$\langle\ ,\ \rangle_p$ が $T_p(U)$ 上の正値な内積であることは自明であり，また可微分性は

$$g_{ij}(p)=\left\langle \left(\frac{\partial}{\partial x_i}\right)_p, \left(\frac{\partial}{\partial x_j}\right)_p \right\rangle_p = \sum_{k=1}^{n} \frac{\partial x_k}{\partial x_i}(p) \frac{\partial x_k}{\partial x_j}(p) = \delta_{ij}$$

より明らかである．

さて，可微分多様体 M はつねに Riemann 計量をもつことを示そう．Whitney の埋蔵定理を用いるならば，M はあるユークリッド空間 $\boldsymbol{R}^m$ の部分多様体になるので，$\boldsymbol{R}^m$ 上の Riemann 計量 $\langle\ ,\ \rangle$ (例68) を用いて，各点 $p \in M$

の接ベクトル空間 $T_p(M)(\subset T_p(\boldsymbol{R}^m))$ 上の内積 $\langle\ ,\ \rangle_p{}^M$ を，$T_p(\boldsymbol{R}^m)$ 上の内積 $\langle\ ,\ \rangle_p$ を $T_p(M)$ に制限することによって与えることにより，M 上の Riemann 計量が得られる．しかし，本書では Whitney の埋蔵定理の証明を与えていないので，ここでは1の分割を用いて Riemann 計量の存在を証明することにしよう．

定理69 可微分多様体 M は Riemann 計量をもつ．

証明 M の各点 λ に対して，λ のまわりの座標近傍 U_λ をとり，U_λ に例68のような Riemann 計量 $\langle\ ,\ \rangle_\lambda$ を与えておく．M の開被覆 $\{U_\lambda; \lambda\in M\}$ をつくり，この開被覆に付属した1の分割 $\{h_\lambda; \lambda\in M\}$ をつくる (定理44)．さて，各点 $p\in M$ の接ベクトル空間 $T_p(M)$ 上の内積 $\langle\ ,\ \rangle_p$ を

$$\langle L_1, L_2\rangle_p=\sum_{\lambda\in M} h_\lambda(p)\langle L_1, L_2\rangle_{\lambda,p}$$

で与えると，$\langle\ ,\ \rangle$ は M 上の Riemann 計量になる．実際，$\langle\ ,\ \rangle_p$ が内積の条件をみたすことは明らかであるから，正値性のみを示そう．$\langle L, L\rangle_p\geqq 0$ は明らかである．$\langle L, L\rangle_p=0$ とするとき，各 $\lambda\in M$ に対して $h_\lambda(p)\langle L, L\rangle_{\lambda,p}\geqq 0$ であるから

$$h_\lambda(p)\langle L, L\rangle_{\lambda,p}=0 \qquad \lambda\in M$$

がわかる． しかるに p に対し $h_\lambda(p)\neq 0$ となる $\lambda\in M$ がある (なぜならば $\sum_{\lambda\in M} h_\lambda(p)=1$) から，$\langle L, L\rangle_{\lambda,p}=0$ となり，$L=0$ を得る．つぎに $\langle\ ,\ \rangle$ の可微分性を示そう．点 p のまわりの座標近傍 $(U; x_1, \cdots, x_n)$ をとるとき

$$\begin{aligned} g_{ij}(p)&=\left\langle\left(\frac{\partial}{\partial x_i}\right)_p, \left(\frac{\partial}{\partial x_j}\right)_p\right\rangle_p=\sum_{\lambda\in M} h_\lambda(p)\left\langle\left(\frac{\partial}{\partial x_i}\right)_p, \left(\frac{\partial}{\partial x_j}\right)_p\right\rangle_{\lambda,p} \\ &=\sum_{\lambda\in M} h_\lambda(p) g_{ij}{}^\lambda(p) \end{aligned}$$

となるが，各 $g_{ij}{}^\lambda$ が可微分関数であるから関数 g_{ij} も可微分である(補題48)．∎

定義 Riemann 計量が与えられた可微分多様体を **Riemann 多様体**という．

(15) 関数の方向ベクトル場

可微分関数 $f\colon \boldsymbol{R}^n\to\boldsymbol{R}$ の方向ベクトル $\operatorname{grad} f$ は $\boldsymbol{R}^n$ 上のベクトル場であ

った（例63）が，これを多様体のときに拡張しよう．

定義　M を Riemann 多様体とし，$\langle\ ,\ \rangle$ をその Riemann 計量とする．このとき，可微分関数 $f\colon M\to \boldsymbol{R}$ に対し，M 上のベクトル場 $\operatorname{grad} f$ をつぎのように定義する．各点 $p\in M$ に対し，p のまわりの座標近傍 $(U; x_1, \cdots, x_n)$ をとり，$g_{ij}(p)=\left\langle\left(\dfrac{\partial}{\partial x_i}\right)_p, \left(\dfrac{\partial}{\partial x_j}\right)_p\right\rangle_p$ を成分にもつ行列 $\left(g_{ij}(p)\right)_{i,j=1,\cdots,n}$ をつくる．（この行列は正値であるから当然正則である）．この行列の逆行列を $\left(g^{ij}(p)\right)_{i,j=1,\cdots,n}$ として，$\operatorname{grad} f$ を

$$(\operatorname{grad} f)_p=\sum_{i,j=1}^{n} g^{ij}(p)\frac{\partial f}{\partial x_j}(p)\left(\frac{\partial}{\partial x_i}\right)_p$$

で定義する．このベクトル場 $\operatorname{grad} f$ を関数 f の**方向ベクトル場**という．

定義の妥当性　まず，関数 $g^{ij}\colon U\to \boldsymbol{R}$ が可微分であることが g_{ij} の可微分性からわかるので，ベクトル場 $\operatorname{grad} f$ の可微分性は明らかである．つぎに $\operatorname{grad} f$ の定義が点 p_0 のまわりの座標近傍のとり方によらないことを示そう．実際，$(V; y_1, \cdots, y_n)$ を点 p_0 のまわりのもう1つの座標近傍とする．$\bar{g}_{ij}(p)=\left\langle\left(\dfrac{\partial}{\partial y_i}\right)_p, \left(\dfrac{\partial}{\partial y_j}\right)_p\right\rangle_p$ とおくとき

$$\bar{g}_{ij}(p)=\sum_{k,l}\frac{\partial x_k}{\partial y_i}(p)\frac{\partial x_l}{\partial y_j}(p)g_{kl}(p)$$

であった（89頁）が，これを成分にもつ行列 $\left(\bar{g}_{ij}(p)\right)$ の逆行列 $\left(\bar{g}^{ij}(p)\right)$ の成分は

$$\bar{g}^{ij}(p)=\sum_{k,l}\frac{\partial y_i}{\partial x_k}(p)\frac{\partial y_j}{\partial x_l}(p)g^{kl}(p)$$

で与えられる．実際，

$$\begin{aligned}\sum_k \bar{g}_{ik}\bar{g}^{kj}&=\sum_k\sum_{a,b,s,t}\frac{\partial x_a}{\partial y_i}\frac{\partial x_b}{\partial y_k}g_{ab}\frac{\partial y_k}{\partial x_s}\frac{\partial y_j}{\partial x_t}g^{st}\\&=\sum_{a,s,t}\frac{\partial x_a}{\partial y_i}g_{as}\frac{\partial y_j}{\partial x_t}g^{st}\quad\left(\sum_k\frac{\partial x_b}{\partial y_k}\frac{\partial y_k}{\partial x_s}=\delta_{bs}\text{（補題29）を用いた}\right)\\&=\sum_t\frac{\partial x_t}{\partial y_i}\frac{\partial y_j}{\partial x_t}\quad\left(\sum_s g_{as}g^{st}=\delta_{at}\text{ を用いた}\right)=\delta_{ij}\end{aligned}$$

となるからである．さて

$$\sum_{i,j} \bar{g}^{ij} \frac{\partial f}{\partial y_j} \frac{\partial}{\partial y_i}$$

$$= \sum_{i,j,k,s,t,l} \frac{\partial y_i}{\partial x_s} \frac{\partial y_j}{\partial x_t} g^{st} \frac{\partial f}{\partial x_k} \frac{\partial x_k}{\partial y_j} \frac{\partial x_l}{\partial y_i} \frac{\partial}{\partial x_l}$$

$$= \sum_{i,k,s,l} \frac{\partial y_i}{\partial x_s} g^{sk} \frac{\partial f}{\partial x_k} \frac{\partial x_l}{\partial y_i} \frac{\partial}{\partial x_l} \quad \left(\sum_j \frac{\partial y_j}{\partial x_t} \frac{\partial x_k}{\partial y_j} = \delta_{tk} \text{ を用いた} \right)$$

$$= \sum_{k,l} g^{lk} \frac{\partial f}{\partial x_k} \frac{\partial}{\partial x_l} \quad \left(\sum_i \frac{\partial y_i}{\partial x_s} \frac{\partial x_l}{\partial y_i} = \delta_{sl} \text{ を用いた} \right)$$

となり，grad f の定義が座標関数系のとり方によらないことがわかった．

方向ベクトル場 grad f はつぎの基本的な性質によって特徴づけられる．

命題70 M を Riemann 多様体とし，$\langle\ ,\ \rangle$ をその Riemann 計量とする．このとき，可微分関数 $f: M \to \boldsymbol{R}$ の方向ベクトル場 grad f は，M の任意のベクトル場 X に対して

$$\langle X_p, (\mathrm{grad}\, f)_p \rangle_p = X_p(f) \qquad p \in M$$

となっている．

証明 ベクトル場 X が点 $p \in M$ のまわりの座標関数系を用いて $X_p = \sum_{i=1}^{n} \xi_i(p) \left(\frac{\partial}{\partial x_i} \right)_p$ と表わされているとすると

$$\langle X_p, (\mathrm{grad}\, f)_p \rangle_p = \left\langle \sum_i \xi_i(p) \left(\frac{\partial}{\partial x_i} \right)_p, \sum_{k,l} g^{kl}(p) \frac{\partial f}{\partial x_l}(p) \left(\frac{\partial}{\partial x_k} \right)_p \right\rangle_p$$

$$= \sum_{i,k,l} \xi_i(p) g^{kl}(p) \frac{\partial f}{\partial x_l}(p) g_{ik}(p)$$

$$= \sum_i \xi_i(p) \frac{\partial f}{\partial x_i}(p) \quad \left(\sum_k g^{kl} g_{ik} = \delta_{il} \text{ を用いた} \right)$$

$$= X_p(f)$$

となり，命題が証明された．∎

3．位相幾何学から 2,3 の準備

ここで，4章で必要となる範囲内で位相幾何学からの定義，定理を2,3抜き出して述べておこう．その内容は，ホモトピー同値，変位レトラクト，胞体を接着した空間，CW 複体である．なお，以下 I でつねに閉区間[0,1]を表わすものとする：

$$I=[0,1]=\{t\in \boldsymbol{R}\mid 0\leqq t\leqq 1\}$$

(1) ホモトピー同値

定義 X, Y を位相空間とする．2つの連続写像 $f, g\colon X\to Y$ に対して

$$\begin{cases} F(x,0)=f(x) \\ F(x,1)=g(x) \end{cases}$$

をみたす連続写像 $F\colon X\times I\to Y$ が存在するとき，f と g は**ホモトープ**であるといい，記号 $f\simeq g$ で表わす．また，Fをfとgを結ぶ**ホモトピー**という．ホモトピーFに対して，$F(x,t)$ を $F_t(x)$ と書くのが普通である．

補題71 X, Y を位相空間とする．XからYへの連続写像全体の集合において，ホモトープの関係$\simeq$は同値法則をみたす．

証明 $f\simeq f$ である．実際，写像 $F\colon X\times I\to Y$ を $F(x,t)=f(x)$ と定義すると，Fはfとfを結ぶホモトピーである．つぎに $f\simeq g$ とし，Fをfとgを結ぶホモトピーとするとき，写像 $F'\ X\times I\to Y$ を $F'(x,t)=F(x,1-t)$ で定義すると，F' はgとfを結ぶホモトピーになる：$g\simeq f$．最後に，$f\simeq g$，$g\simeq h$ とし，F_1, F_2 をそれぞれのホモトピーとするとき，写像 $F\colon X\times I\to Y$ を

$$F(x, t)=\begin{cases} F_1(x, 2t) & 0 \leqq t \leqq \dfrac{1}{2} \\ F_2(x, 2t-1) & \dfrac{1}{2} \leqq t \leqq 1 \end{cases}$$

で定義すると，Fは連続写像であって，Fはfとhを結ぶホモトピーになる：$f \simeq h$. ■

補題72　X, Y, Z を位相空間とし，$f, g: X \to Y$ をホモトープな2つの連続写像とする：$f \simeq g$. このとき，つぎの (1)(2) がなりたつ.

(1)　任意の連続写像 $h: Z \to X$ に対して，$fh \simeq gh: Z \to Y$ である.

(2)　任意の連続写像 $k: Y \to Z$ に対して，$kf \simeq kg: X \to Z$ である.

証明　$F: X \times I \to Y$ をfと g を結ぶホモトピーとする.

(1)　写像 $F_1: Z \times I \to Y$ を

$$F_1(z, t)=F(h(z), t)$$

で定義すると，F_1 は fh と gh を結ぶホモトピーになっている.

(2)　写像 $F_2: X \times I \to Z$ を

$$F_2(x, t)=k(F(x, t))$$

で定義すると，F_2 は kf と kg を結ぶホモトピーになっている. ■

定義　X, Y を位相空間とする. X と Y の間に

$$gf \simeq 1_X, \qquad fg \simeq 1_Y$$

をみたす連続写像 $f: X \to Y$, $g: Y \to X$ が存在するとき，X と Y は**ホモトピー同値**である（または**同じホモトピー型をもつ**）といい，記号 $X \simeq Y$ で表わす. また，このような $f: X \to Y$ を**ホモトピー同値写像**という.

命題73　位相空間のある集合において，ホモトピー同値の関係$\simeq$は同値法則をみたす.

証明　反射法則 $X \simeq X$ と対称法則 $X \simeq Y$ ならば $Y \simeq X$ は明らかである. 推移法則を示すために $X \simeq Y$, $Y \simeq Z$ とすると，連続写像

$$f: X \to Y,\ g: Y \to X;\quad h: Y \to Z,\ k: Z \to Y$$

が存在して

$$gf \simeq 1_X,\ fg \simeq 1_Y;\quad kh \simeq 1_Y,\ hk \simeq 1_Z$$

となっている．このとき，補題72を用いると

$$(gk)(hf)=g(kh)f\simeq g1_Yf=gf\simeq 1_X$$
$$(hf)(gk)=h(fg)k\simeq h1_Yk=hk\simeq 1_Z$$

となるが，これは $X\simeq Z$ を示している．∎

(2) 変位レトラクト

ホモトピー同値の特別の場合である変位レトラクトについて説明しよう．これは空間Xが時間 t と共に部分空間Aにつぶれて行くという感じである．

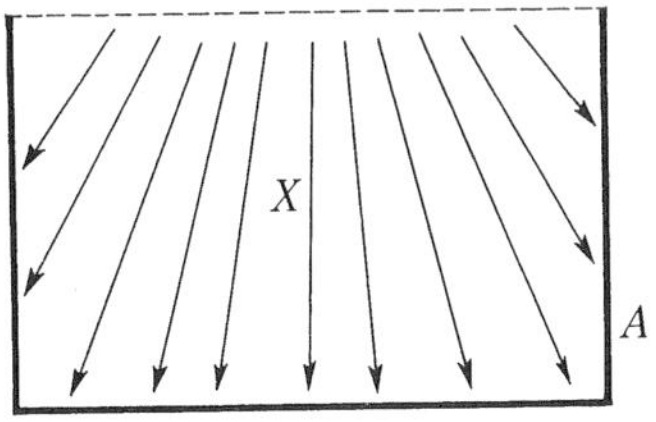

定義 X を位相空間とし，A をその部分空間とする： $A\subset X$. 連続写像 $r\colon X\times I\to X$ で

$$\begin{cases} r(x,0)=x & x\in X \\ r(x,1)\in A & \\ r(a,t)=a & a\in A,\ t\in I \end{cases}$$

をみたすものが存在するとき，AはXの**変位レトラクト**であるといい，rをAの X における**変位レトラクション**という．レトラクションrに対して $r(x,t)$ を $r_t(x)$ と書くのが普通である．

注意 連続写像 $r\colon X\times I\to X$ で $r(x,0)=x$, $r(x,1)\in A$, $r(a,1)=a(a\in A)$ をみたすものが存在するとき，A を X の**変位レトラクト**であるといい，本文のようなrが存在するとき，A を X の**強変位レトラクト**といって区別することがある．つぎの命題74を示すには弱い意味の変位レトラクトで十分であるが，CW 複体で考えるとき，両者には本質的な差はない．

命題74　Xを位相空間とし，Aをその部分空間とする．AがXの変位レトラクトであるならば，AとXはホモトピー同値である．

証明　$r: X\times I\to X$ をAのXにおける変位レトラクションとし，写像

$$i: A \to X, \qquad i(a)=a$$
$$f: X \to A, \qquad f(x)=r(x, 1)$$

で定義すると，i, f は連続写像であって

$$fi=1_A, \qquad if\simeq 1_X$$

となっている．実際，$f(i(a))=f(a)=r(a, 1)=a$ であり，かつ写像 $r: X\times I\to X$ が if と 1_Xを結ぶホモトピーになっている．それは $r(x, 0)=x$, $r(x, 1)=f(x)=i(f(x))$ であるからである．以上で命題が証明された．∎

補題75　A, B を位相空間Xの部分空間とし，かつ $A\supset B$ とする．BがAの変位レトラクトであり，かつAがXの変位レトラクトであれば，BはXの変位レトラクトになる．

証明　$r_B: A\times I\to A$, $r_A: X\times I\to X$ をそれぞれ B, A の変位レトラクションとするとき，写像 $r: X\times I\to X$

$$r(x, t)=\begin{cases} r_A(x, 2t) & 0\leqq t\leqq \dfrac{1}{2} \\ r_B(r_A(x, 1), 2t-1) & \dfrac{1}{2}\leqq t\leqq 1 \end{cases}$$

はBのXにおける変位レトラクションを与えている．実際，$t=\dfrac{1}{2}$ のとき $r_B(r_A(x, 1), 0)=r_A(x, 1)$ となるから r は連続写像であり，かつ

$$\begin{cases} r(x, 0)=r_A(x, 0)=x \\ r(x, 1)=r_B(r_A(x, 1), 1)\in B \\ r(b, t)=\cdots=b \qquad b\in B \end{cases}$$

となるからである．以上で補題が証明された．∎

(3)　*CW* 複体

まず記号を導入しておく．

$$V^n=\{(x_1, \cdots, x_n)\in \boldsymbol{R}^n \mid x_1{}^2+\cdots+x_n{}^2\leqq 1\}$$

$$E^n=\{(x_1,\cdots,x_n)\in \boldsymbol{R}^n \mid x_1{}^2+\cdots+x_n{}^2<1\}$$
$$\partial E^n=\dot{V}^n=S^{n-1}=\{(x_1,\cdots,x_n)\in \boldsymbol{R}^n \mid x_1{}^2+\cdots+x_n{}^2=1\}$$

とおき，V^n を **n 次元単位閉胞体**，E^n を **n 次元単位開胞体**という．S^{n-1} は $n-1$ 次元球面であるが，V^n, E^n の**境界**ともいう．

定義　Xを位相空間とし，e^n をXの部分集合とする．e^n に対し，連続写像 $\varphi: V^n \to X$ で同相写像 $\varphi|E^n: E^n \to e^n$ を誘導するものが存在するとき，e^n をXの **n 次元胞体**といい，φ を e^n の**特性写像**という．また，Xの 0 次元胞体とはXの点のことであるとする．

さて，これから，位相空間 X が CW 複体であるという定義を与えるのであるが，Xに Hausdorff 性を仮定することにする．以下，本章ではこの Hausdorff 性を必要とする所は特にないようであるが，これがないと応用上何かと不便なことが多いので，それを定義の中にいれておくことにした．

定義　Xを Hausdorff 空間とする．Xの胞体の集合族 $\{e_\lambda; \lambda\in\Lambda\}$ がつぎの 3 つの条件

(1)　$X=\bigcup_{\lambda\in\Lambda} e_\lambda$

(2)　$\lambda\neq\mu$ ならば $e_\lambda\cap e_\mu=\phi$

(3)　各胞体 e^n の特性写像 $\varphi: V^n \to X$ は

$$\varphi(\dot{V}^n)\subset X^{n-1}$$

（ここに，X^{n-1} はXの $n-1$ 次元以下のすべての胞体の和集合：$X^{n-1}=\bigcup_{k\leqq n-1} e^k$ のことであり，これを X の **$(n-1)$-スケルトン**という）になっている．

をみたすとき，Xは胞体 $e_\lambda; \lambda\in\Lambda$ をもつ**胞複体**である（またはXの**胞体分割**が与えられた）といい，$X=\bigcup_{\lambda\in\Lambda} e_\lambda$ で表わす．

$X=\bigcup_{\lambda\in\Lambda} e_\lambda$ を胞複体とする．Λ の部分集合 Λ' に対して，$A=\bigcup_{\lambda\in\Lambda'} e_\lambda$ が再び胞複体になるとき，AをXの**部分複体**という．また胞体の個数が有限個である胞複体を**有限胞複体**または**有限 CW 複体**という．

Hausdorff 空間Xの各点を 0 次元胞体と考えるとXの胞体分割ができるが，これでは殆んど意味がない．それは，この胞複体はつぎに定義する CW 性をもたないからである．なお，Xの胞体分割の与え方は幾通りもあるが，その胞

体の個数が少ない方がよいとしたものである．

定義　胞複体 $X=\bigcup_{\lambda\in\Lambda}e_\lambda$ がつぎの2つの条件 $(C)(W)$ をみたすとき，Xを **CW 複体**という．

(C)　Xの各胞体eに対し，eを含むXの有限部分複体が存在する．

(W)　Xの部分集合Fに対して

FがXの閉集合 $\rightleftarrows X$ の各胞体 e に対し $F\cap\bar{e}$ が $\bar{e}$ の閉集合

がなりたつ．

命題76　有限胞複体 X は CW 複体である．

証明　$X=\bigcup_{\lambda\in\Lambda}e_\lambda$ が有限胞複体ならば，CW 複体の (C) の条件は明らかになりたっている．(W) の条件を確かめよう．F を X の閉集合とするとき，$F\cap\bar{e}$ が $\bar{e}$ の閉集合であることは明らかである．逆にXの部分集合FがXの各胞体 e に対し $F\cap\bar{e}$ が $\bar{e}$ の閉集合であるとすると（このとき $F\cap\bar{e}$ はXの閉集合でもある），$F=F\cap X=F\cap(\bigcup_{\lambda\in\Lambda}\bar{e}_\lambda)=\bigcup_{\lambda\in\Lambda}(F\cap\bar{e}_\lambda)$ であるから，F は閉集合 $F\cap\bar{e}_\lambda$ の有限個の和集合として閉集合である．∎

例77　n次元球面 S^n は0次元胞体 e^0 とn次元胞体 e^n からなる有限 CW 複体である：

$$S^n=e^0\cup e^n$$

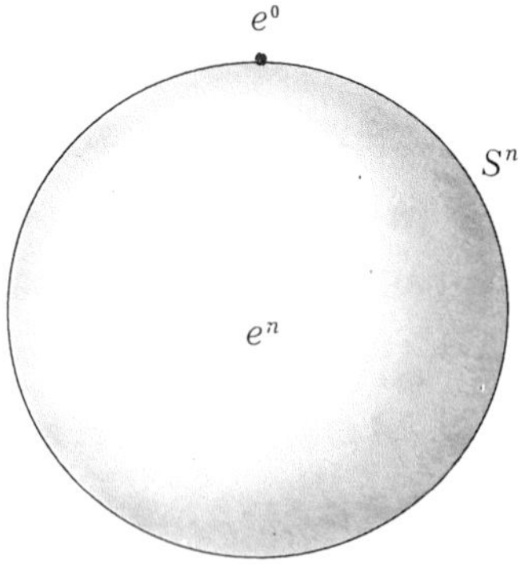

証明　$e^0=\boldsymbol{e}_{n+1}=(0,\cdots,0,1)$, $e^n=S^n-e^0$ とおく．e^n が S^n のn次元胞体であることを示そう．そのために写像 $\varphi\colon V^n\to S^n$ を

$$\varphi(x_1,\cdots,x_n)=\left(-2x_1\sqrt{1-\sum_{k=1}^{n}x_k^2},\cdots,-2x_n\sqrt{1-\sum_{k=1}^{n}x_k^2},\ 2\sum_{k=1}^{n}x_k^2-1\right)$$

で定義すると，φ は連続写像であり，さらに φ は同相写像 $\varphi: E^n \to e^n$ を誘導している．実際，$x \in E^n$ ならば $\varphi(x)$ は決して $\boldsymbol{e}_{n+1}$ にならないから，φ は確かに写像 $\varphi: E^n \to e^n$ を引き起こしている．写像 $\psi: e^n \to E^n$ を

$$\psi(a_1, \cdots, a_{n+1}) = \left(-\frac{a_1}{\sqrt{2(1-a_{n+1})}}, \cdots, -\frac{a_n}{\sqrt{2(1-a_{n+1})}}\right)$$

と定義すると，ψ は連続写像であり，$\psi\varphi=1$, $\varphi\psi=1$ をみたしている．よって $\varphi|E^n$ は同相写像である．さらに $\varphi(V^n)=\boldsymbol{e}_{n+1}=e^0$ となっている．以上で S^n は 2 つの胞体 e^0, e^n をもつ胞複体に分割された．

例78　$K=\boldsymbol{R}, \boldsymbol{C}, \boldsymbol{H}, \mathfrak{C}$ に対して射影平面 $KP_2=\{A \in M(3, K) | A^*=A, A^2=A, \mathrm{tr}(A)=1\}$ は 0 次元胞体 e^0, d 次元胞体 e^d, $2d$ 次元胞体 e^{2d} からなる有限 CW 複体である：

$$\boldsymbol{R}P_2=e^0 \cup e^1 \cup e^2$$
$$\boldsymbol{C}P_2=e^0 \cup e^2 \cup e^4$$
$$\boldsymbol{H}P_2=e^0 \cup e^4 \cup e^8$$
$$\mathfrak{C}P_2=e^0 \cup e^8 \cup e^{16}$$

証明　　$KP_1=\{A \in M(2, K) | A^*=A, A^2=A, \mathrm{tr}(A)=1\}$
とおく（この KP_1 は**射影直線**と呼ばれるものである）．$A \in KP_1$ を $\begin{pmatrix} 0 & 0 \\ 0 & A \end{pmatrix} \in KP_2$ と同一視して，KP_1 を KP_2 の部分空間とみなしておく．さて

$$e^0=\begin{pmatrix} 0 & 0 & 0 \\ 0 & 0 & 0 \\ 0 & 0 & 1 \end{pmatrix},\ e^d=KP_1-e^0,\ e^{2d}=KP_2-KP_1$$

とおく．e^d, e^{2d} が $d, 2d$ 次元の胞体であることを示すためにその特性写像を与えよう．

$$V_{K^1}=\{x \in K \mid |x| \leqq 1\}$$
$$V_{K^2}=\{(x, y) \in K^2 \mid |x|^2+|y|^2 \leqq 1\}$$

はそれぞれ単位閉胞体 V^d, V^{2d} と同相であるから，それらを同一視しておく：$V_{K^1}=V^d$, $V_{K^2}=V^{2d}$（E_{K^1}, E_{K^2} についても同様に $E_{K^1}=\{x \in K \mid |x|<1\}$, $E_{K^2}=\{(x, y) \in K^2 \mid |x|^2+|y|^2<1\}$ と定義しておく）．さて，写像 $\varphi_1: V_{K^1} \to KP_1$ を

$$\varphi_1(x)=\begin{pmatrix}1-|x|^2 & \sqrt{1-|x|^2}\bar{x}\\ x\sqrt{1-|x|^2} & |x|^2\end{pmatrix}$$

で定義すると，φ_1 は連続写像であって， 同相写像 $\varphi_1\colon E_K{}^1\to e^d$ を誘導し，かつ $\varphi_1(V_K{}^1)=e^0$ となっている（この証明はつぎの φ_2 のときと同様であるから省略する）．写像 $\varphi_2\colon V_K{}^2\to KP_2$ を

$$\varphi_2(x,y)=\begin{pmatrix}1-|x|^2-|y|^2 & \sqrt{1-|x|^2-|y|^2}\bar{x} & \sqrt{1-|x|^2-|y|^2}\bar{y}\\ x\sqrt{1-|x|^2-|y|^2} & |x|^2 & x\bar{y}\\ y\sqrt{1-|x|^2-|y|^2} & y\bar{x} & |y|^2\end{pmatrix}$$

で定義すると，明らかに φ_2 は連続写像である．この φ_2 が写像 $\varphi_2\colon E_K{}^2\to e^{2d}$ を誘導することは容易にわかる．この φ_2 が同相写像であることを示そう．そのために，写像 $\psi_2\colon e^{2d}\to E_K{}^2$ を

$$\psi_2\begin{pmatrix}\alpha_1 & a_3 & \bar{a}_2\\ \bar{a}_3 & \alpha_2 & a_1\\ a_2 & \bar{a}_1 & \alpha_3\end{pmatrix}=\left(\frac{\bar{a}_3}{\sqrt{\alpha_1}},\ \frac{a_2}{\sqrt{\alpha_1}}\right)$$

で定義すると，ψ_2 は連続写像であって，$\psi_2\varphi_2=1, \varphi_2\psi_2=1$ をみたしている．よって $\varphi_2\colon E_K{}^2\to e^{2d}$ は同相写像である（例10参照）． さらに $\varphi_2(V_K{}^2)=KP_1=e^0\cup e^d$ となっている．以上では KP_2 胞体を e^0, e^d, e^{2d} もつ胞複体に分割された．

$K=\boldsymbol{R}, \boldsymbol{C}, \boldsymbol{H}$ 体の射影空間 $KP_n=\{A\in M(n+1, K)\,|\,A^*=A, A^2=A, \mathrm{tr}(A)=1\}$ も，射影平面 KP_2 のときと同様，e^0, e^d, e^{2d} の胞体をもつ限有 CW 複体である：

$$\boldsymbol{R}P_n=e^0\cup e^1\cup\cdots\cup e^n$$
$$\boldsymbol{C}P_n=e^0\cup e^2\cup\cdots\cup e^{2n}$$
$$\boldsymbol{H}P_n=e^0\cup e^4\cup\cdots\cup e^{4n}$$

実際， $A\in KP_{k-1}$ を $\begin{pmatrix}0 & 0\\ 0 & A\end{pmatrix}\in KP_k$ と同一視して

$$KP_0\subset KP_1\subset KP_2\subset\cdots\subset KP_n$$

とみなしておく．そこで， $e^0=KP_0, e^{kd}=KP_k-KP_{k-1}, k=1,\cdots,n$ とおき，胞体 e^{kd} の特性写像 $\varphi_k\colon V_K{}^k=\{(x_1,\cdots,x_k)\in K^k\,|\,|x_1|^2+\cdots+|x_k|^2\leqq 1\}\to KP_k$

$\subset KP_n$ を

$$\varphi_k(x_1, \cdots, x_k)=\left(x_i\bar{x}_j\right)_{i,\, j=0,\, 1,\, \cdots,\, k}$$

(ここに $x_0=\sqrt{1-|x_1|^2-\cdots-|x_k|^2}$ である) で与えるとよい.

(4) 胞体を接着した空間

X, Y を位相空間とし, $X\cup Y$ をその位相和とする. 位相和 $X\cup Y$ とは, $X\cap Y=\phi$ であり, 和集合 $X\cup Y$ の部分集合 O が $X\cup Y$ の開集合であるとは, $O=U\cup V$ (U は X の開集合, V は Y の開集合) と表わされることであるという位相空間のことである.

定義 X を位相空間とし, 連続写像 $\nu: \dot{V}^n=S^{n-1}\to X$ が与えられているとする. このとき, X と n 次元閉胞体 V^n との位相和 $X\cup V^n$ において, S^{n-1} の各点 s と X の点 $\nu(s)$ は同値であると定義する, すなわち $X\cup V^n$ において

$$p\sim p' \rightleftarrows \begin{cases} p=p' & \text{または} \\ p\in S^{n-1}, \nu(p)=p' \ \text{または}\ p'\in S^{n-1}, \nu(p')=p & \text{または} \\ p, p'\in S^{n-1}, \nu(p)=\nu(p') \end{cases}$$

と定義すると, 関係～は同値法則をみたす. この関係～による $X\cup V^n$ の等化空間*) $(X\cup V^n)/\sim$ を $X\underset{\nu}{\cup} e^n$ で表わし, これを X に n 次元胞体 e^n を写像

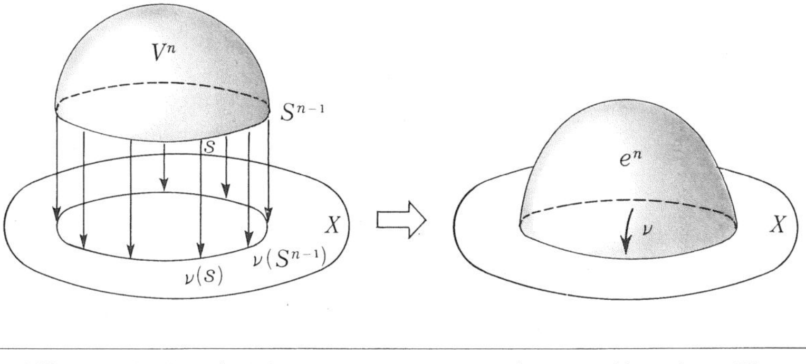

*) 位相空間 X に同値関係～が与えられているとし, $\pi: X\to X/\sim$ をその射影とする. $X/\sim$ の部分集合 O が $X/\sim$ の開集合であるとは $\pi^{-1}(O)$ が X の開集合であるという位相を $X/\sim$ にいれたとき, $X/\sim$ を**等化空間**といい, この位相を**等化位相**という. X がコンパクト (または連結) であれば, $X/\sim$ もコンパクト (または連結) であるが, Hausdorff 性や可算開基をもつという性質は引き継がれるとは限らない.

$\nu: S^{n-1}=\partial e^n \to X$ で**接着した空間**という.

例79　n 次元球面 S^n は, 1点 $e^0=\boldsymbol{e}_{n+1}$ に n 次元胞体 e^n を写像 $\nu: S^{n-1}=\partial e^n \to e^0$, $\nu(s)=e^0$ で接着した空間である.

$$S^n=e^0 \underset{\nu}{\cup} e^n$$

例80　$K=\boldsymbol{R}, \boldsymbol{C}, \boldsymbol{H}, \mathfrak{C}$ とし, 射影直線 KP_1 と射影平面 KP_2 を考える. (射影直線 KP_1 は d 次元球面 S^d に, 対応 $\begin{pmatrix}\alpha_1 & a \\ \bar{a} & \alpha_2\end{pmatrix} \in KP_1 \to (2\alpha_1-1, 2a) \in S^d$ により同相になるので同一視しておく : $KP_1=S^d$). 例78と同様, $V^{2d}=V_K{}^2 =\{(x, y)\in K^2 \mid |x|^2+|y|^2\leqq 1\}$, $S^{2d-1}=\dot{V}_K{}^2=\{(x, y)\in K^2 \mid |x|^2+|y|^2=1\}$　とおく. 写像 $\nu: S^{2d-1}\to KP_1$ を

$$\nu(x, y)=\begin{pmatrix}|x|^2 & x\bar{y} \\ y\bar{x} & |y|^2\end{pmatrix}$$

で定義し, ν を **Hopf の写像**という. さて, 射影平面 KP_2 は d 次元球面 $S^d=KP_1$ に $2d$ 次元胞体 e^{2d} を Hopf の写像 $S^{2d-1}=\partial e^{2d}\to S^d$ により接着した空間 $S^d \underset{\nu}{\cup} e^{2d}$ に同相である :

$$\boldsymbol{R}P_2=S^1 \underset{\nu}{\cup} e^2$$

$$\boldsymbol{C}P_2=S^2 \underset{\nu}{\cup} e^4$$

$$\boldsymbol{H}P_2=S^4 \underset{\nu}{\cup} e^8$$

$$\mathfrak{C}P_2=S^8 \underset{\nu}{\cup} e^{16}$$

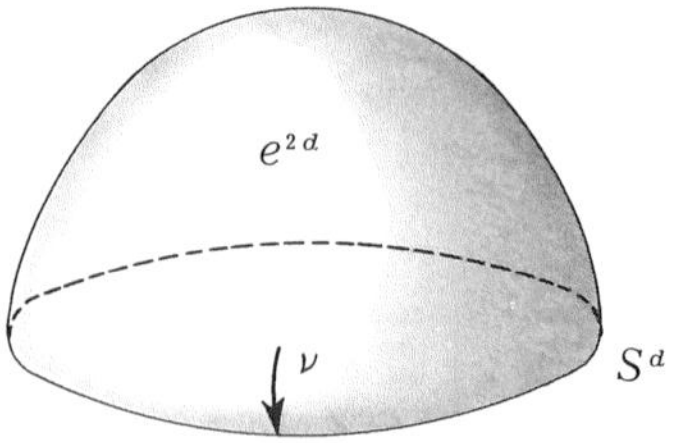

証明　写像 $h: S^d \cup V_K{}^2 \to KP_2$ を

$$\begin{cases} h(A)=\begin{pmatrix} 0 & 0 \\ 0 & A \end{pmatrix} & A\in S^d=KP_1 \\ h(x,y)=\varphi_2(x,y) & (x,y)\in V_{K^2} \end{cases}$$

$$\begin{array}{ccc} S^d\cup V_{K^2} & & \\ \pi\downarrow & \overset{h}{\searrow} & \\ S^d\underset{\nu}{\cup} e^{2d} & \xrightarrow{\bar{h}} & KP_2 \end{array}$$

(φ_2 は例78の写像)と定義すると，h は連続な全射である．$(x,y)\in \dot{V}_{K^2}=S^{2d-1}$ ならば

$$h(x,y)=\begin{pmatrix} 0 & 0 & 0 \\ 0 & |x|^2 & x\bar{y} \\ 0 & y\bar{x} & |y|^2 \end{pmatrix}=\nu(x,y)$$

となるから，h は連続な全単射 $h: S^d\underset{\nu}{\cup} e^{2d}\to KP_2$ を誘導する．しかるに，$S^d\underset{\nu}{\cup} e^{2d}$ はコンパクトであり，KP_2 は Hausdorff 空間であるから，h は同相写像である：$S^d\underset{\nu}{\cup} e^{2d}=KP_2$.

補題81 X を位相空間とし，$X\underset{\nu}{\cup} e^n$ を連続写像 $\nu: S^{n-1}\to X$ により n 次元胞体 e^n を接着した空間とし，$\pi: X\cup V^n\to X\underset{\nu}{\cup} e^n$ をその射影とする．このとき，写像 π により

$$X \text{ と } \pi(X);\quad E^n \text{ と } e^n=X\underset{\nu}{\cup} e^n-\pi(X) \text{ は同相}$$

である．(したがって以後 $\pi(X)$ を単に X と書く)．

証明 $$\pi|X: X\to\pi(X),\quad \pi|E^n: E^n\to e^n$$

が連続な全単射であることは定義より明らかであるから，同相写像であることを示すには，これらが開写像であることをいえばよい．U を X の開集合とする．$\nu^{-1}(U)$ は S^{n-1} の開集合であるから，$\nu^{-1}(U)$ は V^n の開集合 W を用いて

$$\nu^{-1}(U)=S^{n-1}\cap W$$

と表わされる．このとき

$$\pi^{-1}(\pi(U\cup W))=U\cup W \tag{i}$$

がなりたつ．実際，包含関係 $\pi^{-1}(\pi(U\cup W))\supset U\cup W$ は明らかであるから，逆の包含関係を示そう．点 $z\in X\cup V^n$ が $z\in\pi^{-1}\pi(U\cup W)$ としよう．$z=x\in X$ のとき，$\pi(x)=\pi(u), u\in U$ または $\pi(x)=\pi(w), w\in W$ であるが，前者

のとき，$x=u\in U$ となり，後者のときは $x=\nu(w), w\in S^{n-1}\cap W=\nu^{-1}(U)$ より $x\in U$ となる．つぎに $z=v\in V^n$ のとき，$\pi(v)=\pi(u), u\in U$ または $\pi(v)=\pi(w), w\in W$ であるが，前者のとき，$u=\nu(v)(v\in S^{n-1})$ より $v\in\nu^{-1}(U)\subset W$ となり，後者のときは，$v=w\in W$ か $\nu(v)=\nu(w), v, w\in S^{n-1}$ となるが，このとき $w\in S^{n-1}\cap W=\nu^{-1}(U)$ より $\nu(v)=\nu(w)\in U$ となり $v\in\nu^{-1}(U)\subset W$ となる．以上で(i)が示された．さて，$U\cup W$ は $X\cup V^n$ の開集合であるから，(i)は $\pi(U\cup W)$ が $X\underset{\nu}{\cup}e^n$ の開集合であることを示している．そして

$$\pi(U)=\pi(X)\cap\pi(U\cup W)$$

がなりたっている（これも容易である）．これは $\pi(U)$ が $\pi(X)$ の開集合であることを意味する．これで $\pi|X$ が同相写像であることがわかった．つぎに O を E^n の開集合とするとき，明らかに

$$\pi^{-1}(\pi(O))=O$$

がなりたっている．よって，$\pi(O)$ は $X\underset{\nu}{\cup}e^n$ の開集合，したがって $\pi(E^n)=e^n$ の開集合である．これで $\pi|E^n$ が同相写像であることが示された．以上で補題が証明された．∎

補題82　Hausdorff 空間 X に n 次元胞体 e^n を連続写像 $\nu: S^{n-1}\to X$ により接着した空間 $X\underset{\nu}{\cup}e^n$ はまた Hausdorff 空間である．

証明　$\pi: X\cup V^n\to X\underset{\nu}{\cup}e^n$ を射影とする．さて，x, y を $X\underset{\nu}{\cup}e^n$ の相異なる2点とする．

(1)　$x, y\in e^n=\pi(E^n)$ のとき，2点 $\pi^{-1}(x), \pi^{-1}(y)$ を分離する E^n における近傍 W_1, W_2: $W_1\cap W_2=\phi$ をとるとき，$\pi(W_1), \pi(W_2)$ は x, y を分離する近傍になっている：$\pi(W_1)\cap\pi(W_2)=\phi$.

(2)　$x, y\in X=\pi(X)$ のとき，x, y を分離する X における近傍 U_1, U_2 をとり，V^n の開集合 W_1, W_2 を

$$\begin{cases}\nu^{-1}(U_1)=S^{n-1}\cap W_1,\ \nu^{-1}(U_2)=S^{n-1}\cap W_2\\ W_1\cap W_2=\phi\end{cases}$$

をみたすようにとる（これは可能である）．このとき，$\pi(U_1\cup W_1), \pi(U_2\cup W_2)$ はそれぞれ x, y の近傍であって（補題81の証明(i)），x, y を分離している．

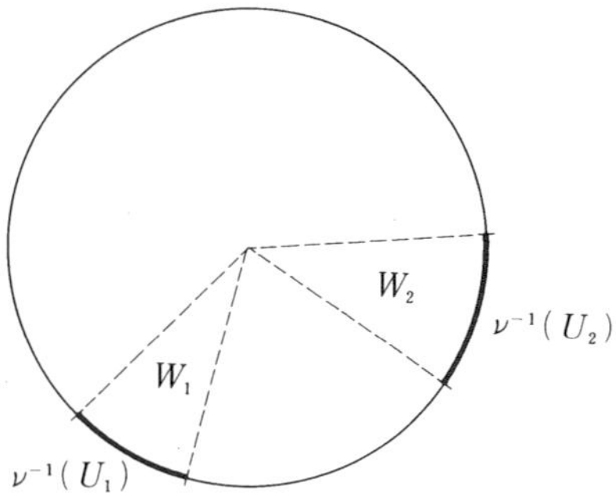

(3) $x \in X = \pi(X), y \in e^n = \pi(E^n)$ のとき，x の近傍 U をとり，$\nu^{-1}(U)$ と点 y に対して，V^n の開集合 W_1, W_2 を

$$\nu^{-1}(U) = S^{n-1} \cap W_1, \quad W_1 \cap W_2 = \phi$$

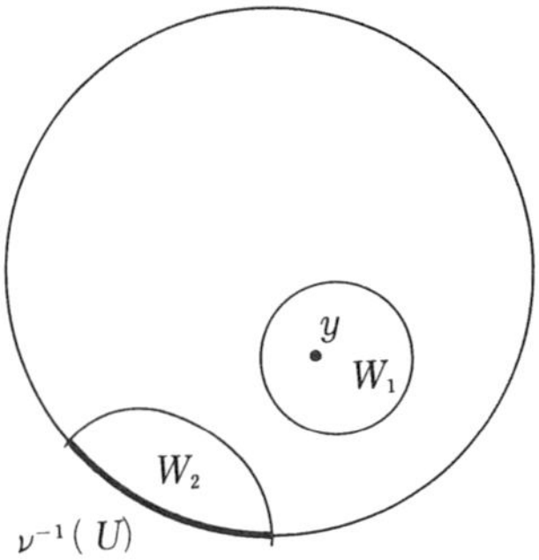

をみたすようにとる（これは可能である）．このとき $\pi(U \cup W_1), \pi(W_2)$ はそれぞれ x, y の近傍であって（補題81の証明），x, y を分離している．以上で補題が証明された．∎

命題83 有限 CW 複体 X に n 次元胞体 e^n を連続写像 $\nu: S^{n-1} \to X^{n-1} \subset X$ (X^{n-1} は X の $(n-1)$-スケルトン) で接着した空間 $X \underset{\nu}{\cup} e^n$ はまた有限 CW 複体である．

証明 $X \underset{\nu}{\cup} e^n$ が Hausdorff 空間であることは補題82で示した．$X \underset{\nu}{\cup} e^n$ の胞体 e^n の特性写像は，包含写像 i と射影 π の合成写像

$$\varphi:\ V^n \xrightarrow{i} X\cup V^n \xrightarrow{\pi} X\underset{\nu}{\cup} e^n$$

で与えればよい．実際，φ は連続写像であって，同相写像 $\varphi|E^n: E^n\to e^n$ を誘導しているからである（補題81）．以上で命題が証明された．∎

この命題83より，有限 CW 複体は，有限個の点を基にしてこれに順次有限個の胞体を接着した空間であると理解してよい．ただし接着する方法に条件がいるが，これに関してつぎの基本的命題がある．しかしここでは証明を与えないで利用することにした（証明は例えば，小松，中岡，菅原：位相幾何学 I，岩波書店）．

命題84（胞体近似定理） X を CW 複体とし，$\nu: S^n\to X$ を連続写像とする．このとき，ν にホモトープな連続写像 $\nu_1: S^n\to X$ で $\nu_1: S^n\to X^n\subset X$（$X^n$ は X の n-スケルトン）をみたすものが存在する．

命題85 X を位相空間とする．2つの連続写像 $\nu_0, \nu_1: S^{n-1}\to X$ がホモトープ

$$\nu_0\simeq\nu_1$$

ならば，X に n 次元胞体 e^n をそれぞれ ν_0, ν_1 で接着した2つの空間はホモトピー同値である：

$$X\underset{\nu_0}{\cup} e^n\simeq X\underset{\nu_1}{\cup} e^n$$

証明 写像 $\nu: S^{n-1}\times I\to X$ を ν_0, ν_1 を結ぶホモトピーとする：

$$\begin{cases}\nu(s,0)=\nu_0(s)\\ \nu(s,1)=\nu_1(s)\end{cases}$$

（$\nu(s,t)$ を $\nu_t(s)$ と書く）．写像 $\tilde{k}: X\cup V^n\to X\underset{\nu_1}{\cup} e^n$ を

$$\tilde{k}(x)=x \qquad x\in X$$

$$\tilde{k}(v)=\begin{cases}2v & 0\leqq\|v\|\leqq\dfrac{1}{2}\\ \nu_{2-2\|v\|}\left(\dfrac{v}{\|v\|}\right) & \dfrac{1}{2}\leqq\|v\|\leqq 1\end{cases}\qquad v\in V^n$$

で定義すると，$\tilde{k}$ は連続である．実際，$\|v\|=\dfrac{1}{2}$ のとき $\tilde{k}(v)$ の2つの定義は

$2v$, $\nu(2v)$ $(2v\in S^{n-1})$ となるが，$X\underset{\nu_1}{\cup}e^n$ ではこれらは一致しているからである．$X\cup V^n$ から空間$X\underset{\nu_0}{\cup}e^n$ を定義するとき

$$\nu_0(s)\sim s \qquad s\in S^{n-1}$$

$$\begin{array}{ccc} X\cup V^n & & \\ \pi\downarrow & \searrow^{\tilde{k}} & \\ X\underset{\nu_0}{\cup}e^n & \xrightarrow{k} & X\underset{\nu_1}{\cup}e^n \end{array}$$

の同値関係を与えたが，$\nu_0(s)$ と s の $\tilde{k}$ による像は共に $\nu_0(s)$ となり一致している．よって写像 $\tilde{k}$ は写像

$$k\colon X\underset{\nu_0}{\cup}e^n \to X\underset{\nu_1}{\cup}e^n$$

を誘導するが，この k は連続写像である（なぜならば $\tilde{k}$ が連続であるから）．（これからもこのような述べ方をしなければならない所が多いが，著述が長いので，つぎの写像 l, F のように簡略に述べることにする）．同様に，連続写像

$$l\colon X\underset{\nu_1}{\cup}e^n \to X\underset{\nu_0}{\cup}e^n$$

を

$$l(x)=x \qquad x\in X$$

$$l(v)=\begin{cases} 2v & 0\leqq\|v\|\leqq\dfrac{1}{2} \\ \nu_{2\|v\|-1}\left(\dfrac{v}{\|v\|}\right) & \dfrac{1}{2}\leqq\|v\|\leqq 1 \end{cases} \qquad v\in V^n$$

で定義する．このとき $lk\simeq 1$ がなりたつ．これをみるために，写像 $lk\colon X\underset{\nu_0}{\cup}e^n \to X\underset{\nu_0}{\cup}e^n$ は

$$lk(x)=x \qquad x\in X$$

$$lk(v)=\begin{cases} 4v & 0\leqq\|v\|\leqq\dfrac{1}{4} \\ \nu_{4\|v\|-1}\left(\dfrac{v}{\|v\|}\right) & \dfrac{1}{4}\leqq\|v\|\leqq\dfrac{1}{2} \\ \nu_{2-2\|v\|}\left(\dfrac{v}{\|v\|}\right) & \dfrac{1}{2}\leqq\|v\|\leqq 1 \end{cases} \qquad v\in V^n$$

となっていることに注意しよう．そこで，写像 $F\colon (X\underset{\nu_0}{\cup}e^n)\times I\to X\underset{\nu_0}{\cup}e^n$ を

$$F(x,t)=x \qquad x\in X$$

$$F(v,t)=\begin{cases}(4-3t)v & 0\leqq\|v\|\leqq\dfrac{1}{4-3t}\\ \nu_{(4-3t)\|v\|-1}\left(\dfrac{v}{\|v\|}\right) & \dfrac{1}{4-3t}\leqq\|v\|\leqq\dfrac{2-t}{4-3t} \\ \nu_{\frac{1}{2}(4-3t)(1-\|v\|)}\left(\dfrac{v}{\|v\|}\right) & \dfrac{2-t}{4-3t}\leqq\|v\|\leqq 1\end{cases} \qquad v\in V^n$$

で定義すると，F は連続であって（F の well-defined と連続性を確かめよ），F が lk と 1 を結ぶホモトープになっている．同様に $kl\simeq 1$ も示されるので，$k: X\cup_{\nu_0} e^n\to X\cup_{\nu_1} e^n$ はホモトピー同値写像である．∎

命題86　X, Y をホモトピー同値：

$$X\simeq Y$$

な 2 つの位相空間とし，$f: X\to Y$ をそのホモトピー同値写像とする．このとき，X, Y に n 次元胞体 e^n をそれぞれ連続写像 $\nu: S^{n-1}\to X, f\nu: S^{n-1}\to Y$ で接着した 2 つの空間はホモトピー同値である：

$$X\cup_{\nu} e^n\simeq Y\cup_{f\nu} e^n$$

証明　連続写像 $F: X\cup_{\nu} e^n\to Y\cup_{f\nu} e^n$ を

$$\begin{cases}F(x)=f(x) & x\in X\\ F(v)=v & v\in V^n\end{cases}$$

で定義する（F の well-defined は明らかである）．f の逆ホモトピー同値写像を $g: Y\to X\,(gf\simeq 1_X, fg\simeq 1_Y)$ とし，　F と同様に連続写像 $G: Y\cup_{f\nu} e^n\to X\cup_{gf\nu} e^n$ を

$$\begin{cases}G(y)=g(y) & y\in Y\\ G(v)=v & v\in V^n\end{cases}$$

で定義する．さて，gf と $1_X: X\to X$ はホモトープである（$h: X\times I\to X$ を gf と 1_X を結ぶホモトピーとする）から，$gf\nu$ と ν はホモトープである：$gf\nu\simeq\nu: S^{n-1}\to X\,(h\nu: S^{n-1}\times I\to X$ が $gf\nu$ と ν を結ぶホモトピーになっている）（補題72(1)）．したがって，ホモトピー同値写像 $k: X\cup_{gf\nu} e^n\to X\cup_{\nu} e^n$

$$k(x)=x \qquad x\in X$$

$$k(v)=\begin{cases} 2v & 0\leqq\|v\|\leqq\dfrac{1}{2} \\ h_{2-2\|v\|}\nu\left(\dfrac{v}{\|v\|}\right) & \dfrac{1}{2}\leqq\|v\|\leqq 1 \end{cases} \quad v\in V^n$$

が存在する（命題85）．このとき $kGF\simeq 1$ がなりたつ．これをみるために，写像 $kGF\colon X\underset{\nu}{\cup} e^n\to X\underset{\nu}{\cup} e^n$ は

$$kGF(x)=gf(x) \qquad x\in X$$

$$kGF(v)=\begin{cases} 2v & 0\leqq\|v\|\leqq\dfrac{1}{2} \\ h_{2-2\|v\|}\nu\left(\dfrac{v}{\|v\|}\right) & \dfrac{1}{2}\leqq\|v\|\leqq 1 \end{cases} \quad v\in V^n$$

となっていることに注意しよう．そこで，写像 $H\colon (X\underset{\nu}{\cup} e^n)\times I\to X\underset{\nu}{\cup} e^n$ を

$$H(x,t)=h_t(x) \qquad x\in X$$

$$H(v,t)=\begin{cases} \dfrac{2}{1+t}v & 0\leqq\|v\|\leqq\dfrac{1+t}{2} \\ h_{2-2\|v\|+t}\nu\left(\dfrac{v}{\|v\|}\right) & \dfrac{1+t}{2}\leqq\|v\|\leqq 1 \end{cases} \quad v\in V^n$$

で定義すると，H は連続であって（H の well-defined と連続性を確かめよ），H が kGF と1を結ぶホモトピーになっている．よって

$$(kG)F\simeq 1 \tag{i}$$

である．この命題の証明を完成するためにつぎの補題を用いる．

補題87 X, Y を位相空間とする．連続写像 $F\colon X\to Y$ が左および右ホモトピー逆写像 $L, R\colon Y\to X$ をもてば，すなわち

$$LF\simeq 1_X, \qquad FR\simeq 1_Y$$

をみたせば，Fはホモトピー同値写像である．

証明 $R\simeq(LF)R$（補題72(1)）$=L(FR)\simeq L$（補題72(2)）

となるから

$$RF\simeq LF \text{（補題72(1)）}\simeq 1_X$$

を得る．よってRはFホモトピー逆写像である．∎

命題86の証明を続けよう．(i) 式 $(kG)F\simeq 1$ は F の左ホモトピー逆写像 kG が存在することを示している．同様に

$$G\text{も左ホモトピー逆写像をもつ} \tag{ii}$$

ことがわかる．(i) より $k(GF)\simeq 1$ であるから，k は右ホモトピー逆写像 GF をもつが，k はホモトピー同値写像であったから，当然 k は左ホモトピー逆写像ももっている．したがって補題87より，GF は k の左ホモトピー逆写像であることがわかる：

$$(GF)k\simeq 1 \tag{iii}$$

この (iii) $G(Fk)\simeq 1$ は，G が右ホモトピー逆写像 Fk をもつことを示すが，G は左ホモトピー逆写像ももつ((ii))ので，補題87より，Fk は G の左ホモトピー逆写像になっている：

$$FkG\simeq 1$$

(i)とこの式は，kG が F のホモトピー逆写像であることを示している．よって $F\colon X\bigcup_{\nu} e^n\to Y\bigcup_{f\nu} e^n$ はホモトピー同値写像である．▮

4. 多様体の Morse 理論

(1) 関数の臨界点

多様体 M 上の関数 $f: M \to \boldsymbol{R}$ の臨界点を定義しよう．これは関数 f の極値の概念の拡張である．これを図形的に理解するならば，臨界点は下図のような山頂 p_3, p_4, 谷底 p_1, 山の尾根 p_2 の個所であるということができるであろう．

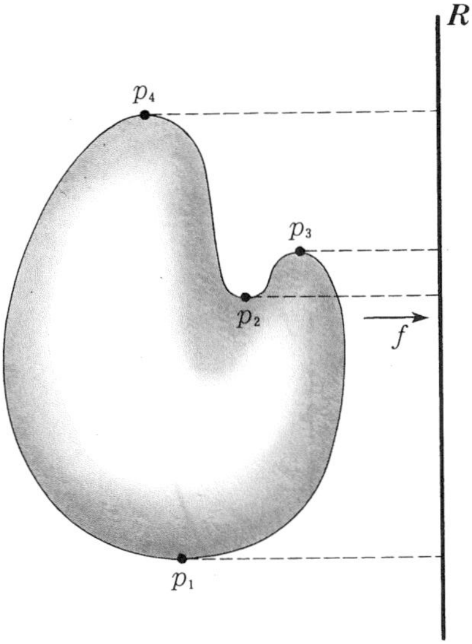

定義 M を可微分多様体とし，$f: M \to \boldsymbol{R}$ を可微分関数とする．点 $p_0 \in M$ が f の**臨界点**（または**危点**）であるとは，点 p_0 のまわりのある座標関数系 $(x_1, \cdots, x_n)$ に関して

$$\frac{\partial f}{\partial x_1}(p_0)=0, \cdots, \frac{\partial f}{\partial x_n}(p_0)=0$$

がなりたつことである．臨界点 p_0 に対して，$f(p_0)$ を f の p_0 における**臨界値**という．

定義の妥当性　関数 f の臨界点 p_0 の定義は p_0 のまわりの座標関数系のとり方によらない．実際，$(y_1, \cdots, y_n)$ を点 p_0 のまわりのもう1つの座標関数系とするとき

$$\frac{\partial f}{\partial y_i}(p_0)=\sum_{j=1}^{n}\frac{\partial f}{\partial x_j}(p_0)\frac{\partial x_j}{\partial y_i}(p_0)$$

の関係がなりたっている（補題29）．したがって，すべての j に対して $\frac{\partial f}{\partial x_j}(p_0)=0$ ならば $\frac{\partial f}{\partial y_i}(p_0)=0$, $i=1, \cdots, n$ となる．

例88　関数 $f: \boldsymbol{R}\to\boldsymbol{R}$

$$f(x)=x^2$$

は原点 $0\in\boldsymbol{R}$ を臨界点にもち，またそれ以外の点は f の臨界点でない．実際，

$$\frac{\partial f}{\partial x}=2x$$

を0とおくと，$x=0$ となるからである．

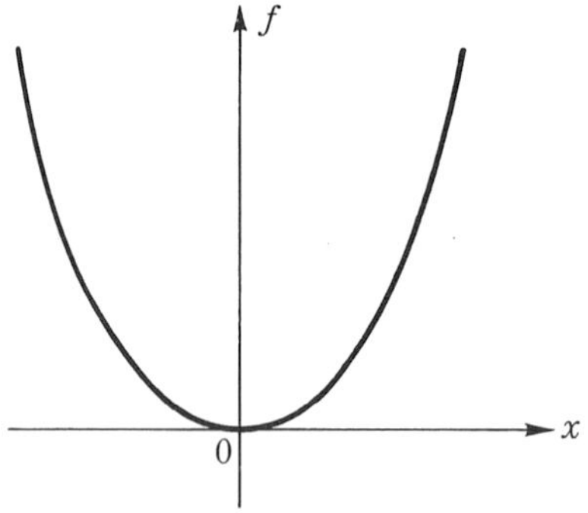

例89　関数 $f: \boldsymbol{R}\to\boldsymbol{R}$

$$f(x)=x^3$$

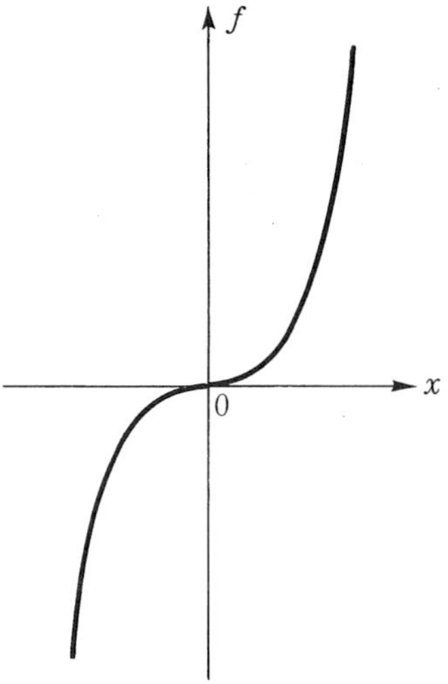

は原点 $0\in \boldsymbol{R}$ を臨界点にもち，またそれ以外の点は f の臨界点でない．

例90　関数 $f\colon \boldsymbol{R}^2\to \boldsymbol{R}$

$$f(x,y)=x^3-3xy^2$$

は原点 $(0,0)\in \boldsymbol{R}^2$ を臨界点にもち，またそれ以外の点は f の臨界点でない．

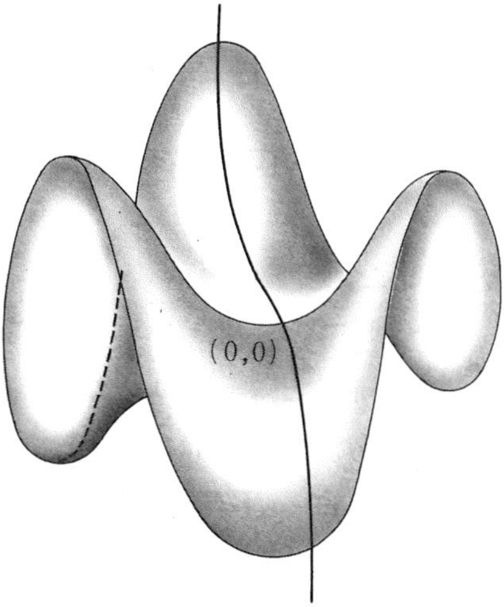

実際，

$$\frac{\partial f}{\partial x}=3x^2-3y^2,\ \frac{\partial f}{\partial y}=-6xy$$

の両式を 0 とおいて解くと，$x=y=0$ となるからである．

例91　2 次元球面 $S^2=\{(a, b, c)\in \boldsymbol{R}\,|\,a^2+b^2+c^2=1\}$ 上の関数 $f: S^2\to \boldsymbol{R}$

$$f(a, b, c)=c$$

は可微分であった(例26)が，その臨界点は$(0, 0, -1)$，$(0, 0, 1)$の 2 点である．これを示すために，例26のように f を 6 つの場合に分けて考える．(以下，例26の計算結果を用いる)．関数 f は $V_3{}^+$ 上では

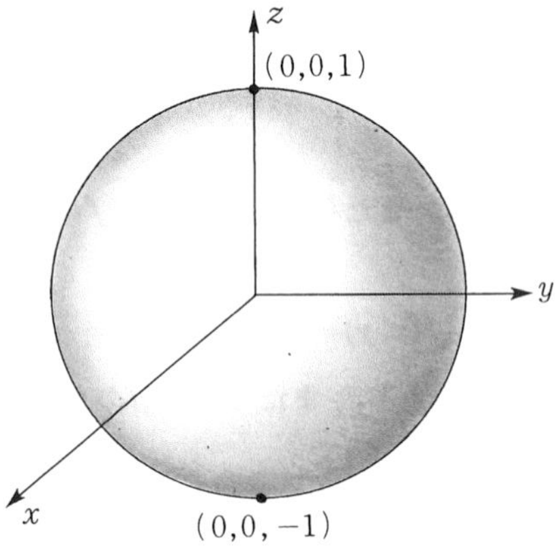

$$f(x, y)=\sqrt{1-x^2-y^2}$$

となる．このとき

$$\frac{\partial f}{\partial x}=\frac{-x}{\sqrt{1-x^2-y^2}},\quad \frac{\partial f}{\partial y}=\frac{-y}{\sqrt{1-x^2-y^2}}$$

となるので，$\dfrac{\partial f}{\partial x}=\dfrac{\partial f}{\partial y}=0$ を解くと $x=y=0$ となる．よって，$V_3{}^+$ 上における f の臨界点は$(0, 0, 1)$である．$V_3{}^-$ 上では，f は

$$f(x, y)=-\sqrt{1-x^2-y^2}$$

となるので，上記と同様にして，$V_3{}^-$ 上における f の臨界点は $(0, 0, -1)$ であることがわかる．つぎに，$V_2{}^+$ 上では，f は

$$f(x, y)=y$$

となるが

$$\frac{\partial f}{\partial x}=0,\ \frac{\partial f}{\partial y}=1$$

より V_2^+ 上には f の臨界点は存在しない．同様に，V_2^-, V_1^+, V_1^- 上にも f の臨界点は存在しない．以上で f の臨界点は $(0, 0, 1)$，$(0, 0, -1)$ の 2 点であることがわかった．

例92　2 次元トーラス $T^2=\{(a, b, c)\in \boldsymbol{R}^3 \mid (a^2+b^2+c^2+3)^2=16(b^2+c^2)\}$ 上の関数 $f: T^2\to \boldsymbol{R}$

$$f(a, b, c)=c$$

は可微分関数であって，その臨界点は $(0, 0, -3)$, $(0, 0, -1)$, $(0, 0, 1)$, $(0, 0, 3)$ の 4 点であることが例91のような計算をするとわかる．（実際の計算は各自の演習としておく）．

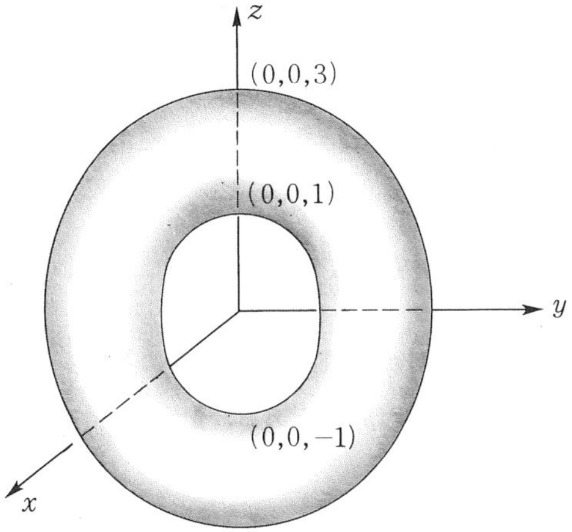

補題93　M を可微分多様体とする．可微分関数 $f: M\to \boldsymbol{R}$ の臨界点全体の集合 F は M の閉集合である．

証明　$M-F$ が M の開集合であることを示そう．点 $p\in M$ が $p\in M-F$，すなわち p が f の臨界点でないとすると，p のまわりの座標関数系 $(U; x_1, \cdots,$

x_n) に関して

$$\left(\frac{\partial f}{\partial x_1}(p), \cdots, \frac{\partial f}{\partial x_n}(p)\right) \neq 0$$

となる．したがって点 p の近傍 $V(V \subset U)$が存在して，$q \in V$ に対して $\left(\frac{\partial f}{\partial x_1}(q), \cdots, \frac{\partial f}{\partial x_n}(q)\right) \neq 0$ となる．すなわちV の点q は f の臨界点でない，これは $M-F$ が M の開集合であることを示している．∎

補題94　M を Riemann 多様体とし，$f: M \to \boldsymbol{R}$ を可微分関数とする．このとき，点 $p_0 \in M$ に対し

$$(\mathrm{grad}\, f)_{p_0} = 0 \rightleftarrows p_0 \text{ は } f \text{ の臨界点}$$

がなりたつ．

証明　関数 f の方向ベクトル場 $\mathrm{grad}\, f$ は，点 p_0 のまわりの座標関数系 $(x_1, \cdots, x_n)$ を用いて

$$(\mathrm{grad}\, f)_{p_0} = \sum_{i,j} g^{ij}(p_0) \frac{\partial f}{\partial x_j}(p_0) \left(\frac{\partial}{\partial x_i}\right)_{p_0} \tag{i}$$

で定義されていた．さて，p_0 が f の臨界点であれば，すべての j に対して $\frac{\partial f}{\partial x_j}(p_0) = 0$ となるから $(\mathrm{grad}\, f)_{p_0} = 0$ である．逆に $(\mathrm{grad}\, f)_{p_0} = 0$ とすると，(i) より

$$\sum_{i=1}^{n} g^{ij}(p_0) \frac{\partial f}{\partial x_j}(p_0) = 0 \qquad i = 1, \cdots, n$$

となるが，行列 $\left(g^{ij}(p_0)\right)$ が正則であることより，$\frac{\partial f}{\partial x_j}(p_0) = 0, j = 1, \cdots, n$ を得る．すなわち p_0 は f の臨界点である．∎

(2)　関数の指数と Morse の補題

Morse の補題を述べる前に，対称な実 2 次形式 H の指数について復習しておこう．

V を有限次元 $\boldsymbol{R}$ 上ベクトル空間とし，写像

$$H: V \times V \to \boldsymbol{R}$$

を非退化な対称 2 次形式とする．すなわち，Hは

(1) $H(x, y)=H(y, x)$

(2) $H(x+x', y)=H(x, y)+H(x', y)$, $H(ax, y)=aH(x, y)$ $a\in \boldsymbol{R}$

(3) すべての $y\in V$ に対し $H(x, y)=0$ ならば $x=0$

をみたすとする．このとき，V の基 $e_1, \cdots, e_n$ を適当に選ぶと，V の任意のベクトル $x=x_1e_1+\cdots+x_ne_n$ に対し

$$H(x, x)=-x_1{}^2-\cdots-x_r{}^2+x_{r+1}{}^2+\cdots+x_n{}^2$$

となるようにすることができる．この r は，V のこのような基 $e_1, \cdots, e_n$ のとり方によらず一意に定まる（Sylvester の定理）ので，この r を H の**指数**という．

これと同じ内容のことを行列の用語を用いて表わすとつぎのようになる．正則な実対称行列 H はある正則行列 P を用いて

$$ {}^tPHP=\begin{pmatrix} -1 & & & & \\ & \ddots & & & \\ & & -1 & & \\ & & & 1 & \\ & & & & \ddots \\ & & & & & 1 \end{pmatrix} \Big\} r $$

の形の行列に変形することができる．この右辺の行列に現われる -1 の個数 r はこのような行列 P の選び方によらず一定である（Sylvester の定理）ので，この r を H の**指数**という．実対称行列 H の指数を定義するだけならば，指数とは行列 H の負の固有値の個数（重根は重複して数える）のことと理解しておいてよい．

定義 M を可微分多様体とし，$f: M\to \boldsymbol{R}$ を可微分関数，$p_0\in M$ を f の臨界点とする．このとき，点 p_0 における接ベクトル空間 $T_{p_0}(M)$ 上の対称な2次形式

$$(Hf)_{p_0}: T_{p_0}(M)\times T_{p_0}(M) \to \boldsymbol{R}$$

をつぎのように定義する．点 p_0 のまわりの座標関数系 $(x_1, \cdots, x_n)$ をとり，$L_1, L_2\in T_{p_0}(M)$ を

$$L_1=\sum_{i=1}^{n}\xi_i\left(\frac{\partial}{\partial x_i}\right)_{p_0},\quad L_2=\sum_{i=1}^{n}\eta_i\left(\frac{\partial}{\partial x_i}\right)_{p_0}$$

と表わすとき

$$(Hf)_{p_0}(L_1, L_1) = \sum_{i,j=1}^{n} \frac{\partial^2 f}{\partial x_i \partial x_j}(p_0)\xi_i\eta_j$$

で定義する．この2次形式 $(Hf)_{p_0}$ を臨界点 p_0 における f の **Hesse の2次形式**という．

定義の妥当性　$(Hf)_{p_0}$ の定義は点 p_0 のまわりの座標関数系のとり方によらない．実際，$(y_1, \cdots, y_n)$ を p_0 のまわりのもう1つの座標関数系とし，L_1, L_2 を

$$L_1 = \sum_{i=1}^{n} \bar{\xi}_i\left(\frac{\partial}{\partial y_i}\right)_{p_0},\quad L_2 = \sum_{i=1}^{n} \bar{\eta}_i\left(\frac{\partial}{\partial y_i}\right)_{p_0}$$

と表わすとき，$\xi_i, \bar{\xi}_i; \eta, {}_i\bar{\eta}_i$ の間には

$$\bar{\xi}_i = \sum_{k=1}^{n} \frac{\partial y_i}{\partial x_k}(p_0)\xi_k,\quad \bar{\eta}_i = \sum_{k=1}^{n} \frac{\partial y_i}{\partial x_k}(p_0)\eta_k \tag{i}$$

の関係があった（補題53(2)）．さて $\dfrac{\partial f}{\partial y_i} = \sum_{k=1}^{n} \dfrac{\partial f}{\partial x_k}\dfrac{\partial x_k}{\partial y_i}$（補題29)を再び微分すると

$$\frac{\partial^2 f}{\partial y_i \partial y_j} = \sum_{k,l} \frac{\partial^2 f}{\partial x_k \partial x_l}\frac{\partial x_k}{\partial y_i}\frac{\partial x_l}{\partial y_j} + \sum_{k} \frac{\partial f}{\partial x_k}\frac{\partial^2 x_k}{\partial y_i \partial y_j}$$

となるが，p_0 が f の臨界点であるという条件 $\dfrac{\partial f}{\partial x_k}(p_0) = 0,\ k = 1, \cdots, n$ を用いると

$$\frac{\partial^2 f}{\partial y_i \partial y_j}(p_0) = \sum_{k,l} \frac{\partial^2 f}{\partial x_k \partial x_l}(p_0)\frac{\partial x_k}{\partial y_i}(p_0)\frac{\partial x_l}{\partial y_j}(p_0) \tag{ii}$$

となる．したがって(i)(ii)より

$$\begin{aligned}
&\sum_{i,j} \frac{\partial^2 f}{\partial y_i \partial y_j}(p_0)\bar{\xi}_i\bar{\eta}_j \\
&= \sum_{i,j,k,l,s,t} \frac{\partial^2 f}{\partial x_k \partial x_l}(p_0)\frac{\partial x_k}{\partial y_i}(p_0)\frac{\partial x_l}{\partial y_j}(p_0)\frac{\partial y_i}{\partial x_s}(p_0)\xi_s\frac{\partial y_j}{\partial x_t}(p_0)\eta_t
\end{aligned}$$

$$\left(\sum_{i} \frac{\partial x_k}{\partial y_i}(p_0)\frac{\partial y_i}{\partial x_s}(p_0) = \delta_{ks},\ \sum_{j} \frac{\partial x_l}{\partial y_j}(p_0)\frac{\partial y_j}{\partial x_t}(p_0) = \delta_{lt}\ \text{（補題29)を用いて}\right)$$

$$= \sum_{k,l} \frac{\partial^2 f}{\partial x_k \partial x_l}(p_0)\xi_k\eta_l$$

となり，$(Hf)_{p_0}$ の定義が座標関数系の選び方によらないことがわかった．

定義 M を可微分多様体とし，$f\colon M\to \boldsymbol{R}$ を可微分関数とする．f の臨界点 $p_0\in M$ における Hesse の 2 次形式 $(Hf)_{p_0}$ が非退化であるとき，p_0 を f の**非退化な臨界点**という．さらに $(Hf)_{p_0}$ の指数 r を f の臨界点 p_0 における**指数**という．

関数 f の臨界点 p_0 が非退化であるということ，および f の点 p_0 における指数をつぎのように定義してもよい．点 p_0 のまわりの座標関数系 $(x_1, \cdots, x_n)$ をとり，行列

$$H(f)_{p_0}=\left(\frac{\partial^2 f}{\partial x_i \partial x_j}(p_0)\right)_{i,\, j=1,\, \cdots,\, n}$$

をつくると，$H(f)_{p_0}$ は実対称行列である．そして，この行列 $H(f)_{p_0}$ が正則であるとき，臨界点 p_0 は**非退化**であるといい，行列 $H(f)_{p_0}$ の指数（負の固有値の個数のこと）を f の p_0 における**指数**という．なお，行列 $H(f)_{p_0}$ を臨界点 p_0 における（座標関数系 $(x_1, \cdots, x_n)$ に関する）**Hesse 行列**という．

例95 例88の関数 $f\colon \boldsymbol{R}\to \boldsymbol{R}, f(x)=x^2$ は原点 $0\in \boldsymbol{R}$ を臨界点にもっていたが，0 は非退化な臨界点である．実際，

$$\frac{\partial^2 f}{\partial x^2}=2\neq 0$$

となるからである．なお，f の点 0 における指数は 0 である．

例96 例89の関数 $f\colon \boldsymbol{R}\to \boldsymbol{R},\ f(x)=x^3$ は原点 $0\in \boldsymbol{R}$ を臨界点にもっていたが，0 は退化している臨界点である．実際，

$$\left.\frac{\partial^2 f}{\partial x^2}\right|_{x=0}=6x|_{x=0}=0$$

となるからである．

例97 例 90 の関数 $f\colon \boldsymbol{R}^2\to \boldsymbol{R}, f(x)=x^3-3xy^2$ は原点 $(0, 0)\in \boldsymbol{R}$ を臨界点にもっていたが，$(0, 0)$ は退化している臨界点である．実際，

$$H(f)_{(0,0)}=\begin{pmatrix} \dfrac{\partial^2 f}{\partial x^2} & \dfrac{\partial^2 f}{\partial x \partial y} \\[2ex] \dfrac{\partial^2 f}{\partial y \partial x} & \dfrac{\partial^2 f}{\partial y^2} \end{pmatrix}_{(0,0)} =\begin{pmatrix} 6x & -6y \\ -6y & -6x \end{pmatrix}_{(0,0)} =\begin{pmatrix} 0 & 0 \\ 0 & 0 \end{pmatrix}$$

となるからである．

例98　例91の関数 $f\colon S^2 \to \boldsymbol{R}, f(a,b,c)=c$ は $(0,0,1)$，$(0,0,-1)$ の2点を臨界点にもっていたが，それらの点が非退化であることを示し，かつ f のそれらの点における指数を求めよう．点 $(0,0,1)$ の近傍 $V_3{}^+$ 上では関数 f は

$$f(x,y)=\sqrt{1-x^2-y^2}$$

と表わされ，その導関数は

$$\frac{\partial f}{\partial x}=\frac{-x}{\sqrt{1-x^2-y^2}},\quad \frac{\partial f}{\partial y}=\frac{-y}{\sqrt{1-x^2-y^2}}$$

であった．これを更に微分すると

$$\frac{\partial^2 f}{\partial x^2}=-\frac{1-y^2}{\sqrt{(1-x^2-y^2)^3}},\quad \frac{\partial^2 f}{\partial y^2}=-\frac{1-x^2}{\sqrt{(1-x^2-y^2)^3}}$$

$$\frac{\partial^2 f}{\partial x \partial y}=-\frac{xy}{\sqrt{(1-x^2-y^2)^3}}$$

となるから，f の点 $(0,0,1)$ における Hesse 行列は

$$\begin{pmatrix} -1 & 0 \\ 0 & -1 \end{pmatrix}$$

となる．よって，$(0,0,1)$ は非退化な臨界点であり，かつその点における指数は2である．点 $(0,0,-1)$ の近傍 $V_3{}^-$ 上で同様な計算をすると，Hesse 行列は $\begin{pmatrix} 1 & 0 \\ 0 & 1 \end{pmatrix}$ となるので，$(0,0,-1)$ は非退化な臨界点であり，かつその点における指数は0である．

例99　例92の関数 $f\colon T^2 \to \boldsymbol{R}, f(a,b,c)=c$ の臨界点 $(0,0,-3)$，$(0,0,-1)$，$(0,0,1)$，$(0,0,3)$ はすべて非退化であり，かつそれらの点における指数は順に $0,1,1,2$ である．

多様体上の Morse 理論の基本定理を証明するのに最も基本的な役割を果す Morse の補題をこれから証明するのであるが，そのために，まずつぎの補題から始める．

補題100　$A=\begin{pmatrix} a_{11} \cdots a_{1n} \\ \cdots\cdots \\ a_{n1} \cdots a_{nn} \end{pmatrix}$ は n 次の対称行列 $(a_{ij}=a_{ji})$ で，その成分 a_{ij} は $\boldsymbol{R}^n$ の原点0の近傍 U で定義された可微分関数 $a_{ij}\colon U \to \boldsymbol{R}$ であり，さらに，行列 $A(x)$ はすべての $x \in U$ に対して正則：

$$\det A(x) \neq 0$$

であるとする．このとき，行列 $P=\begin{pmatrix} p_{11} & \cdots & p_{1n} \\ & \cdots\cdots & \\ p_{n1} & \cdots & p_{nn} \end{pmatrix}$ で，その成分 p_{ij} は $\boldsymbol{R}^n$ の原点 0 の近傍 V（ただし $V \subset U$）で定義された可微分関数 p_{ij}: $V \to \boldsymbol{R}$ であり，かつ $P(x)$ はすべての $x \in V$ に対して正則：

$$\det P(x) \neq 0$$

である P を用いて

$$ {}^tP(x)A(x)P(x) = \begin{pmatrix} -1 & & & & \\ & \ddots & & & \\ & & -1 & & \\ & & & 1 & \\ & & & & \ddots \\ & & & & & 1 \end{pmatrix} \qquad x \in V$$

の形の行列に変形することができる．

証明　n に関する帰納法で証明しよう．$n=1$ のときは，関数 a: $U \to \boldsymbol{R}$（ただし $a(x) \neq 0$, $x \in U$）に対して，関数 p: $V=U \to \boldsymbol{R}$ を

$$p(x) = \frac{1}{\sqrt{|a(x)|}}$$

で定義すると，p は可微分関数であり

$$p(x)a(x)p(x) = \frac{a(x)}{|a(x)|} = \pm 1$$

となり，補題がなりたつ．$n-1$ 次までの対称な関数行列 A' に対して補題がなりたつと仮定し，補題の条件をみたす対称な関数行列 A が与えられたとしよう．このとき，2 つの関数ベクトル $\boldsymbol{s}=\begin{pmatrix} s_1 \\ \vdots \\ s_n \end{pmatrix}$, $\boldsymbol{t}=\begin{pmatrix} t_1 \\ \vdots \\ t_n \end{pmatrix}$（ここに成分は関数 s_i, t_i: $U \to \boldsymbol{R}$ である）に対して，2 次形式関数 $A(\boldsymbol{s}, \boldsymbol{t})$: $U \to \boldsymbol{R}$ を

$$\begin{aligned} A(\boldsymbol{s}, \boldsymbol{t})(x) &= {}^t\boldsymbol{s}(x)A(x)\boldsymbol{t}(x) \\ &= \sum_{i,j} a_{ij}(x)s_i(x)t_j(x) \end{aligned}$$

で定義する．さて，$\boldsymbol{R}^n$ の原点 0 の近傍 W（ただし $W \subset U$）で定義された関数ベクトル $\boldsymbol{b}=\begin{pmatrix} b_1 \\ \vdots \\ b_n \end{pmatrix}$ (b_i: $W \to \boldsymbol{R}$) でつぎの 3 つの条件をみたすものを作ろう．

(1)　各成分 b_i: $W \to \boldsymbol{R}$ は可微分関数である．

(2)　$A(\boldsymbol{b}, \boldsymbol{e}_j)(x)=0 \qquad j=2, \cdots, n, x \in W$

（ここに $\boldsymbol{e}_j$ は ${}^t\boldsymbol{e}_j=(0, \cdots, 0, \overset{j}{\check{1}}, 0, \cdots, 0)$ の定数ベクトル）

(3)　$A(\boldsymbol{b}, \boldsymbol{b})(x) \neq 0 \qquad x \in W$

$\boldsymbol{b}$ の作り方　条件 $\det A(x) \neq 0$ より当然 $\det A(0) \neq 0$ である．したがって，$A(0)$ の $n-1$ 次の小行列の中にその行列式が 0 でないものがあるが，それが $\left(a_{ij}(0)\right)_{i,\, j=2, \cdots, n}$ であるとしても一般性を失わないのでそうしておく．その各成分 a_{ij} は連続関数であるから，原点 0 の近傍 $W(W \subset U)$ を適当にとると

$$\det\left(a_{ij}(x)\right)_{i, j=2, \cdots, n} \neq 0 \qquad x \in W$$

にできる．さて，関数 b_1: $W \to \boldsymbol{R}$ を

$$b_1(x)=1$$

にとる．(2) の条件は $\sum_{i=1}^{n} a_{ij}(x) b_i(x)=0,\ j=2, \cdots, n$ のことであるが，いま $b_1(x)=1$ としたから

$$\sum_{i=2}^{n} a_{ij}(x) b_i(x)=-a_{1j}(x) \qquad j=2, \cdots, n \tag{i}$$

である．W 上で $b_1, \cdots, b_n$ に関する連立 1 次方程式 (i) の係数の行列 $\left(a_{ij}(x)\right)_{i, j=2, \cdots, n}$ は正則であるから，線型代数学の Cramer の公式より，(i) の条件すなわち (2) の条件をみたす関数 $b_2, \cdots, b_n$: $W \to \boldsymbol{R}$ が求まる．また Cramer の公式から明らかのように，これらの関数 b_i は可微分である．以上で条件 (1) (2) をみたす関数ベクトル $\boldsymbol{b}$ を作ることができた．この $\boldsymbol{b}$ は自動的に条件 (3) をみたしている．それを示すのにつぎの公式

$$A(x)\boldsymbol{b}(x)=\begin{pmatrix} A(\boldsymbol{b},\boldsymbol{b})(x) \\ 0 \\ \vdots \\ 0 \end{pmatrix} \tag{ii}$$

を用いる．（この式の証明は

$$A(\boldsymbol{b},\boldsymbol{b})(x)=A(\boldsymbol{b}, \sum_{j=1}^{n} b_j \boldsymbol{e}_j)(x)=\sum_{j=1}^{n} b_j(x) A(\boldsymbol{b},\boldsymbol{e}_j)(x)=b_1(x) A(\boldsymbol{b},\boldsymbol{e}_1)(x)$$

$$=A(\boldsymbol{b},\boldsymbol{e}_1)(x)=A(\boldsymbol{e}_1,\boldsymbol{b})(x)={}^t\boldsymbol{e}_1A(x)\boldsymbol{b}(x)=A(x)\boldsymbol{b}(x) \text{ の第1成分}$$
$$A(x)\boldsymbol{b}(x) \text{ の第 } j \text{ 成分}={}^t\boldsymbol{e}_jA(x)\boldsymbol{b}(x)=A(\boldsymbol{b},\boldsymbol{e}_j)(x)=0 \quad j=2,\cdots,n$$

である). $b_1(x)\neq 1$ より当然 $\boldsymbol{b}(x)\neq 0$ であり，さらに行列 $A(x)$ は正則であるから $A(x)\boldsymbol{b}(x)\neq 0$ である．よって(ii)より $A(\boldsymbol{b},\boldsymbol{b})(x)\neq 0$ である．以上で条件(1)(2)(3)をみたす関数ベクトル $\boldsymbol{b}$ が存在した．そこで

$$\boldsymbol{p}_1(x)=\frac{\boldsymbol{b}(x)}{\sqrt{|A(\boldsymbol{b},\boldsymbol{b})(x)|}} \qquad x\in W$$

とおくと，$\boldsymbol{p}_1$ は可微分関数 $p_{i1}\colon W\to \boldsymbol{R},\ i=1,\cdots,n$ を成分にもつ関数ベクトルであり

$$\begin{cases} A(\boldsymbol{p}_1,\boldsymbol{p}_1)(x)=\varepsilon_1 & \varepsilon_1=\pm 1 \\ A(\boldsymbol{p}_1,\boldsymbol{e}_j)(x)=0 & j=2,\cdots,n \end{cases}$$

をみたしている．すなわち

$$\begin{pmatrix} p_{11}(x) & \cdots & p_{n1}(x) \\ 0 & 1 & \\ \vdots & & \ddots \\ 0 & & 1 \end{pmatrix}\begin{pmatrix} a_{11}(x) & \cdots & a_{1n}(x) \\ & \cdots\cdots\cdots & \\ a_{n1}(x) & \cdots & a_{nn}(x) \end{pmatrix}\begin{pmatrix} p_{11}(x) & 0\cdots\cdots 0 \\ \vdots & 1 \\ \vdots & & \ddots \\ p_{n1}(x) & \cdots\cdots & 1 \end{pmatrix}=\begin{pmatrix} \varepsilon_1 & 0\cdots\cdots 0 \\ 0 & \\ \vdots & a_{ij}'(x) \\ 0 & \end{pmatrix}$$

のようになっている．$A'=\left(a'_{ij}\right)_{i,j=2,\cdots,n}$ は $n-1$ 次の正則な対称関数行列であるから，帰納法の仮定を用いると，$n-1$ 次の関数正則行列 Q を用いて，0の近傍 $V(V\subset W)$ 上で ${}^tQ(x)A'(x)Q(x)=\begin{pmatrix} \varepsilon_2 & & \\ & \ddots & \\ & & \varepsilon_n \end{pmatrix}$, $\varepsilon_i=\pm 1$ がなりたつようにすることができる．そこで $P=\begin{pmatrix} p_{11} & 0\cdots 0 \\ \vdots & 1 \\ \vdots & & \ddots \\ p_{n1} & & 1 \end{pmatrix}\begin{pmatrix} 1 & 0\cdots 0 \\ 0 & \\ \vdots & Q \\ 0 & \end{pmatrix}$ とおくと

${}^tP(x)A(x)P(x)=\begin{pmatrix} \varepsilon_1 & & & \\ & \varepsilon_2 & & \\ & & \ddots & \\ & & & \varepsilon_n \end{pmatrix}$ となる．これを補題のような行列の形にするにはさらに行と列の入れ換えを行えばよい．∎

定理101 (**Morse の補題**) M を可微分多様体とし，$f\colon M\to \boldsymbol{R}$ を可微分関数とする．このとき，点 $p_0\in M$ が f の非退化な臨界点であるとすると，点 p_0 のまわりの座標近傍 $(U;x_1,\cdots,x_n)$ をつぎの性質をみたすように選ぶことができる．

$$x_1(p_0)=\cdots=x_n(p_0)=0$$

であり，かつU上で

$$f=f(p_0)-x_1{}^2-\cdots-x_r{}^2+x_{r+1}{}^2+\cdots+x_n{}^2$$

がなりたつ．なお，このrはfの点p_0における指数である．

証明　関数fの代りに$f-f(p_0)$を考えることにより$f(p_0)=0$と仮定しておいてよい．点p_0のまわりの座標近傍$(V; y_1, \cdots, y_n)$を

$$y_1(p_0)=\cdots=y_n(p_0)=0 \qquad \text{(i)}$$

みたすようにとる．点p_0の十分小さい適当な近傍Wをとれば，関数$f: W\to \boldsymbol{R}$は可微分関数$h_{ij}: W\to\boldsymbol{R}$を用いて

$$f=\sum_{i=1}^{n}\frac{\partial f}{\partial y_i}(p_0)y_i+\sum_{i,j=1}^{n}h_{ij}y_iy_j$$

と表わせる(補題31(2))が，p_0がfの臨界点であること，すなわち$\dfrac{\partial f}{\partial y_i}(p_0)=0$, $i=1, \cdots, n$であることを用いると，$f=\sum_{i,j=1}^{n}h_{ij}y_iy_j$となる．そこで

$$a_{ij}=\frac{1}{2}(h_{ij}+h_{ji})$$

とおくと，関数$a_{ij}: W\to\boldsymbol{R}$は$a_{ij}=a_{ji}$であって

$$f=\sum_{i,j=1}^{n}a_{ij}y_iy_j \qquad \text{(ii)}$$

となっている．この係数の行列$A=\left(a_{ij}\right)$は点p_0で正則である．実際，(ii)を微分すると

$$\frac{\partial f}{\partial y_k}=\sum_{i,j=1}^{n}\frac{\partial a_{ij}}{\partial y_k}y_iy_j+2\sum_{j=1}^{n}a_{kj}y_j$$

$$\frac{\partial^2 f}{\partial y_k\partial y_l}=\sum_{i,j=1}^{n}\frac{\partial^2 a_{ij}}{\partial y_k\partial y_l}y_iy_j+2\sum_{j=1}^{n}\frac{\partial a_{lj}}{\partial y_k}y_j+2\sum_{j=1}^{n}\frac{\partial a_{kj}}{\partial y_l}y_j+2a_{kl}$$

となるから，点p_0においては，(i)より

$$\frac{\partial^2 f}{\partial y_k\partial y_l}(p_0)=2a_{kl}(p_0)$$

となる．しかるに，p_0 は f の非退化な臨界点であるから，行列 $\left(\dfrac{\partial^2 f}{\partial y_k \partial y_l}(p_0)\right)$ は正則である．よって，行列 $A(p_0)=\left(a_{ij}(p_0)\right)$ も正則である．さて，関数 a_{ij} は連続であるから，点 p_0 の近傍 V_1 を小さくとると，行列 $A=\left(a_{ij}\right)$ が V_1 上で正則であるようにすることができる．よって補題100より，点 p_0 の更に小さい近傍 U_1 をとると，U_1 上で定義された可微分関数行列 $P=\left(p_{ij}\right)$ を用いて

$$
{}^tP(p)A(p)P(p)=\begin{pmatrix} -1 & & & & \\ & \ddots & & & \\ & & -1 & & \\ & & & 1 & \\ & & & & \ddots \\ & & & & & 1 \end{pmatrix}\Bigg\}\, r \qquad p\in U_1
$$

にすることができる．P の逆行列を $Q=\left(q_{ij}\right)$ とおき，関数 x_i: $U_1 \to \boldsymbol{R}$, $i=1, \cdots, n$ を

$$
x_i=\sum_{k=1}^{n} q_{ik}y_k \tag{iii}
$$

で定義すると，$(x_1, \cdots, x_n)$ は点 p_0 の更に小さい近傍 U における座標関数系になっている．実際，(iii)を微分した式

$$
\frac{\partial x_i}{\partial y_j}=\sum_{k=1}^{n}\frac{\partial q_{ik}}{\partial y_j}y_k+q_{ij}
$$

より $\dfrac{\partial x_i}{\partial y_j}(p_0)=q_{ij}(p_0)$ を得るので

$$
\left.\frac{D(x_1, \cdots, x_n)}{D(y_1, \cdots, y_n)}\right|_{p_0}=\det\left(\frac{\partial x_i}{\partial y_j}(p_0)\right)=\det\left(q_{ij}(p_0)\right)\neq 0
$$

となるからである（補題30）．さらに(iii)より

$$
x_1(p_0)=\cdots=x_n(p_0)=0
$$

もよく，かつ(ii)(iii)より

$$
\begin{aligned}
f&=\sum_{i,j=1}^{n}a_{ij}y_iy_j={}^t\boldsymbol{y}A\boldsymbol{y}={}^t\boldsymbol{x}{}^tPAP\boldsymbol{x}\\
&=(x_1, \cdots, x_n)\begin{pmatrix} -1 & & & & \\ & \ddots & & & \\ & & -1 & & \\ & & & 1 & \\ & & & & \ddots \\ & & & & & 1 \end{pmatrix}\begin{pmatrix} x_1 \\ \vdots \\ x_n \end{pmatrix}
\end{aligned}
$$

$$=-x_1{}^2-\cdots-x_r{}^2+x_{r+1}{}^2+\cdots+x_n{}^2 \qquad \text{(iv)}$$

となっている．最後に，この r が f の点 p_0 における指数であることを示そう．(iv)を2回微分すると

$$\frac{\partial^2 f}{\partial x_i{}^2}=\begin{cases}-2 & i=1,\cdots,r \\ 2 & i=r+1,\cdots,n\end{cases}$$

$$\frac{\partial^2 f}{\partial x_i \partial x_j}=0 \qquad i\neq j$$

となるから，fの点 p_0 における Hesse 行列は

$$H(f)_{p_0}=\left(\frac{\partial^2 f}{\partial x_i \partial x_j}(p_0)\right)=\begin{pmatrix}-2 & & & & & \\ & \ddots & & & & \\ & & -2 & & & \\ & & & 2 & & \\ & & & & \ddots & \\ & & & & & 2\end{pmatrix}\Bigg\}r$$

となる．よってその指数は r である．以上で定理が証明された．∎

Morse の補題は，可微分関数 $f: M\to \boldsymbol{R}$ の非退化な臨界点 p_0 の近くでの動向はその指数で完全に決定されることを示している．

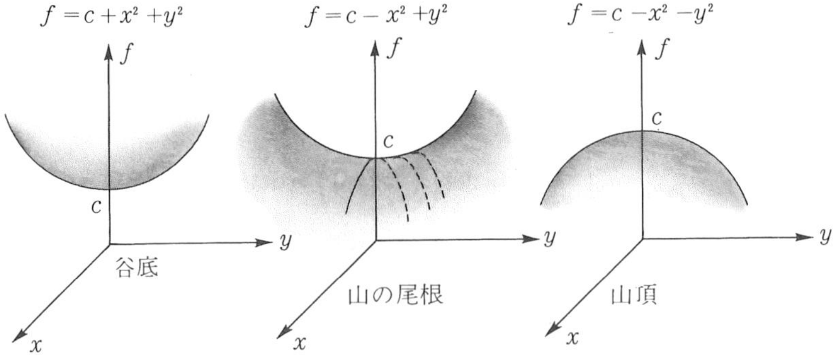

また，Morse の補題からつぎのことが直ちに導かれる．

命題102　M を可微分多様体とし，$f: M\to \boldsymbol{R}$ を可微分関数，$p_0\in M$ を f の非退化な臨界点とする．このとき，点 p_0 の近くには p_0 以外の f の臨界点は存在しない．すなわち，f の非退化な臨界点全体の集合は Mの離散集合で

ある.

証明 Morse の補題より，点 p_0 のまわりの座標近傍 $(U; x_1, \cdots, x_n)$ を

$$\begin{cases} x_1(p_0)=\cdots=x_n(p_0)=0 \\ f=f(p_0)-x_1{}^2-\cdots-x_r{}^2+x_{r+1}{}^2+\cdots+x_r{}^2 \end{cases}$$

をみたすようにとる．このとき

$$\frac{\partial f}{\partial x_i}=\begin{cases} -2x_i & i=1, \cdots, r \\ 2x_i & i=r+1, \cdots, n \end{cases}$$

は点 p_0 以外では 0 とならないから， U 上には p_0 以外に f の臨界点は存在しない．よって点 p_0 は孤立している．∎

これから，多様体 M にコンパクトの条件をつけることにする．それは話を簡単にするためであるが，その本質はそれほど損なわれないと思う．

定義 M をコンパクトは可微分多様体とする．可微分関数 $f: M \to \boldsymbol{R}$ がつぎの 2 つの条件をみたすとき，f を **Morse 関数**という．

(1) f の臨界点はすべて非退化である．

(2) 各臨界点における f の値は異なる．すなわち，p, q を f の相異なる臨界点とするとき，$f(p) \neq f(q)$ である．

注意 可微分多様体 M 上の可微分関数 $f: M \to \boldsymbol{R}$ に対して，f が Morse 関数であるという定義は書物により異なるようである．f の臨界点はすべて非退化であるという条件 (1) は絶対落すことのできない条件であるが，(2) の条件は本質的でない．また M がコンパクトでないときには，各 $a \in \boldsymbol{R}$ に対して，$f^{-1}(-\infty, a]$ がコンパクトであるという条件を必要とする(〔1〕参照).

定理103 M をコンパクトな可微分多様体とし，$f: M \to \boldsymbol{R}$ を Morse 関数とする．このとき，f の臨界点の個数は有限個である．

証明 臨界点全体の集合 F は，M の閉集合である（補題93）からコンパクト集合であり，さらに離散集合である（命題102)．よって F は有限集合である．∎

(3) Morse 理論の基本定理

定理104 M をコンパクトな可微分多様体とし，$f: M \to \boldsymbol{R}$ は可微分関数で，ある閉区間 $[a, b]$ に対して $M_a{}^b=f^{-1}[a, b]$ には f の臨界点が存在しない

と仮定する．このとき，$M^a=f^{-1}(-\infty, a]$ と $M^b=f^{-1}(-\infty, b]$ は可微分同相である：

$$M^a \cong M^b$$

また，M^a は M^b の変位レトラクトである．

証明　(証明の方針は，方向ベクトル場 $\operatorname{grad} f$ の定める流れに添って M^b を M^a に押しつけることである．ただし，$\operatorname{grad} f$ のままでは流れの動く速さが異なるので，その長さを1に修正しておく必要がおこる)．$M_a{}^b$ を含む開集合 V をとり，V も f の臨界点を含まないようにしておく．(これは可能である．実際，点 $p \in M_a{}^b$ は f の臨界点でないから，p の近傍 V_p をとり，V_p が f の臨界点を含まないようにすることができる (補題93)．そして $M_a{}^b$ をこのような近傍 V_p で覆えばよい)．さて，可微分関数 $h: M \to \boldsymbol{R}$ を

$$0 \leqq h(p) \leqq 1$$

$$h(p)=\begin{cases}1 & p \in M_a{}^b \\ 0 & p \notin V\end{cases}$$

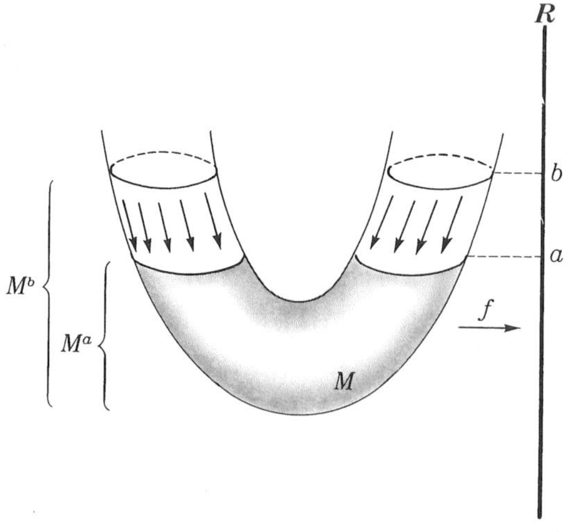

をみたすようにとる (補題38)．M 上に Riemann 計量 $\langle\ ,\ \rangle$ を定めて (定理69) f の方向ベクトル場 $\operatorname{grad} f$ を定義し，さらに M 上のベクトル場 X を

$$X_p = h(p)\frac{(\mathrm{grad}\, f)_p}{\langle(\mathrm{grad}\, f)_p, (\mathrm{grad}\, f)_p\rangle_p} \qquad p \in M$$

で定義する（補題61).（f が V 上で臨界点をもたないから分母が 0 にならない（補題94)ことに注意). このベクトル場 X は 1 助変数群 ϕ: $\boldsymbol{R}\times M \to M$ を生成する(定理67) $(\phi_t(p)=\phi(t,p))$. 点 $p\in M$ を固定し，関数 ψ: $\boldsymbol{R}\to\boldsymbol{R}$

$$\psi(t)=f(\phi_t(p))$$

を考えると，点 p を通る ϕ による軌道曲線 c: $\boldsymbol{R}\to M$, $c(t)=\phi_t(p)$ が X の積分曲線である（命題65）ことから

$$\begin{aligned}\frac{df(\phi_t(p))}{dt} &= X_{\phi_t(p)}(f)\\ &= \langle X_{\phi_t(p)}, (\mathrm{grad}\, f)_{\phi_t(p)}\rangle_{\phi_t(p)} \qquad (\text{命題}70)\\ &= \langle h(\phi_t(p))\frac{(\mathrm{grad}\, f)_{\phi_t(p)}}{\langle(\mathrm{grad}\, f)_{\phi_t(p)}, (\mathrm{grad}\, f)_{\phi_t(p)}\rangle_{\phi_t(p)}}, (\mathrm{grad}\, f)_{\phi_t(p)}\rangle_{\phi_t(p)}\\ &= h(\phi_t(p))\end{aligned}$$

となる． この両辺を 0 から t まで積分すると， $f(\phi_t(p))-f(\phi_0(p))=\int_0^t \frac{df(\phi_\tau(p))}{d\tau}d\tau=\int_0^t h(\phi_\tau(p))d\tau$ より

$$f(\phi_t(p))=\int_0^t h(\phi_\tau(p))d\tau+f(p) \tag{i}$$

を得る．この式から特につぎのことがわかる．ある実数 t を固定し（あとの都合上 $t\leqq 0$ とする)， $t\leqq\tau\leqq 0$ なるすべての τ に対して $\phi_\tau(p)\in M_a{}^b$ となっているならば（つねに $h(\phi_\tau(p))=1$ であるから)

$$f(\phi_t(p))=t+f(p) \tag{ii}$$

がなりたつ．

さて， 可微分同相写像 ϕ_{b-a}: $M\to M$ を考えよう． これは可微分同相写像(48頁の可微分の定義参照)

$$\phi_{b-a}\colon\ M^a \to M^b$$

を引き起していることを証明しよう． そのためには， まず $p\in M^a$ ならば $\phi_{b-a}(p)\in M^b$ を示さねばならない． しかし，それは $p\in M^a$ ならば $f(p)\leqq a$ であるから，(i)と $h(\phi_\tau(p))\leqq 1$ を用いると

$$f(\phi_{b-a}(p))=\int_0^{b-a}h(\phi_\tau(p))d\tau+f(p)$$
$$\leqq\int_0^{b-a}d\tau+f(p)$$
$$=(b-a)+f(p)\leqq(b-a)+a=b$$

となるので，$\phi_{b-a}(p)\in M^b$ がわかる．$\phi_{b-a}: M\to M$ の逆写像は $\phi_{a-b}: M\to M$ であるが，これは可微分写像

$$\phi_{a-b}:\ M^b\ \to\ M^a$$

を引き起している．実際，$p\in M^b$ に対し $\phi_{a-b}(p)\in M^a$ を示さねばならないが，これをつぎの 2 つの場合に分けて証明しよう．

(1) $p\in M^a$ のとき，任意の $t\leqq 0$ に対して $\phi_t(p)\in M^a$ となることを示そう．実際，(i) と $0\leqq h(\phi_\tau(p))$, $t\leqq 0$ より $\int_0^t h(\phi_\tau(p))d\tau\leqq 0$ となることを用いると

$$f(\phi_t(p))=\int_0^t h(\phi_\tau(p))d\tau+f(p)$$
$$\leqq 0+f(p)\leqq a$$

となるので，$\phi_t(p)\in M^a$ となる．特に $t=a-b$ とおくと，$\phi_{a-b}(p)\in M^a$ を得る．

(2) $p\in M_a{}^b$ のとき，すなわち $a\leqq f(p)\leqq b$ のとき，$\phi_{a-b}(p)\in M^a$ を示すのであるが，その前に $a-f(p)\leqq t\leqq 0$ なる任意の t に対して $\phi_t(p)\in M_a{}^b$ となることを示そう．それは(i)と $0\leqq h(\phi_\tau(p))\leqq 1$, $t\leqq 0$ より $t\leqq\int_0^t h(\phi_\tau(p))d\tau\leqq 0$ となることを用いると

$$a\leqq t+f(p)$$
$$\leqq\int_0^t h(\phi_\tau(p))d\tau+f(p)(=f(\phi_t(p)))$$
$$\leqq 0+f(p)\leqq b$$

となるので $\phi_t(p)\in M_a{}^b$ である．したがって(ii)を使うことができて

$$f(\phi_{a-f(p)}(p))=a-f(p)+f(p)=a$$

となり，$\phi_{a-f(p)}(p)\in M^a$ がわかる．そこで，$f(p)-b\leqq 0$ に注意して(1)の結果を用いると $\phi_{f(p)-b}(M^a)\subset M^a$ となるので，結局

$$\phi_{a-b}(p)=\phi_{f(p)-b}(\phi_{a-f(p)}(p))\in\phi_{f(p)-b}(M^a)\subset M^a$$

を得る． よって， ϕ_{a-b} は写像 $\phi_{a-b}\colon M^b\to M^a$ を誘導している． 以上で， $\phi_{b-a}\colon M^a\to M^b$ が可微分同相写像であることがわかり， 定理の前半が証明された．

つぎに M^a が M^b の変位レトラクトであることを示そう．そのためには，変位レトラクション $r\colon M^b\times I\to M^b$ を

$$r(p,t)=\begin{cases}p & p\in M^a\\ \phi_{t(a-f(p))}(p) & p\in M_a{}^b\end{cases}$$

で定義すればよい．実際，写像 r が定義されること，すなわち $(p,t)\in M^b\times I$ に対し $r(p,t)\in M^b$ は容易であり(定理の前半の証明(2)参照)，また r が連続であることは， $p\in M^a\cap M_a{}^b=f^{-1}(a)$ のときには $\phi_{t(a-f(p))}(p)=\phi_0(p)=p$ となるからである．さて

$$r(p,0)=p$$

$$r(p,1)=\begin{cases}p\in M^a & (p\in M^a)\\ \phi_{a-f(p)}\in M^a\ \text{(前半の証明(2))} & (p\in M_a{}^b)\end{cases}$$

$$r(p,t)=p \qquad p\in M^a,\ t\in I$$

となっているから， r は確かに求める変位レトラクションである．以上で定理が証明された．

注意 定理104と同じ条件のもとで，$M_a{}^b$ と $f^{-1}(a)\times[a,b]$ は可微分同相である：

$$M_a{}^b\cong f^{-1}(a)\times[a,b]$$

ことがわかる．実際，写像

$$h\colon M\to M\times\boldsymbol{R},\qquad k\colon M\times\boldsymbol{R}\to M$$

$$h(p)=(\phi_{a-f(p)}(p),f(p)),\qquad k(p,c)=\phi_{c-a}(p)$$

は可微分であって，$h|M_a{}^b\colon M_a{}^b\to f^{-1}(a)\times[a,b]$ は可微分同型を与えている（その逆写像は $k|(f^{-1}(a)\times[a,b])\to M_a{}^b$ で与えられる）．なお，a は f の臨界値でないので，$f^{-1}(a)$ は M の $n-1$ 次元部分多様体であることがわかり（定理14のようにすると証明できるので各自の演習としておく），さらに $M_a{}^b$ は境界 $f^{-1}(a),f^{-1}(b)$ をもつ n 次元可微分多様体（境界をもつ可微分多様体の定義を本書では与えていないが）になっている．

定理105 をコンパクトな可微分多様体とし， $f\colon M\to\boldsymbol{R}$ を可微分写像とする．ある閉区間 $[a,b]$ に対し $M_a{}^b=f^{-1}[a,b]$ の中にただ１つの f の臨界点 p_0

が存在して，$a<f(p_0)<b$ であると仮定する．また，p_0 は非退化な臨界点であるとし，その指数を r とする．このとき，$M^b=f^{-1}(-\infty, b]$ は $M^a=f^{-1}(-\infty, a]$ に r 次元胞体 e^r をある連続写像 $\nu: s^{r-1}\to M^a$ により接着した空間 $M\underset{\nu}{\cup} e^r$ にホモトピー同値である：

$$M^b\simeq M^a\underset{\nu}{\cup} e^r$$

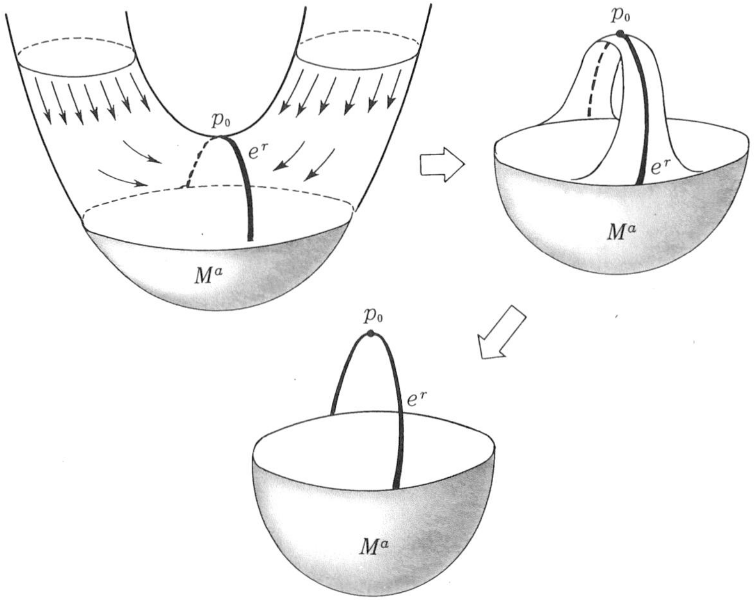

証明　$f(p_0)=c$ とおく．Morse の補題（定理101）より，点 p_0 のまわりの座標近傍 $(U, \varphi; x_1, \cdots, x_n)$ を

$$\begin{cases} x_1(p_0)=\cdots=x_n(p_0)=0 \\ f=c-x_1{}^2-\cdots-x_r{}^2+x_{r+1}{}^2+\cdots+x_n{}^2 \end{cases}$$

をみたすようにとる．また，正数 $\varepsilon>0$ を十分小さくとって，つぎの 2 つの条件

(1)　$M_{c-\varepsilon}{}^{c+\varepsilon}=f^{-1}[c-\varepsilon, c+\varepsilon]$ には p_0 以外の臨界点を含まない．

(2)　$\{(x_1, \cdots, x_n)\in \boldsymbol{R}^n | x_1{}^2+\cdots+x_n{}^2\leqq 2\varepsilon\}\subset\varphi(U)$

がなりたつようにしておく． 以下の記述が簡単になるように 2 つの関数 ξ, η: $U \to \boldsymbol{R}$

$$\xi = x_1{}^2 + \cdots + x_r{}^2, \quad \eta = x_{r+1}{}^2 + \cdots + x_n{}^2$$

を導入する．すると，関数 $f: M \to \boldsymbol{R}$ は U 上で

$$f = c - \xi + \eta$$

と表わされている．

さて，可微分関数 $\mu: \boldsymbol{R} \to \boldsymbol{R}$ を

$$\begin{cases} \mu(0) > \varepsilon & \\ \mu(x) = 0 & x \geqq 2\varepsilon \\ -1 < \mu'(x) \leqq 0 & x \in \boldsymbol{R} \end{cases}$$

をみたすようにとり（補題39），関数 $F: M \to \boldsymbol{R}$ を

$$F(p) = \begin{cases} f(p) - \mu(\xi(p) + 2\eta(p)) & p \in U \\ f(p) & p \notin U \end{cases}$$

で定義する．条件(2)および $p \in U$ が $\xi(p) + 2\eta(p) \geqq 2\varepsilon$ ならば $\mu(\xi(p) + 2\eta(p)) = 0$ より $F(p) = f(p)$ となるから，確かに関数 F は定義され，しかも F は可微分である（補題35(1)）．

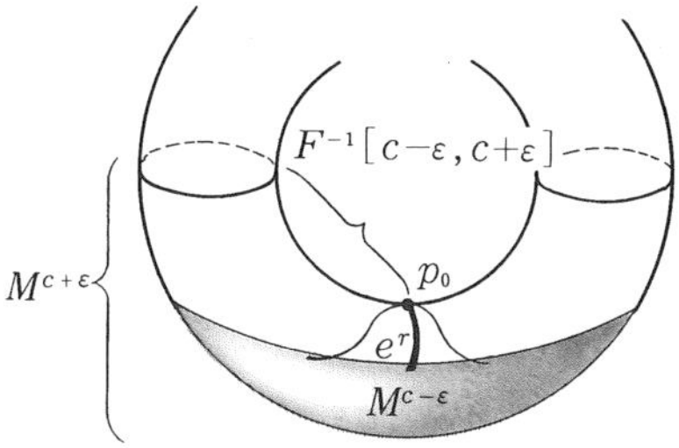

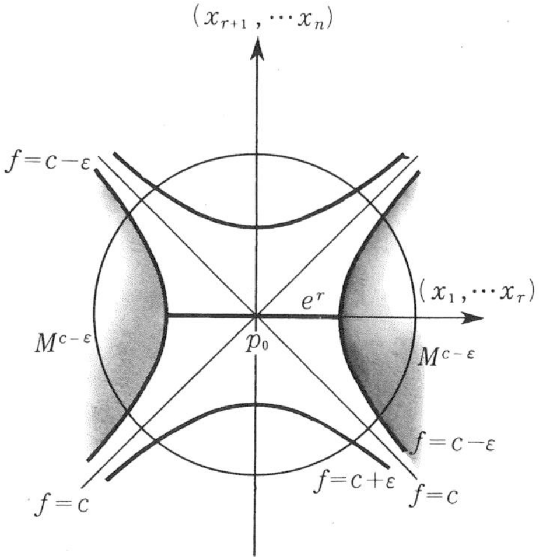

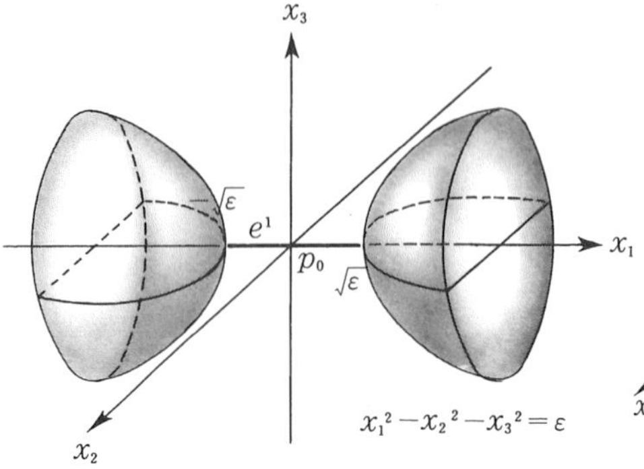

$n=3$, $r=1$ の場合

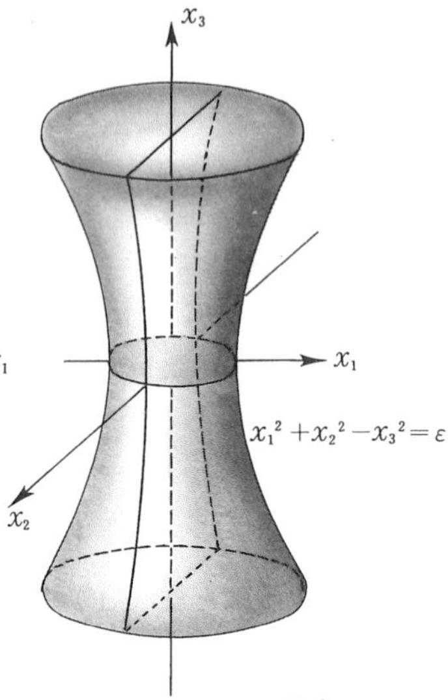

$n=3$, $r=2$ の場合

主張 1　　$F^{-1}(-\infty, c+\varepsilon]=M^{c+\varepsilon}$

証明　関数 μ はつねに $\mu\geqq 0$ であるから

$$F(p)\leqq f(p) \qquad p\in M$$

の関係にある．したがって，$f(p)\leqq c+\varepsilon$ ならば当然 $F(p)\leqq c+\varepsilon$ となるから，包含関係 $M^{c+\varepsilon}=f^{-1}(-\infty, c+\varepsilon]\subset F^{-1}(-\infty, c+\varepsilon]$ は明らかである．逆の包含関係を示そう．U の外では $F=f$ であるから，U 上で考えればよい．点 $p\in U$ が $p\in F^{-1}(-\infty, c+\varepsilon]$, すなわち $F(p)\leqq c+\varepsilon$ としよう．

(1)　$\xi(p)+2\eta(p)\geqq 2\varepsilon$ のときには，$F(p)=f(p)$ となるから当然 $f(p)\leqq c+\varepsilon$ である．よって $p\in f^{-1}(-\infty, c+\varepsilon]=M^{c+\varepsilon}$ である．

(2)　$\xi(p)+2\eta(p)\leqq 2\varepsilon$ のとき

$$f(p)=c-\xi(p)+\eta(p)\leqq c+\frac{1}{2}\xi(p)+\eta(p)\leqq c+\varepsilon$$

より $p\in f^{-1}(-\infty, c+\varepsilon]=M^{c+\varepsilon}$ となる．　以上で $F^{-1}(-\infty, c+\varepsilon]\subset M^{c+\varepsilon}$ がわかり，主張 1 が証明された．

主張 2　関数 $F\colon M\to \boldsymbol{R}$ の臨界点は関数 $f\colon M\to \boldsymbol{R}$ の臨界点と一致する．

証明　U の外では $F=f$ であるから U 上で考えればよい．U 上では

$$F=c-\xi+\eta-\mu(\xi+2\eta)$$

であるから

$$\frac{\partial F}{\partial x_i}=\begin{cases}-2x_i(1+\mu'(\xi+2\eta)) & i=1,\cdots,r\\ \ \ 2x_i(1-2\mu'(\xi+2\eta)) & i=r+1,\cdots,n\end{cases}$$

となる．しかるに，つねに $1+\mu'>0,\ 1-2\mu'>0$ であるから

$$\frac{\partial F}{\partial x_1}=\cdots=\frac{\partial F}{\partial x_n}=0$$

の解は $x_1=\cdots=x_n=0$ に限る．すなわち，関数 F は U 上では p_0 以外に臨界点を持ち得ない．以上で主張 2 が証明された．∎

主張 3　$F^{-1}(-\infty, c-\varepsilon]$ は $M^{c+\varepsilon}$ の変位レトラクトである．

証明　$F^{-1}[c-\varepsilon, c+\varepsilon]$ が F の臨界点を含まないことをいえば，定理104より，$F^{-1}(-\infty, c-\varepsilon]$ は $F^{-1}(-\infty, c+\varepsilon]=M^{c+\varepsilon}$（主張 1）の変位レトラクトとなり，主張 3 が証明されたことになる．$F^{-1}[c-\varepsilon, c+\varepsilon]$ が F の臨界点を含まないことをいうのであるが，その前に

$$F^{-1}[c-\varepsilon, c+\varepsilon]\subset f^{-1}[c-\varepsilon, c+\varepsilon] \qquad \text{(i)}$$

がなりたつことを示そう．実際，$p\in F^{-1}[c-\varepsilon, c+\varepsilon]$，すなわち $c-\varepsilon\leqq F(p)\leqq c+\varepsilon$ とすると，$F\leqq f$ より $c-\varepsilon\leqq f(p)$ であり，また $F^{-1}(-\infty, c+\varepsilon]=f^{-1}(-\infty, c+\varepsilon]$（主張 1）より $f(p)\leqq c+\varepsilon$ である．よって $p\in f^{-1}[c-\varepsilon, c+\varepsilon]$ となり(i)が示された．さて，$F^{-1}[c-\varepsilon, c+\varepsilon]$ が F の臨界点 q を含んでいるとすると，主張 2 より，q は f の臨界点でもある．よって，(i)より，$f^{-1}[c-\varepsilon, c+\varepsilon]$ は f の臨界点 q を含むことになる．仮定(1)より，$f^{-1}[c-\varepsilon, c+\varepsilon]$ における f の臨界点は p_0 に限るから $q=p_0$ である．しかるに

$$F(q)=F(p_0)=f(p_0)-\mu(\xi(p_0)+2\eta(p_0))=c-\mu(0)<c-\varepsilon$$

より $q\notin F^{-1}[c-\varepsilon, c+\varepsilon]$ となり矛盾する．よって $F^{-1}[c-\varepsilon, c+\varepsilon]$ は F の臨界点を含まず，主張 3 が証明された．∎

ここで記号を導入しておく．

$$e^r=\{p\in U\,|\,\xi(p)<\varepsilon,\ \eta(p)=0\}$$
$$\partial e^r=\{p\in U\,|\,\xi(p)=\varepsilon,\ \eta(p)=0\}$$

このとき，$\bar{e}^r=\{p\in U\mid\xi(p)\leqq\varepsilon,\eta(p)=0\}$ であるが

$$M^{c-\varepsilon}\cap\bar{e}^r=\partial e^r,\qquad M^{c-\varepsilon}\cap e^r=\phi \tag{ii}$$

がなりたつ．実際，$p\in\partial e^r$ ならば $\xi(p)=\varepsilon,\eta(p)=0$ であるから

$$f(p)=c-\xi(p)+\eta(p)=c-\varepsilon$$

より $p\in M^{c-\varepsilon}$ となるので $\partial e^r\subset M^{c-\varepsilon}\cap\bar{e}^r$ である．逆に点 $p\in\bar{e}^r$ が $M^{c-\varepsilon}$ に属するならば

$$c-\xi(p)=c-\xi(p)+\eta(p)=f(p)\leqq c-\varepsilon$$

より $\xi(p)\geqq\varepsilon$ となる．よって $\xi(p)=\varepsilon$ すなわち $p\in\partial e^r$ となる．同様にすれば $M^{c-\varepsilon}\cap e^r=\phi$ も容易である．(ii)より特に

$$M^{c-\varepsilon}\cup e^r=M^{c-\varepsilon}\cup\bar{e}^r \tag{iii}$$

もなりたっている．さて，$M^{c-\varepsilon}\cup e^r$ は $M^{c-\varepsilon}$ に写像 $\nu_1\colon S^{r-1}\to M^{c-\varepsilon}$, $\nu_1(s_1,\cdots,s_r)=p$ $(x_i(p)=\sqrt{\varepsilon}\,s_i,\ i=1,\cdots,r,\ x_j(p)=0,\ j=r+1,\cdots,n)$ により r 次元胞体 e^r を接着した空間 $M^{c-\varepsilon}\underset{\nu_1}{\cup}e^r$ に同相である：

$$M^{c-\varepsilon}\cup e^r=M^{c-\varepsilon}\underset{\nu_1}{\cup}e^r$$

実際，写像 $\tilde{k}\colon M^{c-\varepsilon}\cup V^r\to M^{c-\varepsilon}\cup e^r$

$$\begin{cases}\tilde{k}(p)=p & p\in M^{c-\varepsilon}\\ \tilde{k}(v)=p & \begin{pmatrix}x_i(p)=\sqrt{\varepsilon}\,v_i, & i=1,\cdots,r\\ x_j(p)=0, & j=r+1,\cdots,n\end{pmatrix},\ v=(v,\cdots,v_r)\in V^r\end{cases}$$

は連続な全単射 $k\colon M^{c-\varepsilon}\underset{\nu_1}{\cup}e^r\to M^{c-\varepsilon}\cup e^r$ を引きおこすが，$M^{c-\varepsilon}\underset{\nu_1}{\cup}e^r$ がコンパクトで $M^{c-\varepsilon}\cup e^r$ が Hausdorff 空間であるから k は同相写像である．また

$$M^{c-\varepsilon}\cup e^r\subset F^{-1}(-\infty,c-\varepsilon] \tag{iv}$$

がなりたっている．実際，$F\leq f$ より $M^{c-\varepsilon}\subset F^{-1}(-\infty,c-\varepsilon]$ は明らかである．つぎに，$p\in e^r$ ならば

$$\begin{aligned}F(p)&=c-\xi(p)+\eta(p)-\mu(\xi(p)+2\eta(p))\\&=c-\xi(p)-\mu(\xi(p))\end{aligned}$$

となる．しかるに，関数 $F(\xi)=c-\xi-\mu(\xi)$ は，$\dfrac{\partial F}{\partial\xi}=-1-\mu'<0$ より，ξ

について単調減少である．よって，$0=\xi(p_0)\leqq\xi(p)<\varepsilon$ ならば

$$F(p)\leqq F(p_0)=f(p_0)-\mu(\xi(p_0))=c-\mu(0)<c-\varepsilon$$

となる．したがって $p\in F^{-1}(-\infty, c-\varepsilon]$ であり，(iv)が示された．

主張 4 $M^{c-\varepsilon}\cup e^r$ は $F^{-1}(-\infty, c-\varepsilon]$ の変位レトラクトである．

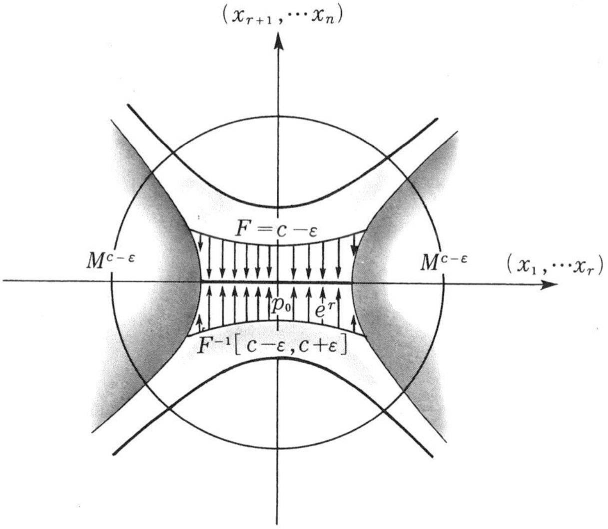

証明 $M^{c-\varepsilon}\cup e^r$ の変位レトラクション

$$r: F^{-1}(-\infty, c-\varepsilon]\times I \to F^{-1}(-\infty, c-\varepsilon]$$

を定義しよう．（その方法は上図のように矢印の方向に添って縮めて行くのである）．

(0) まず U の外では変位レトラクションは恒等写像，すなわち

$$r(p, t)=p \qquad p\notin U,\ t\in I$$

としておく．

Uの中では，rをつぎの 3 つの場合に分けて構成しよう．

$$U_1=F^{-1}(-\infty, c-\varepsilon]\cap\{p\in U \mid \xi(p)\leqq\varepsilon\}$$
$$U_2=F^{-1}(-\infty, c-\varepsilon]\cap\{p\in U \mid \varepsilon\leqq\xi(p)\leqq\eta(p)+\varepsilon\}$$

$$U_3 = F^{-1}(-\infty, c-\varepsilon] \cap \{p \in U \mid \eta(p) + \varepsilon \leqq \xi(p)\}$$

とおくと，各 U_i は U の閉集合で

$$U = U_1 \cup U_2 \cup U_3$$

となっている．

(1)　写像 $r\colon U_1 \times I \to F^{-1}(-\infty, c-\varepsilon]$ を

$$x_i(r(p,t)) = \begin{cases} x_i(p) & i=1, \cdots, r \\ tx_i(p) & i=r+1, \cdots, n \end{cases}$$

をみたすように定義する．r が定義されること，すなわち $(p,t) \in U_1 \times I$ に対し $r(p,t) \in F^{-1}(-\infty, c-\varepsilon]$ であることは

$$\begin{aligned} F(r(p,t)) &= c - \xi(p) + t^2\eta(p) - \mu(\xi(p) + 2t^2\eta(p)) \\ &\leqq c - \xi(p) + \eta(p) - \mu(\xi(p) + 2\eta(p)) \quad (\mu \text{ は減少関数}) \\ &= F(p) \leqq c - \varepsilon \end{aligned}$$

となるからである．なお，この r は

$$\begin{cases} r(p,1) = p \\ r(p,0) \in F^{-1}(-\infty, c-\varepsilon] \cap \bar{e}^r \subset M^{c-\varepsilon} \cup e^r & \text{((iii)より)} \end{cases}$$

であり，さらに，$p \in (M^{c-\varepsilon} \cup e^r) \cap U_1$ ならば $\eta(p) = 0$ となるので

$$r(p,t) = p \qquad t \in I$$

となっている．

(2)　写像 $r\colon U_2 \times I \to F^{-1}(-\infty, c-\varepsilon]$ を

$$x_i(r(p,t)) = \begin{cases} x_i(p) & i=1, \cdots, r \\ s(t)x_i(p) & i=r+1, \cdots, n \end{cases}$$

ここに

$$s(t) = \begin{cases} t + (1-t)\sqrt{\dfrac{\xi(p)-\varepsilon}{\eta(p)}} & \eta(p) \neq 0 \\ 0 & \eta(p) = 0 \end{cases}$$

で定義する．r が定義されること，すなわち $(p,t) \in U_2 \times I$ に対し $r(p,t) \in F^{-1}(-\infty, c-\varepsilon]$ であることは，$0 \leqq (\xi(p)-\varepsilon)/\eta(p) \leqq 1$ より $0 \leqq s(t) \leqq 1$ となるので(1)と同様にするとわかる．さらに，r は連続写像である．実際，$\eta(p) \to 0$

のとき，仮定の条件 $\varepsilon \leqq \xi(p) \leqq \eta(p)+\varepsilon$ より $\xi(p)\to\varepsilon$ が出るのを用いると，$i=r+1, \cdots, n$ に対して

$$\left|\sqrt{\frac{\xi(p)-\varepsilon}{\eta(p)}}x_i(p)\right|=\sqrt{\frac{\xi(p)-\varepsilon}{\eta(p)}x_i^2(p)}\leqq\sqrt{\xi(p)-\varepsilon}\to 0$$

となるからである．なお，この r は

$$r(p, 1)=p$$

であり，また，$f(r(p, 0))=c-\xi(p)+\dfrac{\xi(p)-\varepsilon}{\eta(p)}\eta(p)=c-\varepsilon$ より

$$r(p, 0)\in f^{-1}(-\infty, c-\varepsilon]=M^{c-\varepsilon}\subset M^{c-\varepsilon}\cup e^r$$

である．さらに，$p\in(M^{c-\varepsilon}\cup e^r)\cap U_2$ ならば $\xi(p)=\varepsilon+\eta(p)$ となるので

$$r(p, t)=p \qquad t\in I$$

となっている．

(3) 写像 $r: U_3\times I\to F^{-1}(-\infty, c-\varepsilon]$ は

$$r(p, t)=p$$

で定義する．$p\in U_3$ ならば $\eta(p)+\varepsilon\leqq\xi(p)$ であるから，$f(p)=c-\xi(p)+\eta(p)\leqq c-\varepsilon$ となるので

$$r(p, 0)=p\in M^{c-\varepsilon}\subset M^{c-\varepsilon}\cup e^r$$

となっていることに注意しよう．

(0)(1)(2)(3)の写像 r は連続写像 $r: F^{-1}(-\infty, c-\varepsilon]\times I\to F^{-1}(-\infty, c-\varepsilon]$ を定義している．実際，U_1, U_2, U_3 は U の閉集合であって，それらの共通部分においては

$p\in U_1\cap U_2$ では $\xi(p)=\varepsilon$ となるから(1)(2)の定義は一致し

$p\in U_1\cap U_3$ では $\eta(p)=0$ となるから(1)(3)の定義は一致し

$p\in U_2\cap U_3$ では $\xi(p)=\eta(p)+\varepsilon$ となるから(2)(3)の定義は一致している．以上で，r が求める変位レトラクションになっていることがわかり，主張4が証明された．∎

定理の証明を完成させよう．$M^{c-\varepsilon}\cup e^r$ は $F^{-1}(-\infty, c-\varepsilon]$ の変位レトラクトであり（主張4），さらに $F^{-1}(-\infty, c-\varepsilon]$ は $M^{c+\varepsilon}$ の変位レトラクトである（主張3）から，$M^{c-\varepsilon}\cup e^r$ は $M^{c+\varepsilon}$ の変位レトラクトである（補題75）．し

たがって，特に $M^{c+\varepsilon}$ は $M^{c-\varepsilon}\cup e^r$ にホモトピー同値である（命題74）：

$$M^{c+\varepsilon}\simeq M^{c-\varepsilon}\cup e^r$$

$M_{c+\varepsilon}{}^b$ には f の臨界点がないから，$M^{c+\varepsilon}$ は M^b の変位レトラクトであり（定理104），したがって M^b は $M^{c+\varepsilon}$ にホモトピー同値である（命題74）：

$$M^b\simeq M^{c+\varepsilon}$$

同様に，M^a は $M^{c-\varepsilon}$ にホモトピー同値である：

$$M^a\simeq M^{c-\varepsilon}$$

これらより

$$M^b\simeq M^{c+\varepsilon}\simeq M^{c-\varepsilon}\cup e^r=M^{c-\varepsilon}\bigcup_{\nu_1} e^r\simeq M^a\bigcup_{\nu} e^r \text{（命題86）}$$

となり，定理が証明された．■

注意　定理105は $M^a=\phi$ のときにもなりたつ．M がコンパクトであれば，関数 $f: M\to \boldsymbol{R}$ は最小値 c をもつ：$f(p_0)=c$．このとき，点 p_0 は f の臨界点であり，その点における f の指数は 0 となる．そこで，M^b に f の臨界点が p_0 以外にないとすれば，M^b は 1 点 e^0 にホモトピー同値となる．

$$M^b\simeq e^0$$

さて，本書の目的であった Morse 理論の基本定理を述べる．今までの定義，補題，命題，定理はすべてこの定理を証明するためのものであったと思っていただいてもよい．

定理106（Morse 理論の基本定理）　M をコンパクトな可微分多様体とし，$f: M\to \boldsymbol{R}$ を Morse 関数とする．f の臨界点を $p_1, p_2, \cdots, p_k$ とし，f の各点における指数を $r_1, r_2, \cdots, r_k$ とするとき，M は $r_1, r_2, \cdots, r_k$ 次元胞体 $e^{r_1}, e^{r_2}, \cdots, e^{r_k}$ をもつ有限 CW 複体にホモトピー同値である：

$$M\simeq e^{r_1}\cup e^{r_2}\cup\cdots\cup e^{r_k}$$

証明　f の臨界点の個数は有限個である（定理103）ことに注意しよう．$f(p_i)$，$i=1, \cdots, k$ の値はすべて相異なるから

$$i<j \quad \text{ならば} \quad f(p_i)<f(p_j)$$

としておいてよい．$f(M)$ は有界であるから，$f(M)\subset[a, b]$ となる閉区間 $[a, b]$ をとり，区間 $[a, b]$ を分割

$$a=a_1<a_2<\cdots<a_{k+1}=b$$

して，区間 $[a_i, a_{i+1}]$ に臨界値 $c_i=f(p_i)$ が丁度１つあるようにしておく：

$$a_i<f(p_i)<a_{i+1}$$

このとき当然

$$\phi=M^{a_1}\subset M^{a_2}\subset\cdots\subset M^{a_{k+1}}=M$$

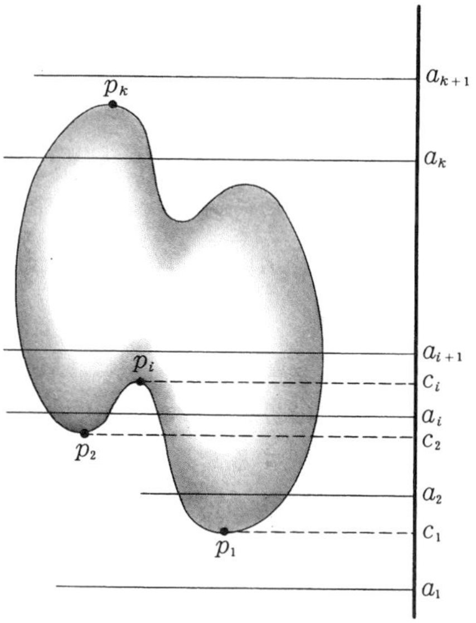

となっている．定理を i に関する帰納法で証明しよう．$M^{a_1}=\phi$ であるから定理がなりたつとして（または定理105の注意参照：$M^{a_2}\simeq e^0$），M^{a_i} がある有限 CW 複体 $K=e^{r_1}\cup\cdots\cup e^{r_{i-1}}$ にホモトピー同値であると仮定する．すなわちホモトピー同値

$$h:\ M^{a_i}\to K=e^{r_1}\cup\cdots\cup e^{r_{i-1}}$$

が存在すると仮定する．定理105より，$M^{a_{i+1}}$ は r_i 次元胞体 e^{r_i} にある連続写像 $\nu_i: S^{r_i-1}\to M^{a_i}$ により接着した空間 $M^{a_i}\underset{\nu_i}{\cup} e^{r_i}$ にホモトピー同値である：

$$M^{a_{i+1}}\simeq M^{a_i}\underset{\nu_i}{\cup} e^{r_i}$$

写像 $h\nu_i: S^{r_i-1}\to K$ は，胞体近似定理（命題84）より，ある連続写像

$$\nu: S^{r_i-1} \to K^{r_i-1}\subset K$$

（K^{r_i-1} は K の (r_i-1)-スケルトン）にホモトープになる：$h\nu_i\simeq\nu$．このとき命題85より，$K\underset{h\nu_i}{\cup} e^{r_i}$ は $K\underset{\nu}{\cup} e^{r_i}$ にホモトピー同値になる：

$$K\underset{h\nu_i}{\cup} e^{r_i}\simeq K\underset{\nu}{\cup} e^{r_i}$$

（$\nu: S^{r_i-1}\to K^{r_i-1}$ であるから，$K\underset{\nu}{\cup} e^{r_i}$ は有限 CW 複体である（命題83））．

さて

$$\begin{aligned} M^{a_{i+1}} &\simeq M^{a_i}\underset{\nu_i}{\cup} e^{r_i}\simeq K\underset{h\nu_i}{\cup} e^{r_i} \quad (\text{命題86}) \\ &\simeq K\underset{\nu}{\cup} e^{r_i} \\ &\simeq e^{r_1}\cup\cdots\cup e^{r_{i-1}}\cup e^{r_i} \end{aligned}$$

となり，定理が証明された．∎

定理106より，コンパクトな可微分多様体 M は，Morse 関数 $f: M\to \boldsymbol{R}$ を用いることにより，その有限 CW 複体のホモトピー型が決定されるが，果して M 上に Morse 関数 f が存在するであろうかということが問題になる．これに関してつぎの定理がある．M上の可微分関数全体の集合 $C^\infty(M)$ に適当な位相をいれるとき

定理　コンパクトな可微分多様体 M 上の Morse 関数全体の集合は $C^\infty(M)$ の中で稠密な開集合である．

（証明は例えば，M. Golubitsky, V. Guillemin; Stable Mappings and Their Singulatities, Graduate Texts in Math. 14, Springer, 1973）．この定理は，任意の可微分関数の近くには必ず Morse 関数があり，かつ Morse 関数に十分近い関数はまた Morse 関数であることを示している．特に，多様体 M 上には無数に多くの Morse 関数が存在するわけであり，定理106が仮空の理論でないことを保障している．さて，多様体 M 上に Morse 関数 f をとり，定理106を用いて M の位相的構造を求めようとするとき，f の臨界点がやたらに数多くあってはその Morse 関数はよいものとはいえない．できることならば臨界点の個数が最小になるような Morse 関数を探したいわけである．というわけで，多様体 M が具体的に与えられたとき，都合のよい Morse 関数を具体的

に見つけるのは以外と困難である．次節 (4)(5)(7) にある例の Morse 関数はいずれも，その臨界点の個数が最小であるという意味において最良のものである．

(4) Morse 関数の例（その１） S^n, KP_n

例107 n 次元球面 $S^n=\{(a_1, \cdots, a_{n+1})\in \boldsymbol{R}^{n+1} \mid a_1{}^2+\cdots+a_{n+1}{}^2=1\}$ 上の関数 $f\colon S^n \to \boldsymbol{R}$

$$f(a_1, \cdots, a_n, a_{n+1})=a_{n+1}$$

は Morse 関数である．実際，例 91, 98 と同様な計算を行うと，f の臨界点は

$$-\boldsymbol{e}_{n+1}=(0, \cdots, 0, -1),\ \boldsymbol{e}_{n+1}=(0, \cdots, 0, 1)$$

の 2 点であって，かつそれらは非退化であることがわかり，さらに $f(-\boldsymbol{e}_{n+1})=-1\neq 1=f(\boldsymbol{e}_{n+1})$ となっているからである．さらに，f の $-\boldsymbol{e}_{n+1}, \boldsymbol{e}_{n+1}$ における指数がそれぞれ $0, n$ であることが例98のような計算でわかるので，定理106より，S^n は 2 つの胞体 e^0, e^n をもつ有限 CW 複体にホモトピー同値である：

$$S^n \simeq e^0 \cup e^n$$

(例77参照)．

例108 2 次元トーラス $T^2=\{(a, b, c)\in \boldsymbol{R}^3 \mid (a^2+b^2+c^2+3)^2=16(b^2+c^2)\}$ 上の関数 $f\colon T^2 \to \boldsymbol{R}$

$$f(a, b, c)=c$$

は例 99 が示すように Morse 関数であった．そして，その臨界点 $(0, 0, -3)$, $(0, 0, -1)$, $(0, 0, 1)$, $(0, 0, 3)$ における指数は順に $0, 1, 1, 2$ であったから，定理106 より，T^2 は 4 つの胞体 e^0, e^1, e^1, e^2 をもつ有限 CW 複体にホモトピー同値である：

$$T^2 \simeq e^0 \cup e^1 \cup e^1 \cup e^2$$

例109 $K=\boldsymbol{R}, \boldsymbol{C}, \boldsymbol{H}, \mathfrak{C}$ とし，射影平面 $KP_2=\{A\in M(3, K) \mid A^*=A,\ A^2=A,\ \mathrm{tr}(A)=1\}$ 上の関数 $f\colon KP_2 \to \boldsymbol{R}$

$$f\begin{pmatrix} a_1 & a_3 & \bar{a}_2 \\ \bar{a}_3 & a_2 & a_1 \\ a_2 & \bar{a}_1 & a_3 \end{pmatrix}=c_1a_1+c_2a_2+c_3a_3 \qquad c_1<c_2<c_3$$

は Morse 関数である．実際，例10のような座標近傍 U_1, U_2, U_3 をとる：

$$KP_2=U_1\cup U_2\cup U_3$$

U_1 上では座標は

$$\frac{\bar{a}_3}{\sqrt{a_1}}=z_1,\quad \frac{a_2}{\sqrt{a_1}}=z_2$$

で与えられており，$a_1=1-|z_1|^2-|z_2|^2, a_2=|z_1|^2, a_3=|z_2|^2$ となるので

$$\begin{aligned} f&=c_1(1-|z_1|^2-|z_2|^2)+c_2|z_1|^2+c_3|z_2|^2 \\ &=c_1+(c_2-c_1)|z_1|^2+(c_3-c_1)|z_2|^2 \end{aligned}$$

となる．例として $K=\boldsymbol{C}$ のとき計算してみよう．

$$z_1=x_1+\mathrm{i}y_1,\ z_2=x_2+\mathrm{i}y_2 \qquad x_i, y_i\in \boldsymbol{R}$$

とおくとき

$$f=c_1+(c_2-c_1)(x_1{}^2+y_1{}^2)+(c_3-c_1)(x_2{}^2+y_2{}^2)$$

となるので，f は U_1 上で可微分関数である．

$$\begin{aligned} &\left(\frac{\partial f}{\partial x_1}, \frac{\partial f}{\partial y_1}, \frac{\partial f}{\partial x_2}, \frac{\partial f}{\partial y_2}\right) \\ &=(2(c_2-c_1)x_1,\ 2(c_2-c_1)y_1,\ 2(c_3-c_1)x_2,\ 2(c_3-c_1)y_2) \end{aligned}$$

を 0 とおくと $x_1=y_1=x_2=y_2=0$ を得るが，これに対応する KP_2 の点

$$E_1=\begin{pmatrix} 1 & 0 & 0 \\ 0 & 0 & 0 \\ 0 & 0 & 0 \end{pmatrix}$$

が U_1 上にある f の臨界点である．つぎに，f の E_1 における指数を求めよう．

$$\frac{\partial^2 f}{\partial x_1{}^2}=2(c_2-c_1),\ \frac{\partial^2 f}{\partial x_1\partial y_1}=0,\ \cdots$$

等の計算から，f の E_1 における Hesse 行列は（座標の順序は x_1, y_1, x_2, y_2 としている）

$$\begin{pmatrix} 2(c_2-c_1) & & & \\ & 2(c_2-c_1) & & \\ & & 2(c_3-c_1) & \\ & & & 2(c_3-c_1) \end{pmatrix}$$

となる．よって，臨界点 E_1 は非退化であり，f の E_1 における指数は0である．同様な計算を U_2, U_3 で行うと

$$E_2=\begin{pmatrix} 0 & 0 & 0 \\ 0 & 1 & 0 \\ 0 & 0 & 0 \end{pmatrix}, \quad E_3=\begin{pmatrix} 0 & 0 & 0 \\ 0 & 0 & 0 \\ 0 & 0 & 1 \end{pmatrix}$$

が臨界点であることがわかり，その点における Hesse の行列は（座標のとり方は例10の通りであるとすると），それぞれ

$$\begin{pmatrix} -2(c_2-c_1) & & & \\ & -2(c_2-c_1) & & \\ & & 2(c_3-c_2) & \\ & & & 2(c_3-c_2) \end{pmatrix}, \quad \begin{pmatrix} -2(c_3-c_1) & & & \\ & -2(c_3-c_1) & & \\ & & -2(c_3-c_2) & \\ & & & -2(c_3-c_2) \end{pmatrix}$$

となるので，その指数は2, 4である．また，E_1, E_2, E_3 における f の値は c_1, c_2, c_3 であって相異なる．よって f は Morse 関数である．したがって，定理106より，$\boldsymbol{C}P_2$ は3つの胞体 e^0, e^2, e^4 をもつ有限 CW 複体にホモトピー同値である：

$$\boldsymbol{C}P_2 \simeq e^0 \cup e^2 \cup e^4$$

同様に，ホモトピー同値

$$\boldsymbol{R}P_2 \simeq e^0 \cup e^1 \cup e^2$$
$$\boldsymbol{H}P_2 \simeq e^0 \cup e^4 \cup e^8$$
$$\mathfrak{C}P_2 \simeq e^0 \cup e^8 \cup e^{16}$$

を得る．また，$K=\boldsymbol{R}, \boldsymbol{C}, \boldsymbol{H}$ とし，射影空間 $KP_n=\{A \in M(n+1, K) \mid A^*=A, A^2=A, \mathrm{tr}(A)=1\}$ 上の関数

$$f\Big(a_{ij}\Big)=c_1a_{11}+\cdots+c_{n+1}a_{n+1n+1} \qquad c_1<\cdots<c_{n+1}$$

は Morse 関数であり，KP_2 と同様な計算を行って定理106を用いると，ホモトピー同値

$$\boldsymbol{R}P_n \simeq e^0 \cup e^1 \cup e^2 \cup \cdots \cup e^n$$
$$\boldsymbol{C}P_n \simeq e^0 \cup e^2 \cup e^4 \cup \cdots \cup e^{2n}$$
$$\boldsymbol{H}P_n \simeq e^0 \cup e^4 \cup e^8 \cup \cdots \cup e^{4n}$$

を得る（例78参照）.

(5) 臨界点と指数の求め方

可微分多様体 M 上に可微分関数 $f\colon M \to \boldsymbol{R}$ が具体的に与えられたとき，f の臨界点を実際に求めるのは一般に容易でない．それは，M 上に座標近傍系 $\{U_\lambda; \lambda \in \Lambda\}$ を具体的に与えることが容易でないし，たとえ座標近傍系が具体的に与えられたとしても，連立方程式

$$\frac{\partial f}{\partial x_1}=0,\ \cdots,\ \frac{\partial f}{\partial x_n}=0$$

を解くのが容易でないからである．しかし，多様体 M が，M 上で階数 r の可微分写像 $f\colon \boldsymbol{R}^n \to \boldsymbol{R}^r$ の零点として得られているときには，つぎに述べる方法がかなり有用である．

定理110 (Kamiya [7]) 可微分関数 $f_1, \cdots, f_r\colon \boldsymbol{R}^n \to \boldsymbol{R}$ に対し

$$M=\{p \in \boldsymbol{R}^n \mid f_1(p)=\cdots=f_r(p)=0\}$$

上の各点 p において，$(\mathrm{grad}\, f_1)_p, \cdots, (\mathrm{grad}\, f_r)_p$ が1次独立であるとする．（このとき，M は $n-r$ 次元可微分多様体であった（定理14））．このとき，可微分

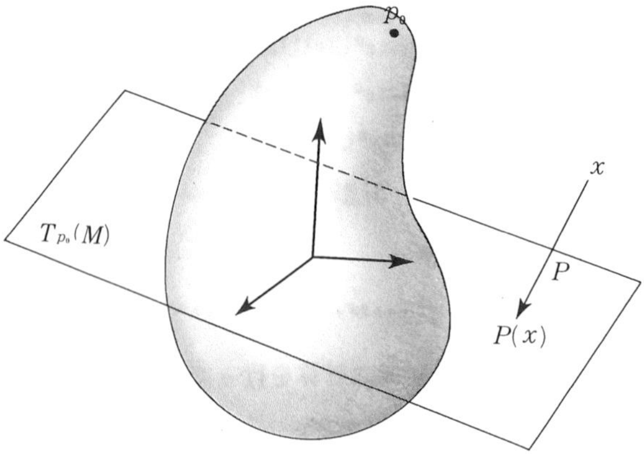

関数 $f\colon \boldsymbol{R}^n \to \boldsymbol{R}$ に対し，点 $p_0 \in M$ が関数 $\bar{f}=f\,|\,M\colon M \to \boldsymbol{R}$ の臨界点であるための必要十分条件は，$(\operatorname{grad} f)_{p_0}$ が $(\operatorname{grad} f_1)_{p_0}, \cdots, (\operatorname{grad} f_r)_{p_0}$ の1次結合：

$$(\operatorname{grad} f)_{p_0} = a_1(\operatorname{grad} f_1)_{p_0} + \cdots + a_r(\operatorname{grad} f_r)_{p_0} \qquad a_i \in \boldsymbol{R}$$

で表わされることである．($(\operatorname{grad} f_1)_{p_0}, \cdots, (\operatorname{grad} f_r)_{p_0}$ は1次独立であるからこの表わし方は一意的である)．つぎに，$p_0 \in M$ を $\bar{f}$ の臨界点とし，Pを $\boldsymbol{R}^n$ から p_0 における接ベクトル空間 $T_{p_0}(M)$ への直交射影 $P\colon \boldsymbol{R}^n \to T_{p_0}(M)$ として，行列

$$H_{p_0} = P\Big(H(f)_{p_0} - \sum_{i=1}^{r} a_i H(f_i)_{p_0}\Big)P$$

をつくるとき，臨界点 p_0 が非退化であるための必要十分条件は，その階数が $n-r$：

$$\operatorname{rank} H_{p_0} = n-r$$

となることである．さらに，f の点 p_0 における指数は行列 H_{p_0} の負の固有値の個数に等しい．

この定理を証明するのにつぎの補題を用いる．

補題111 定理110を証明するとき

$$\begin{cases} (\operatorname{grad} f_1)_{p_0} = (0, \cdots, 0, \overset{n-r+1}{\overbrace{1}}, 0, \cdots, 0) = \boldsymbol{e}_{n-r+1} \\ \cdots\cdots\cdots\cdots\cdots\cdots\cdots\cdots\cdots\cdots \\ (\operatorname{grad} f_r)_{p_0} = (0, \cdots, 0, 0, \cdots, 0, \overset{n}{\breve{1}}) = \boldsymbol{e}_n \end{cases}$$

としておいてよい．

証明 $\boldsymbol{R}^n$ の座標軸を回転して，点 p_0 における接ベクトル空間 $T_{p_0}(M)$ が $(x_1, \cdots, x_{n-r})$ 空間になるようにする．すなわち

$$T_{p_0}(M) = \{p \in \boldsymbol{R}^n \mid x_{n-r+1}(p) = \cdots = x_n(p) = 0\} = \boldsymbol{R}^{n-r} \times \{0\}$$

としておく．このとき，各 $(\operatorname{grad} f_i)_{p_0}$ が $T_{p_0}(M)$ の各元と直交している（命題59）ことから，$(\operatorname{grad} f_i)_{p_0}$ の初めの $n-r$ 個の成分は0である．よって

$$\begin{pmatrix} (\operatorname{grad} f_1)_{p_0} \\ \vdots \\ (\operatorname{grad} f_r)_{p_0} \end{pmatrix} = \begin{pmatrix} \overbrace{0 \cdots 0}^{n-r} & a_{11} \cdots a_{1r} \\ \cdots\cdots\cdots\cdots\cdots \\ 0 \cdots 0 & a_{r1} \cdots a_{rr} \end{pmatrix}$$

の形をしている． 行列 $A=\begin{pmatrix} a_{11}\cdots a_{1r} \\ \cdots\cdots\cdots \\ a_{r1}\cdots a_{rr} \end{pmatrix}$（これは正則である）の逆行列 $B=\begin{pmatrix} b_{11}\cdots b_{1r} \\ \cdots\cdots\cdots \\ b_{r1}\cdots b_{rr} \end{pmatrix}$ を上式の左から掛けることにより

$$\begin{pmatrix} b_{11} & \cdots & b_{1r} \\ & \cdots\cdots\cdots & \\ b_{r1} & \cdots & b_{rr} \end{pmatrix}\begin{pmatrix} (\mathrm{grad}\, f_1)_{p_0} \\ \vdots \\ (\mathrm{grad}\, f_r)_{p_0} \end{pmatrix}=\begin{pmatrix} 0\cdots 0 & 1 & & \\ \cdots\cdots & & \ddots & \\ 0\cdots 0 & & & 1 \end{pmatrix}$$

の形にすることができる．すなわち

$$\sum_{j=1}^{r} b_{ij}(\mathrm{grad}\, f_j)_{p_0}=\boldsymbol{e}_{n-r+i} \qquad i=1, \cdots, r$$

となる．そこで，関数 $\tilde{f}_i\colon \boldsymbol{R}^n \to \boldsymbol{R}$ を

$$\tilde{f}_i=\sum_{j=1}^{r} b_{ij}f_j \qquad i=1, \cdots, r$$

で定義すると，各 $\tilde{f}_i$ は可微分関数で

$$M=\{p\in \boldsymbol{R}^n \mid \tilde{f}_1(p)=\cdots=\tilde{f}_r(p)=0\}$$

であり，M 上の各点 p で $(\mathrm{grad}\, \tilde{f}_1)_p, \cdots, (\mathrm{grad}\, \tilde{f}_r)_p$ は 1 次独立であって，さらに点 p_0 においては $(\mathrm{grad}\, \tilde{f}_i)_{p_0}$ が $\boldsymbol{e}_{n-r+i}, i=1, \cdots, r$ になっている．以上で補題が証明された．■

定理110の証明（定理14と同じ記号を用いる）． 定理14のように，点 p_0 のまわりの座標近傍 $(U=M\cap W, \varphi)$ をとり，$V=\varphi(U)$ とおく．関数 $\bar{f}=f\,|\,M\colon M\to \boldsymbol{R}$ は可微分であって（補題27），V 上で

$$\begin{aligned}\bar{f}(x_1, \cdots, x_{n-r})&=\bar{f}\varphi^{-1}(x_1, \cdots, x_{n-r}) \\ &=f(x_1, \cdots, x_{n-r}, g_1(x_1, \cdots, x_{n-r}), \cdots, g_r(x_1, \cdots, x_{n-r})) \qquad \text{(i)}\end{aligned}$$

と表わされていた． 関数 $f_i\colon \boldsymbol{R}^n \to \boldsymbol{R}$ は M 上に制限すると恒等的に 0 となるから，V 上で

$$f_i(x_1, \cdots, x_{n-r}, g_1(x_1, \cdots, x_{n-r}), \cdots, g_r(x_1, \cdots, x_{n-r}))=0 \quad i=1, \cdots, r \qquad \text{(ii)}$$

がなりたっている．以下，便宜上，$\boldsymbol{R}^n$ の標準座標関数系 $(x_1, \cdots, x_{n-r}, x_{n-r+1}, \cdots, x_n)$ を $(x_1, \cdots, x_{n-r}, y_1, \cdots, y_r)$ で表わすことにする．(ii)を微分すると

$$\frac{\partial f_i}{\partial x_k}+\sum_{j=1}^{r}\frac{\partial f_i}{\partial y_j}\frac{\partial g_j}{\partial x_k}=0 \tag{iii}$$

となるが，補題111の条件 $(\operatorname{grad} f_i)_{p_0}=\boldsymbol{e}_{n-r+i}$，すなわち

$$\frac{\partial f_i}{\partial x_k}(p_0)=0,\ k=1,\cdots,n-r;\ \frac{\partial f_i}{\partial y_j}(p_0)=\delta_{ij},\quad j=1,\cdots,r \tag{iv}$$

を仮定しておくと

$$\frac{\partial g_i}{\partial x_k}(p_0)=0 \qquad i=1,\cdots,r;\ k=1,\cdots,n-r \tag{v}$$

を得る．同様に，(i)を微分して(v)を用いると

$$\begin{aligned}\frac{\partial \bar{f}}{\partial x_k}(p_0)&=\frac{\partial f}{\partial x_k}(p_0)+\sum_{j=1}^{r}\frac{\partial f}{\partial y_j}(p_0)\frac{\partial g_j}{\partial x_k}(p_0)\\&=\frac{\partial f}{\partial x_k}(p_0) \qquad k=1,\cdots,n-r\end{aligned} \tag{vi}$$

となる．さて，$p_0\in M$ が $\bar{f}$ の臨界点であれば，$\dfrac{\partial \bar{f}}{\partial x_k}(p_0)=0,\quad k=1,\cdots,n-r$ であるから(vi)より

$$\frac{\partial f}{\partial x_k}(p_0)=0 \qquad k=1,\cdots,n-r$$

を得る．そこで

$$\frac{\partial f}{\partial y_j}(p_0)=\alpha_j \qquad j=1,\cdots,r \tag{vii}$$

とおくと

$$\begin{aligned}(\operatorname{grad} f)_{p_0}&=(0,\cdots,0,\alpha_1,\cdots,\alpha_r)\\&=\sum_{j=1}^{r}\alpha_j\boldsymbol{e}_{n-r+j}=\sum_{j=1}^{r}\alpha_j(\operatorname{grad} f_j)_{p_0}\end{aligned}$$

となり，$(\operatorname{grad} f)_{p_0}$ は $(\operatorname{grad} f_1)_{p_0},\cdots,(\operatorname{grad} f_r)_{p_0}$ の１次結合で表わされた．逆に，点 $p_0\in M$ において，$(\operatorname{grad} f)_{p_0}$ が $(\operatorname{grad} f_1)_{p_0},\cdots,(\operatorname{grad} f_r)_{p_0}$ の１次結合で表わされるならば，$\dfrac{\partial f}{\partial x_k}(p_0)=0, k=1,\cdots,n-r$ となり，(vi)より $\dfrac{\partial \bar{f}}{\partial x_k}(p_0)=0, k=1,\cdots,n-r$ を得る．よって p_0 は f の臨界点である．以上で定理の前半が証明された．

　定理の後半を証明しよう．(iii)を更に微分すると

$$\frac{\partial^2 f_i}{\partial x_k \partial x_l}+\sum_{j=1}^{r}\frac{\partial^2 f_i}{\partial x_k \partial y_j}\frac{\partial g_j}{\partial x_l}+\sum_{j=1}^{r}\frac{\partial^2 f_i}{\partial y_j \partial x_l}\frac{\partial g_j}{\partial x_k}$$
$$+\sum_{j,s=1}^{r}\frac{\partial^2 f_i}{\partial y_j \partial y_s}\frac{\partial g_s}{\partial x_l}\frac{\partial g_j}{\partial x_k}+\sum_{j=1}^{r}\frac{\partial f_i}{\partial y_j}\frac{\partial^2 g_j}{\partial x_k \partial x_l}=0$$

となるが，これを臨界点 p_0 で考え，(iv)(v)を用いると

$$\frac{\partial^2 g_i}{\partial x_k \partial x_l}(p_0)=-\frac{\partial^2 f_i}{\partial x_k \partial x_l}(p_0) \qquad \begin{array}{l} i=1,\cdots,r \\ k,l=1,\cdots,n-r \end{array} \qquad \text{(viii)}$$

を得る．同様に，(i)を2回微分し点 p_0 で考えると

$$\frac{\partial^2 \bar{f}}{\partial x_k \partial x_l}(p_0)=\frac{\partial^2 f}{\partial x_k \partial x_l}(p_0)+\sum_{j=1}^{r}\frac{\partial^2 f}{\partial x_k \partial y_j}(p_0)\frac{\partial g_j}{\partial x_l}(p_0)$$
$$+\sum_{j=1}^{r}\frac{\partial^2 f}{\partial y_j \partial x_l}(p_0)\frac{\partial g_j}{\partial x_k}(p_0)+\sum_{j,s=1}^{r}\frac{\partial^2 f}{\partial y_j \partial y_s}(p_0)\frac{\partial g_s}{\partial x_l}(p_0)\frac{\partial g_j}{\partial x_k}(p_0)$$
$$+\sum_{j=1}^{r}\frac{\partial f}{\partial y_j}(p_0)\frac{\partial^2 g_j}{\partial x_k \partial x_l}(p_0)$$
$$=\frac{\partial^2 f}{\partial x_k \partial x_l}(p_0)+\sum_{j=1}^{r}\frac{\partial f}{\partial y_j}(p_0)\frac{\partial^2 g_j}{\partial x_k \partial x_l}(p_0) \qquad \text{((v)より)}$$
$$=\frac{\partial^2 f}{\partial x_k \partial x_l}(p_0)-\sum_{j=1}^{r}\alpha_j\frac{\partial^2 f_j}{\partial x_k \partial x_l}(p_0) \qquad \text{((vii)(viii)より)} \qquad \text{(ix)}$$

を得る．これが $\dot{\bar{f}}$ の Hesse 行列 $H(\bar{f})_{p_0}$ の (k, l)-成分である．さて，補題111の条件のもとでは，直交射影 $P\colon \boldsymbol{R}^n \to T_{p_0}(M)=\boldsymbol{R}^{n-r}\times\{0\}$ は

$$P(x_1,\cdots,x_n)=(x_1,\cdots,x_{n-r},0,\cdots,0)$$

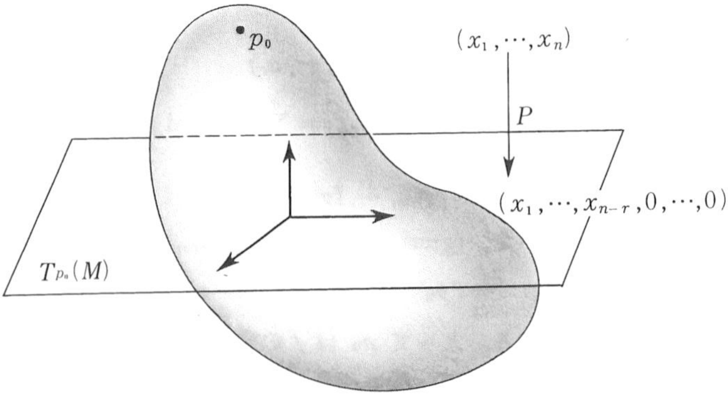

で与えられる．これを行列でかくと

$$P=\begin{pmatrix} 1 & & & & \\ & \ddots & & & \\ & & 1 & & \\ & & & 0 & \\ & & & & \ddots \\ & & & & & 0 \end{pmatrix}\Big\}n-r$$

になる．このとき

$$H_{p_0}=P(H(f)_{p_0}-\sum_{i=1}^{r}\alpha_i H(f_i)_{p_0})P$$

$$=P\left(\begin{array}{c:c} \dfrac{\partial^2 f}{\partial x_k\partial x_l}(p_0)-\sum_{i=1}^{r}\alpha_i\dfrac{\partial^2 f_i}{\partial x_k\partial x_l}(p_0) & \dfrac{\partial^2 f}{\partial x_k\partial y_s}(p_0)-\sum_{i=1}^{r}\alpha_i\dfrac{\partial^2 f_i}{\partial x_k\partial y_s}(p_0) \\ \hdashline * & \dfrac{\partial^2 f}{\partial y_s\partial y_t}(p_0)-\sum_{i=1}^{r}\alpha_i\dfrac{\partial^2 f_i}{\partial y_s\partial y_t}(p_0) \end{array}\right)P\Big\}n-r$$

$$=\left(\begin{array}{c:c} \dfrac{\partial^2 f}{\partial x_k\partial x_l}(p_0)-\sum_{i=1}^{r}\alpha_i\dfrac{\partial^2 f_i}{\partial x_k\partial x_l}(p_0) & 0 \\ \hdashline 0 & 0 \end{array}\right)$$

$$=\left(\begin{array}{c:c} \dfrac{\partial^2 \bar{f}}{\partial x_k\partial x_l}(p_0) & 0 \\ \hdashline 0 & 0 \end{array}\right) \qquad \text{((ix)より)}$$

$$=\left(\begin{array}{c:c} H(\bar{f})_{p_0} & 0 \\ \hdashline 0 & 0 \end{array}\right)$$

となる．よって rank $H(\bar{f})_{p_0}=$rank H_{p_0} であり，さらに $H(\bar{f})_{p_0}$ の負の固有値の個数と H_{p_0} の負の固有値の個数は一致している．以上で定理の後半も証明された．▮

例112 n 次元球面 $S^n=\{(a_1, \cdots, a_{n+1})\in \boldsymbol{R}^{n+1} \mid a_1{}^2+\cdots+a_{n+1}{}^2=1\}$ 上の関数 $\bar{f}: S^n \to \boldsymbol{R}$

$$\bar{f}(a_1, \cdots, a_{n+1})=a_{n+1}$$

について，例107で得たのと同じ結果を定理110を用いて求めてみよう．話を簡単にするため $n=2$ としておく（一般のときも全く同じである）．関数 f_1, f:

$\boldsymbol{R}^3 \to \boldsymbol{R}$ を

$$f_1(x, y, z) = x^2 + y^2 + z^2 - 1$$
$$f(x, y, z) = z$$

で定義すると，いずれも可微分関数であって

$$S^2 = \{(a, b, c) \in \boldsymbol{R}^3 \mid f_1(a, b, c) = 0\}$$

となっている（例15参照）．さて

$$\operatorname{grad} f_1 = (2x, 2y, 2z)$$
$$\operatorname{grad} f = (0, 0, 1)$$

であるから，$p = (a, b, c) \in S^2$ に対し，$(\operatorname{grad} f)_p$ が $(\operatorname{grad} f_1)_p$ の 1 次結合で表わされる条件，すなわち，ある $\alpha \in \boldsymbol{R}$ に対して $(0, 0, 1) = \alpha\,(2a, 2b, 2c)$となる条件は

$$a = b = 0 \qquad \text{したがって} \quad c^2 = 1$$

である．よって f の臨界点は

$$p_\varepsilon = (0, 0, \varepsilon) \qquad \varepsilon = \pm 1$$

の 2 点である．つぎに臨界点 p_ε における指数を求めよう．p_ε において

$$(\operatorname{grad} f)_{p_\varepsilon} = \frac{\varepsilon}{2} (\operatorname{grad} f_1)_{p_\varepsilon}$$

となっているから

$$H(f)_{p_\varepsilon} - \frac{\varepsilon}{2} H(f_1)_{p_\varepsilon} = \begin{pmatrix} 0 & & \\ & 0 & \\ & & 0 \end{pmatrix} - \frac{\varepsilon}{2} \begin{pmatrix} 2 & & \\ & 2 & \\ & & 2 \end{pmatrix}$$
$$= \begin{pmatrix} -\varepsilon & & \\ & -\varepsilon & \\ & & -\varepsilon \end{pmatrix}$$

となる．点 p_ε における接ベクトル空間 $T_{p_\varepsilon}(S^2)$ は (x, y)-平面であるから，直交射影 $P\colon \boldsymbol{R}^3 \to T_{p_\varepsilon}(S^2)$ は $P\begin{pmatrix} x \\ y \\ z \end{pmatrix} = \begin{pmatrix} x \\ y \\ 0 \end{pmatrix}$ であり，これを行列で書くと

$$P = \begin{pmatrix} 1 & & \\ & 1 & \\ & & 0 \end{pmatrix}$$

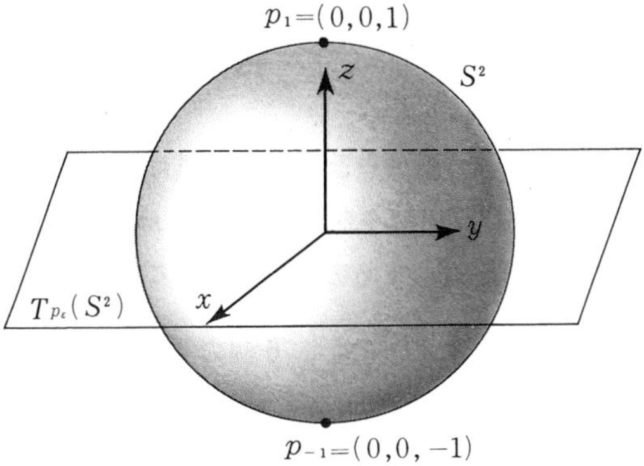

となる．よって

$$H_{p_\varepsilon}=P(H(f)_{p_\varepsilon}-\frac{\varepsilon}{2}H(f_1)_{p_\varepsilon})P$$

$$=\begin{pmatrix}1&&\\&1&\\&&0\end{pmatrix}\begin{pmatrix}-\varepsilon&&\\&-\varepsilon&\\&&-\varepsilon\end{pmatrix}\begin{pmatrix}1&&\\&1&\\&&0\end{pmatrix}$$

$$=\begin{pmatrix}-\varepsilon&&\\&-\varepsilon&\\&&0\end{pmatrix}$$

となる．この行列の階数は2であるから臨界点 p_ε は非退化である．また H_{p_ε} の0でない固有値は $-\varepsilon, -\varepsilon$ であるから

点 $(0, 0, 1)$ における指数は2であり，

点 $(0, 0, -1)$ における指数は0である．

例113 例108の2次元トーラス T^2 に対しても，関数 f_1, f: $\boldsymbol{R}^3 \to \boldsymbol{R}$

$$f_1(x, y, z)=(x^2+y^2+z^2+3)^2-16(y^2+z^2)$$
$$f(x, y, z)=z$$

を用いて，例112と同様にすれば，$\bar{f}=f\,|\,T^2$: $T^2 \to \boldsymbol{R}$ の臨界点と，その点における指数が求められるが，それは各自の演習としておく．

(6) Morse 関数の例（その2） $\boldsymbol{O(n)}, \boldsymbol{SO(n)}, \boldsymbol{U(n)}, \boldsymbol{SU(n)}, \boldsymbol{Sp(n)}$

例114 直交群 $O(n)=\{A \in M(n, \boldsymbol{R}) \mid {}^tAA=E\}$ 上の関数 $\bar{f}$: $O(n) \to \boldsymbol{R}$

$$\bar{f}\begin{pmatrix} a_{11} & \cdots & a_{1n} \\ & \cdots\cdots\cdots & \\ a_{n1} & \cdots & a_{nn} \end{pmatrix} = c_1a_{11}+\cdots+c_na_{nn} \qquad \begin{matrix} 0<c_i \\ 2c_i<c_{i+1} \end{matrix}$$

は Morse 関数である．$\bar{f}$ の臨界点およびその点における指数を求めるために定理110を用いよう．なお，理解を助けるために $n=3$ の場合の計算を書いておく．記号や計算は例20と同じであるが再記することにする．$M(3, \boldsymbol{R})$ の行列 X を $\begin{pmatrix} x_{11} & x_{12} & x_{13} \\ x_{21} & x_{22} & x_{23} \\ x_{31} & x_{32} & x_{33} \end{pmatrix}$ で表わすことにし，6個の関数 $f_{11}, f_{22}, f_{33}, f_{12}, f_{13}, f_{23}$ および関数 $f\colon M(3, \boldsymbol{R}) \to \boldsymbol{R}$ を

$$\begin{cases} f_{11}=x_{11}{}^2+x_{21}{}^2+x_{31}{}^2-1 \\ f_{22}=x_{12}{}^2+x_{22}{}^2+x_{32}{}^2-1 \\ f_{33}=x_{13}{}^2+x_{23}{}^2+x_{33}{}^2-1 \\ f_{12}=x_{12}x_{11}+x_{21}x_{22}+x_{31}x_{32} \\ f_{13}=x_{11}x_{13}+x_{21}x_{23}+x_{31}x_{33} \\ f_{23}=x_{12}x_{13}+x_{22}x_{23}+x_{32}x_{33} \end{cases}$$

$$f=c_1x_{11}+c_2x_{22}+c_3x_{33} \qquad 0<4c_1<2c_2<c_3$$

で定義する．これらの関数の方向ベクトルは

$$\operatorname{grad} f_{11}=\begin{pmatrix} 2x_{11} & 0 & 0 \\ 2x_{21} & 0 & 0 \\ 2x_{31} & 0 & 0 \end{pmatrix}, \qquad \operatorname{grad} f_{22}=\begin{pmatrix} 0 & 2x_{12} & 0 \\ 0 & 2x_{22} & 0 \\ 0 & 2x_{32} & 0 \end{pmatrix},$$

$$\operatorname{grad} f_{33}=\begin{pmatrix} 0 & 0 & 2x_{13} \\ 0 & 0 & 2x_{23} \\ 0 & 0 & 2x_{33} \end{pmatrix}, \qquad \operatorname{grad} f_{12}=\begin{pmatrix} x_{12} & x_{11} & 0 \\ x_{22} & x_{21} & 0 \\ x_{32} & x_{31} & 0 \end{pmatrix},$$

$$\operatorname{grad} f_{13}=\begin{pmatrix} x_{13} & 0 & x_{11} \\ x_{23} & 0 & x_{21} \\ x_{33} & 0 & x_{31} \end{pmatrix}, \qquad \operatorname{grad} f_{23}=\begin{pmatrix} 0 & x_{13} & x_{12} \\ 0 & x_{23} & x_{22} \\ 0 & x_{33} & x_{32} \end{pmatrix},$$

$$\operatorname{grad} f=\begin{pmatrix} c_1 & 0 & 0 \\ 0 & c_2 & 0 \\ 0 & 0 & c_3 \end{pmatrix}$$

である．これらのベクトルの $O(3)$ 上での1次従属性を調べるために，その

Gramm 行列式をつくり，$A\in O(3)$ で考えると(例20の計算結果も用いて)

$$\begin{vmatrix} 4 & & & & & & 2c_1a_{11} \\ & 4 & & & & & 2c_2a_{22} \\ & & 4 & & & & 2c_3a_{33} \\ & & & 2 & & & c_1a_{12}+c_2a_{21} \\ & & & & 2 & & c_1a_{13}+c_3a_{31} \\ & & & & & 2 & c_2a_{23}+c_3a_{32} \\ 2c_1a_{11} & 2c_2a_{22} & 2c_3a_{33} & c_1a_{12}+c_2a_{21} & c_1a_{13}+c_3a_{31} & c_2a_{23}+c_3a_{32} & c_1^2+c_2^2+c_3^2 \end{vmatrix}$$

$$=-2^8(2c_1^2a_{11}^2+2c_2^2a_{22}^2+2c_3^2a_{33}^2+(c_1a_{12}+c_2a_{21})^2+(c_1a_{13}+c_3a_{31})^2 \\ +(c_2a_{23}+c_3a_{32})^2-2(c_1^2+c_2^2+c_3^2))$$

となる．点 $A\in O(3)$ が $\bar{f}$ の臨界点になるのは，この行列式の値が 0 となるときである(補題19)から，これを 0 とおいた方程式

$$2c_1^2a_{11}^2+2c_2^2a_{22}^2+2c_3^2a_{33}^2+(c_1a_{12}+c_2a_{21})^2+(c_1a_{13}+c_3a_{31})^2 \\ +(c_{32}a_{23}+c_3a_{32})^2-2(c_1^2+c_2^2+c_3^2)=0 \tag{i}$$

を解こう．そのために

$$0\leqq(c_1a_{12}-c_2a_{21})^2+(c_1a_{13}-c_3a_{31})^2+(c_2a_{23}-c_3a_{32})^2$$

に(i)を加えて計算すると

$$=2(c_1^2(a_{11}^2+a_{12}^2+a_{13}^2-1)+c_2^2(a_{21}^2+a_{22}^2+a_{23}^2-1) \\ +c_3^2(a_{31}^2+a_{32}^2+a_{33}^2-1)) \tag{ii}$$

となる．A が直交行列ならば ${}^tA$ も直交行列になるので

$$a_{11}^2+a_{12}^2+a_{13}^2=1,\quad a_{21}^2+a_{22}^2+a_{23}^2=1,\quad a_{31}^2+a_{32}^2+a_{33}^2=1 \tag{iii}$$

がなりたつ．したがって(ii)は 0 となる．これより

$$\begin{cases} c_1a_{12}=c_2a_{21} & \text{(iv)} \\ c_1a_{13}=c_3a_{31} & \text{(v)} \\ c_2a_{23}=c_3a_{32} & \text{(vi)} \end{cases}$$

となる．さらに (iv)^2+(v)^2 をつくり(iii)を用いると

$$c_2^2a_{21}^2+c_3^2a_{31}^2=c_1^2(a_{12}^2+a_{13}^2)=c_1^2(1-a_{11}^2)=c_1^2(a_{21}^2+a_{31}^2)$$

より

$$(c_2{}^2-c_1{}^2)a_{21}{}^2+(c_3{}^2-c_1{}^2)a_{31}{}^2=0$$

となるが，$0<c_1<c_2<c_3$ であるから

$$a_{21}=a_{31}=0 \quad \text{したがって} \quad a_{11}{}^2=1$$

を得る．同様に

$$a_{12}=a_{32}=0,\quad a_{22}{}^2=1;\quad a_{13}=a_{23}=0,\quad a_{33}{}^2=1$$

を得る．よって $\bar{f}$ の臨界点は $2^2=8$ 個の点

$$A(\varepsilon_1, \varepsilon_2, \varepsilon_3)=\begin{pmatrix}\varepsilon_1 & & \\ & \varepsilon_2 & \\ & & \varepsilon_3\end{pmatrix} \qquad \varepsilon_i=\pm 1$$

であることがわかった．これらの点 $A(\varepsilon_1, \varepsilon_2, \varepsilon_3)$ で $\bar{f}$ のとる値は異なっている．実際，$f(A(\varepsilon_1, \varepsilon_2, \varepsilon_3))=f(A(\varepsilon_1', \varepsilon_2', \varepsilon_3'))$，すなわち

$$\varepsilon_1 c_1+\varepsilon_2 c_2+\varepsilon_3 c_3=\varepsilon_1' c_1+\varepsilon_2' c_2+\varepsilon_3' c_3$$

とすると $(\varepsilon_3-\varepsilon_3')c_3=(\varepsilon_1'-\varepsilon_1)c_1+(\varepsilon_2'-\varepsilon_2)c_2$ となるが，もし $\varepsilon_3 \neq \varepsilon_3'$ とすると

$$2c_3=|(\varepsilon_3-\varepsilon_3')c_3| \leqq |(\varepsilon_1'-\varepsilon_1)c_1|+|(\varepsilon_2'-\varepsilon_2)c_2| \leqq 2c_1+2c_2<3c_2<2c_3$$

となり矛盾する．よって $\varepsilon_3=\varepsilon_3'$ である．同様に，$\varepsilon_2=\varepsilon_2', \varepsilon_1=\varepsilon_1'$ を得る．

つぎに臨界点 $A_0=A(\varepsilon_1, \varepsilon_2, \varepsilon_3)$ における指数を求めよう．点 A_0 における各関数の方向ベクトルは

$$(\mathrm{grad}\, f_{11})_{A_0}=\begin{pmatrix}2\varepsilon_1 & 0 & 0\\ 0 & 0 & 0\\ 0 & 0 & 0\end{pmatrix},\quad (\mathrm{grad}\, f_{22})_{A_0}=\begin{pmatrix}0 & 0 & 0\\ 0 & 2\varepsilon_2 & 0\\ 0 & 0 & 0\end{pmatrix},$$

$$(\mathrm{grad}\, f_{33})_{A_0}=\begin{pmatrix}0 & 0 & 0\\ 0 & 0 & 0\\ 0 & 0 & 2\varepsilon_3\end{pmatrix},\quad (\mathrm{grad}\, f_{12})_{A_0}=\begin{pmatrix}0 & \varepsilon_1 & 0\\ \varepsilon_2 & 0 & 0\\ 0 & 0 & 0\end{pmatrix},$$

$$(\mathrm{grad}\, f_{13})_{A_0}=\begin{pmatrix}0 & 0 & \varepsilon_1\\ 0 & 0 & 0\\ \varepsilon_3 & 0 & 0\end{pmatrix},\quad (\mathrm{grad}\, f_{23})_{A_0}=\begin{pmatrix}0 & 0 & 0\\ 0 & 0 & \varepsilon_2\\ 0 & \varepsilon_3 & 0\end{pmatrix}$$

$$(\mathrm{grad}\, f)_{A_0}=\begin{pmatrix}c_1 & 0 & 0\\ 0 & c_2 & 0\\ 0 & 0 & c_3\end{pmatrix}$$

となるから，$(\operatorname{grad} f)_{A_0}$ は

$$(\operatorname{grad} f)_{A_0}=\frac{\varepsilon_1 c_1}{2}(\operatorname{grad} f_{11})_{A_0}+\frac{\varepsilon_2 c_2}{2}(\operatorname{grad} f_{22})_{A_0}+\frac{\varepsilon_3 c_3}{2}(\operatorname{grad} f_{33})_{A_0}$$

と表わされる．点 A_0 における接ベクトル空間 $T_{A_0}(O(3))$ への直交射影 $P: M(3, \boldsymbol{R}) \to T_{A_0}(O(3))$ の行列 P を求めるために，点 $X=\begin{pmatrix} x_{11} & x_{12} & x_{13} \\ x_{21} & x_{22} & x_{23} \\ x_{31} & x_{32} & x_{33} \end{pmatrix} \in M(3, \boldsymbol{R})$ から $T_{A_0}(O(3))$ へ垂線を下した交点を $P(X)=\Xi=\begin{pmatrix} \xi_{11} & \xi_{12} & \xi_{13} \\ \xi_{21} & \xi_{22} & \xi_{23} \\ \xi_{31} & \xi_{32} & \xi_{33} \end{pmatrix} \in T_{A_0}(O(3))$ とする．Ξ は $(\operatorname{grad} f_{ij})_{A_0}$; $i \leqq j$ と直交している（命題59）から

$$\begin{cases} \xi_{11}=\xi_{22}=\xi_{33}=0 \\ \varepsilon_1\xi_{12}+\varepsilon_2\xi_{21}=0 \\ \varepsilon_1\xi_{13}+\varepsilon_3\xi_{31}=0 \\ \varepsilon_2\xi_{23}+\varepsilon_3\xi_{32}=0 \end{cases} \tag{vii}$$

となる．さらに $\Xi-X=\left(\xi_{ij}-x_{ij}\right)$ は $(\operatorname{grad} f_{ij})_{A_0}$; $i \leqq j$ の張る空間に含まれるから，これらの 1 次結合で表わされる．よって

$$\begin{cases} \xi_{12}-x_{12}=\alpha_{12}\varepsilon_1, & \xi_{21}-x_{21}=\alpha_{12}\varepsilon_2 \\ \xi_{13}-x_{13}=\alpha_{13}\varepsilon_1, & \xi_{31}-x_{31}=\alpha_{13}\varepsilon_3 \\ \xi_{23}-x_{23}=\alpha_{23}\varepsilon_2, & \xi_{32}-x_{32}=\alpha_{23}\varepsilon_3 \end{cases} \tag{viii}$$

をみたす $\alpha_{12}, \alpha_{13}, \alpha_{23} \in \boldsymbol{R}$ が存在する．(vii)(viii)を解いて ξ_{ij} を求めると

$$\begin{cases} \xi_{11}=\xi_{22}=\xi_{33}=0 \\ \xi_{12}=\dfrac{x_{12}-\varepsilon_1\varepsilon_2 x_{21}}{2}, & \xi_{21}=\dfrac{-\varepsilon_1\varepsilon_2 x_{12}+x_{21}}{2} \\ \xi_{13}=\dfrac{x_{13}-\varepsilon_1\varepsilon_3 x_{31}}{2}, & \xi_{31}=\dfrac{-\varepsilon_1\varepsilon_3 x_{13}+x_{31}}{2} \\ \xi_{23}=\dfrac{x_{23}-\varepsilon_2\varepsilon_3 x_{32}}{2}, & \xi_{32}=\dfrac{-\varepsilon_2\varepsilon_3 x_{23}+x_{32}}{2} \end{cases}$$

となる．$M(3, \boldsymbol{R})$ の標準座標関数系の順序を

$$(x_{11}, x_{22}, x_{33};\ x_{12}, x_{21};\ x_{13}, x_{31};\ x_{23}, x_{32})$$

のようにいれて，Pを行列で書くと

$$P=\left(\begin{array}{ccc|cc|cc|cc}
0 & & & & & & & & \\
 & 0 & & & & & & & \\
 & & 0 & & & & & & \\
\hline
 & & & \frac{1}{2} & -\frac{\varepsilon_1\varepsilon_2}{2} & & & & \\
 & & & -\frac{\varepsilon_1\varepsilon_2}{2} & \frac{1}{2} & & & & \\
\hline
 & & & & & \frac{1}{2} & -\frac{\varepsilon_1\varepsilon_3}{2} & & \\
 & & & & & -\frac{\varepsilon_1\varepsilon_3}{2} & \frac{1}{2} & & \\
\hline
 & & & & & & & \frac{1}{2} & -\frac{\varepsilon_2\varepsilon_3}{2} \\
 & & & & & & & -\frac{\varepsilon_2\varepsilon_3}{2} & \frac{1}{2}
\end{array}\right)$$

となる．また

$$H(f_{11})_{A_0}=\mathrm{diag}(2, 0, 0;\ 0, 2;\ 0, 2;\ 0, 0)^{*)}$$
$$H(f_{22})_{A_0}=\mathrm{diag}(0, 2, 0;\ 2, 0;\ 0, 0;\ 0, 2)$$
$$H(f_{33})_{A_0}=\mathrm{diag}(0, 0, 2;\ 0, 0;\ 2, 0;\ 2, 0)$$
$$H(f)_{A_0}=\mathrm{diag}(0, 0, 0;\ 0, 0;\ 0, 0;\ 0, 0)$$

であるから

$$H(f)_{A_0}-\frac{\varepsilon_1 c_1}{2}H(f_{11})_{A_0}-\frac{\varepsilon_2 c_2}{2}H(f_{22})_{A_0}-\frac{\varepsilon_3 c_3}{2}H(f_{33})_{A_0}$$
$$=\mathrm{diag}(-\varepsilon_1 c_1, -\varepsilon_2 c_2, -\varepsilon_3 c_3;\ -\varepsilon_2 c_2, -\varepsilon_1 c_1;\ -\varepsilon_3 c_3, -\varepsilon_1 c_1;\ -\varepsilon_3 c_3, -\varepsilon_2 c_2)$$

となる．したがって

$$H_{A_0}=P\left(H(f)_{A_0}-\frac{\varepsilon_1 c_1}{2}H(f_{11})_{A_0}-\frac{\varepsilon_2 c_2}{2}H(f_{22})_{A_0}-\frac{\varepsilon_3 c_3}{2}H(f_{33})_{A_0}\right)P$$

---

*) $\mathrm{diag}(\lambda_1, \cdots, \lambda_n)$ で対角線形の行列 $\begin{pmatrix}\lambda_1 & & \\ & \ddots & \\ & & \lambda_n\end{pmatrix}$ を表わすものとする．

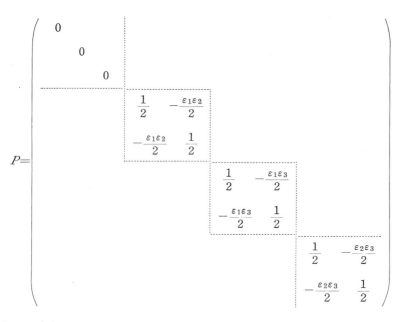

$$=\begin{pmatrix} O_3 & & & \\ & B_1 & & \\ & & B_2 & \\ & & & B_3 \end{pmatrix}$$

ここに

$$O_3=\begin{pmatrix} 0 & & \\ & 0 & \\ & & 0 \end{pmatrix}, \qquad B_1=\frac{1}{4}\begin{pmatrix} -\varepsilon_2 c_2-\varepsilon_1 c_1 & \varepsilon_2 c_1+\varepsilon_1 c_2 \\ \varepsilon_2 c_1+\varepsilon_1 c_2 & -\varepsilon_2 c_2-\varepsilon_1 c_1 \end{pmatrix}$$

$$B_2=\frac{1}{4}\begin{pmatrix} -\varepsilon_3 c_3-\varepsilon_1 c_1 & \varepsilon_1 c_3+\varepsilon_3 c_1 \\ \varepsilon_1 c_3+\varepsilon_3 c_1 & -\varepsilon_3 c_3-\varepsilon_1 c_1 \end{pmatrix}, \ B_3=\frac{1}{4}\begin{pmatrix} -\varepsilon_3 c_3-\varepsilon_2 c_2 & \varepsilon_2 c_3+\varepsilon_3 c_2 \\ \varepsilon_2 c_3+\varepsilon_3 c_2 & -\varepsilon_3 c_3-\varepsilon_2 c_2 \end{pmatrix}$$

となる．H_{A_0} の固有値を求めると，0 および

$$-\frac{(\varepsilon_2+\varepsilon_1)(c_2+c_1)}{4}, -\frac{(\varepsilon_2-\varepsilon_1)(c_2-c_1)}{4}, -\frac{(\varepsilon_3+\varepsilon_1)(c_3+c_1)}{4},$$

$$-\frac{(\varepsilon_3-\varepsilon_1)(c_3-c_1)}{4}, -\frac{(\varepsilon_3+\varepsilon_2)(c_3+c_2)}{4}, -\frac{(\varepsilon_3-\varepsilon_2)(c_3-c_2)}{4}$$

である．よって各臨界点 A_0 における H_{A_0} の 0 でない固有値はつぎのようになり（これより各臨界点が非退化であることもわかる），その指数が求められる．

臨界点	0 でない固有値	指数
$\begin{pmatrix} 1 & & \\ & 1 & \\ & & 1 \end{pmatrix}$	$-(c_2+c_1)/2$ $-(c_3+c_1)/2$ $-(c_3+c_2)/2$	3
$\begin{pmatrix} -1 & & \\ & -1 & \\ & & 1 \end{pmatrix}$	$(c_2+c_1)/2$ $-(c_3-c_1)/2$ $-(c_3-c_2)/2$	2
$\begin{pmatrix} -1 & & \\ & 1 & \\ & & -1 \end{pmatrix}$	$-(c_2-c_1)/2$ $(c_3+c_1)/2$ $(c_3-c_2)/2$	1
$\begin{pmatrix} 1 & & \\ & -1 & \\ & & -1 \end{pmatrix}$	$(c_2-c_1)/2$ $(c_3-c_1)/2$ $(c_3+c_2)/2$	0

$$\begin{pmatrix}-1&&\\&-1&\\&&-1\end{pmatrix}\qquad\begin{matrix}(c_2+c_1)/2\\(c_3+c_1)/2\\(c_3+c_2)/2\end{matrix}\qquad 0$$

$$\begin{pmatrix}1&&\\&1&\\&&-1\end{pmatrix}\qquad\begin{matrix}-(c_2+c_1)/2\\(c_3-c_1)/2\\(c_3-c_2)/2\end{matrix}\qquad 1$$

$$\begin{pmatrix}1&&\\&-1&\\&&1\end{pmatrix}\qquad\begin{matrix}(c_2-c_1)/2\\-(c_3+c_1)/2\\-(c_3-c_2)/2\end{matrix}\qquad 2$$

$$\begin{pmatrix}-1&&\\&1&\\&&1\end{pmatrix}\qquad\begin{matrix}-(c_2-c_1)/2\\-(c_3-c_1)/2\\-(c_3+c_2)/2\end{matrix}\qquad 3$$

したがって，$O(3)$ はつぎの次元の胞体をもつ有限 CW 複体にホモトピー同値である.

$$O(3)\simeq e^0\cup e^1\cup e^2\cup e^3\cup e^0\cup e^1\cup e^2\cup e^3$$

一般の $O(n)$ の場合も全く同じ計算で，$\bar{f}$ の臨界点は

$$\begin{pmatrix}\varepsilon_1&&\\&\ddots&\\&&\varepsilon_n\end{pmatrix}\qquad \varepsilon_i=\pm1$$

の 2^n 個であって，その点における行列 H_{A_0} の固有値は，0 および

$$-\frac{(\varepsilon_i+\varepsilon_j)(c_i+c_j)}{4},\ -\frac{(\varepsilon_i-\varepsilon_j)(c_i-c_j)}{4};\quad i>j$$

となる．このうち 0 でない固有値の個数は $\dfrac{n(n-1)}{2}$ であるから，臨界点 A_0 は非退化である．また，上記の 2 つの固有値のうち負になり得るのは $\varepsilon_i=1$ のときであり，またこのとき 1 つだけが負になる．このことから，この点における指数は

$$\sum_{i=1}^{n}\left(\frac{\varepsilon_i+1}{2}\right)(i-1)$$

であることがわかる． よって， 直交群 $O(n)$ はつぎの次元の胞体をもつ有限

CW 複体にホモトピー同値である．

$$O(n) \simeq \bigcup_{\varepsilon_1, \cdots, \varepsilon_n} e^{\sum_{i=1}^{n} \left(\frac{\varepsilon_i+1}{2}\right)(i-1)}$$

なお $\dfrac{\varepsilon_i+1}{2}$ は1か0の数であるから，$\sum_{i=1}^{n} \left(\dfrac{\varepsilon_i+1}{2}\right)(i-1)$ はある整数の組 $(k_1, \cdots, k_s)$（ただし $0 \leqq k_1 < \cdots < k_s \leqq n-1$）の和 $\sum_{i=1}^{s} k_s$ に等しい．そして，$\varepsilon_1, \cdots, \varepsilon_n$ が $\varepsilon_i = \pm 1$ のすべてを亘るとき，$(k_1, \cdots, k_s)$ もこのような組すべてを亘るので，上記のことは

$$O(n) \simeq e^0 \cup \bigcup_{0 \leqq k_1 < \cdots < k_s \leqq n-1} e^{k_1 + \cdots + k_s}$$

と書くこともできる．例えば

$$O(3) \simeq e^0 \cup e^1 \cup e^2 \cup e^{1+2} \cup e^0 \cup e^{0+1} \cup e^{0+2} \cup e^{0+1+2}$$

である．

例115 特殊直交群 $SO(n) = \{A \in O(n) \mid \det A = 1\}$ 上の関数 $\bar{f}: SO(n) \to \boldsymbol{R}$

$$\bar{f}\begin{pmatrix} a_{11} & \cdots & a_{1n} \\ & \cdots\cdots\cdots & \\ a_{n1} & \cdots & a_{nn} \end{pmatrix} = c_1 a_{11} + \cdots + c_n a_{nn} \qquad \begin{matrix} 0 < c_i \\ 2c_i < c_{i+1} \end{matrix}$$

は Morse 関数である．$SO(n)$ が $O(n)$ の連結成分であることに注意すると，$\bar{f}$ の臨界点は

$$\begin{pmatrix} \varepsilon_1 & & \\ & \ddots & \\ & & \varepsilon_n \end{pmatrix} \qquad \varepsilon_1 \cdots \varepsilon_n = 1$$

の 2^{n-1} 個の点であり，かつその点における指数が

$$\sum_{i=1}^{n} \left(\frac{\varepsilon_i+1}{2}\right)(i-1)$$

であることがわかる．よって $SO(n)$ はつぎの次元の胞体をもつ有限 CW 複体にホモトピー同値である．

$$SO(n) \simeq \bigcup_{\substack{\varepsilon_1, \cdots, \varepsilon_n \\ \varepsilon_1 \cdots \varepsilon_n = 1}} e^{\sum_{i=1}^{n} \left(\frac{\varepsilon_i+1}{2}\right)(i-1)}$$

また $O(n)$ と同様，これをつぎのように書くこともできる．

$$SO(n)\simeq e^0\cup\bigcup_{1\leqq k_1<\cdots<k_s\leqq n-1}e^{k_1+\cdots+k_s}$$

例えば

$$SO(3)\simeq e^0\cup e^1\cup e^2\cup e^{1+2}$$

である．

例116 ユニタリ群 $U(n)=\{A\in M(n,\boldsymbol{C})\,|\,A^*A=E\}$ 上の関数 $\bar{f}\colon U(n)\to\boldsymbol{R}$

$$\bar{f}\begin{pmatrix}a_{11}+ib_{11}\cdots a_{1n}+ib_{1n}\\ \cdots\cdots\cdots\cdots\cdots\cdots\\ a_{n1}+ib_{n1}\cdots a_{nn}+ib_{nn}\end{pmatrix}=c_{11}a_{11}+\cdots+c_na_{nn}\qquad\begin{matrix}0<c_i\\ 2c_i<c_{i+1}\end{matrix}$$

は Morse 関数である．$\bar{f}$ の臨界点およびその点における指数を求めるために定理110を用いよう．なお，理解を助けるために $n=2$ の場合の計算を書いておく．記号や計算は例22と同じであるが再記することにする．$M(2,\boldsymbol{C})$ の行列 $X=\begin{pmatrix}x_{11}+iy_{11} & x_{12}+iy_{12}\\ x_{21}+iy_{21} & x_{22}+iy_{22}\end{pmatrix}$ を行列 $X=\begin{pmatrix}x_{11} & x_{12} & y_{11} & y_{12}\\ x_{21} & x_{22} & y_{21} & y_{22}\end{pmatrix}\in M(2,4,\boldsymbol{R})$ と同一視する．さて，4 個 の 関 数 $f_{11}, f_{22}, f_{12}, g_{12}$ および関数 $f\colon M(2,\boldsymbol{C})\to\boldsymbol{R}$ を

$$\begin{cases}f_{11}=x_{11}{}^2+x_{21}{}^2+y_{11}{}^2+y_{21}{}^2-1\\ f_{22}=x_{12}{}^2+x_{22}{}^2+y_{12}{}^2+y_{22}{}^2-1\\ f_{12}=x_{11}x_{12}+x_{21}x_{22}+y_{11}y_{12}+y_{21}y_{22}\\ g_{12}=x_{11}y_{12}-y_{11}x_{12}+x_{21}y_{22}-y_{21}x_{22}\end{cases}$$

$$f=c_1x_{11}+c_2x_{22}\qquad 0<2c_1<c_2$$

で定義する．これらの関数の方向ベクトルは

$$\operatorname{grad} f_{11}=\begin{pmatrix}2x_{11} & 0 & 2y_{11} & 0\\ 2x_{21} & 0 & 2y_{21} & 0\end{pmatrix},\quad \operatorname{grad} f_{22}=\begin{pmatrix}0 & 2x_{12} & 0 & 2y_{12}\\ 0 & 2x_{22} & 0 & 2y_{22}\end{pmatrix}$$

$$\operatorname{grad} f_{12}=\begin{pmatrix}x_{12} & x_{11} & y_{12} & y_{11}\\ x_{22} & x_{21} & y_{22} & y_{21}\end{pmatrix},\ \operatorname{grad} g_{12}=\begin{pmatrix}y_{12} & -y_{11} & -x_{12} & x_{11}\\ y_{22} & -y_{21} & -x_{22} & x_{21}\end{pmatrix}$$

$$\operatorname{grad} f=\begin{pmatrix}c_1 & 0 & 0 & 0\\ 0 & c_2 & 0 & 0\end{pmatrix}$$

である．これらのベクトルの $U(2)$ 上での 1 次従属性を調べるために，その

Gramm 行列式をつくり，$A\in U(2)$ で考えると(例22の計算結果も用いて)

$$\begin{vmatrix} 4 & & & & 2c_1a_{11} \\ & 4 & & & 2c_2a_{22} \\ & & 2 & & c_1a_{12}+c_2a_{21} \\ & & & 2 & c_1b_{12}-c_2b_{21} \\ 2c_1a_{11} & 2c_2a_{22} & c_1a_{12}+c_2a_{21} & c_1b_{12}-c_2b_{21} & c_1{}^2+c_2{}^2 \end{vmatrix}$$

$$=-2^5(2c_1{}^2a_{11}{}^2+2c_2{}^2a_{22}{}^2+(c_1a_{12}+c_2a_{21})^2+(c_1b_{12}-c_2b_{21})^2-2(c_1{}^2+c_2{}^2))$$

となる．点 $A\in U(2)$ が $\bar{f}$ の臨界点になるのはこの行列式の値が 0 となるときである(補題19)から，これを 0 とおいた方程式

$$2c_1{}^2a_{11}{}^2+2c_2{}^2a_{22}{}^2+(c_1a_{12}+c_2a_{21})^2+(c_1b_{12}-c_2b_{21})^2-2(c_1{}^2+c_2{}^2)=0 \qquad \text{(i)}$$

を解こう．そのために

$$0\leqq(c_1a_{12}-c_2a_{21})^2+(c_1b_{12}+c_2b_{21})^2$$

に(i)を加えて計算すると

$$=2(c_1{}^2(a_{11}{}^2+a_{12}{}^2+b_{12}{}^2-1)+c_2{}^2(a_{12}{}^2+a_{22}{}^2+ab_{21}{}^2-1)) \qquad \text{(ii)}$$

となる．A がユニタリ行列ならば A^* もユニタリ行列になるので

$$a_{11}{}^2+a_{12}{}^2+b_{11}{}^2+b_{12}{}^2=1, \quad a_{21}{}^2+a_{22}{}^2+b_{21}{}^2+b_{22}{}^2=1 \qquad \text{(iii)}$$

がなりたつ．したがって(ii)は

$$=2(c_1{}^2(-b_{11}{}^2)+c_2{}^2(-b_{22}{}^2))\leqq 0$$

となる．これより

$$\begin{cases} c_1a_{12}=c_2a_{21} & \text{(iv)} \\ c_1b_{12}=-c_2b_{21} & \text{(v)} \\ b_{11}=b_{22}=0 & \text{(vi)} \end{cases}$$

となる．さらに (iv)^2+(v)^2 をつくり(iii)(vi)を用いると

$$c_1{}^2(1-a_{11}{}^2)=c_1{}^2(a_{12}{}^2+b_{12}{}^2)=c_2{}^2(a_{21}{}^2+b_{21}{}^2)=c_2{}^2(1-a_{11}{}^2)$$

となるが，$c_1{}^2\neq c_2{}^2$ であるから

$$a_{11}{}^2=1 \quad \text{したがって} \quad a_{12}=b_{12}=0$$

を得る．同様に

$$a_{22}^2=1 \quad したがって \quad a_{21}=b_{21}=0$$

を得る．よって $\bar{f}$ の臨界点は $2^2=4$ 個の点

$$A(\varepsilon_1, \varepsilon_2)=\begin{pmatrix}\varepsilon_1 & \\ & \varepsilon_2\end{pmatrix} \qquad \varepsilon_i=\pm 1$$

であることがわかった．これらの点 $A(\varepsilon_1, \varepsilon_2)$ で $\bar{f}$ のとる値が異なっていることは $O(n)$ のとき（例114）と同じである．つぎに臨界点 $A_0=A(\varepsilon_1, \varepsilon_2)$ における指数を求めよう．点 A_0 における各関数の方向ベクトルは

$$(\mathrm{grad}\, f_{11})_{A_0}=\begin{pmatrix}2\varepsilon_1 & 0 & 0 & 0\\ 0 & 0 & 0 & 0\end{pmatrix},\ (\mathrm{grad}\, f_{22})_{A_0}=\begin{pmatrix}0 & 0 & 0 & 0\\ 0 & 2\varepsilon_2 & 0 & 0\end{pmatrix}$$

$$(\mathrm{grad}\, f_{12})_{A_0}=\begin{pmatrix}0 & \varepsilon_1 & 0 & 0\\ \varepsilon_2 & 0 & 0 & 0\end{pmatrix},\ (\mathrm{grad}\, g_{12})_{A_0}=\begin{pmatrix}0 & 0 & 0 & \varepsilon_1\\ 0 & 0 & -\varepsilon_2 & 0\end{pmatrix}$$

$$(\mathrm{grad}\, f)_{A_0}=\begin{pmatrix}c_1 & 0 & 0 & 0\\ 0 & c_2 & 0 & 0\end{pmatrix}$$

となるから，$(\mathrm{grad}\, f)_{A_0}$ は

$$(\mathrm{grad}\, f)_{A_0}=\frac{\varepsilon_1 c_1}{2}(\mathrm{grad}\, f_{11})_{A_0}+\frac{\varepsilon_2 c_2}{2}(\mathrm{grad}\, f_{22})_{A_0}$$

と表わされる．点 A_0 における接ベクトル空間 $T_{A_0}(U(2))$ への直交射影 $P: M(2, 4, \boldsymbol{R}) \to T_{A_0}(U(2))$ の行列 P を求めるために，点

$$X=\begin{pmatrix}x_{11} & x_{12} & y_{11} & y_{12}\\ x_{21} & x_{22} & y_{21} & y_{22}\end{pmatrix}\in M(2, 4, \boldsymbol{R})$$

から $T_{A_0}(U(2))$ へ垂線を下した交点を

$$P(X)=\Xi=\begin{pmatrix}\xi_{11} & \xi_{12} & \eta_{11} & \eta_{12}\\ \xi_{21} & \xi_{22} & \eta_{21} & \eta_{22}\end{pmatrix}\in T_{A_0}(U(2))$$

とする．Ξ は

$$(\mathrm{grad}\, f_{11})_{A_0}, (\mathrm{grad}\, f_{22})_{A_0}, (\mathrm{grad}\, f_{12})_{A_0}, (\mathrm{grad}\, g_{12})_{A_0} \tag{vii}$$

と直交している（命題59）から

$$\begin{cases}\xi_{11}=\xi_{22}=0\\ \varepsilon_1\xi_{12}+\varepsilon_2\xi_{21}=0\\ \varepsilon_1\eta_{12}-\varepsilon_2\eta_{21}=0\end{cases} \tag{viii}$$

となる．さらに $\Xi - X = \left(\xi_{ij} - x_{ij},\ \eta_{ij} - y_{ij}\right)$ は(vii)の張る空間に含まれるから，これらの１次結合で表わされる．よって

$$\begin{cases} \xi_{12} - x_{12} = \alpha_{12}\varepsilon_1, & \xi_{21} - x_{21} = \alpha_{12}\varepsilon_2 \\ \eta_{11} - y_{11} = 0, & \eta_{22} - y_{22} = 0 \\ \eta_{12} - y_{12} = \beta_{12}\varepsilon_1, & \eta_{21} - y_{21} = -\beta_{12}\varepsilon_2 \end{cases} \tag{ix}$$

をみたす $\alpha_{12}, \beta_{12} \in \boldsymbol{R}$ が存在する．(viii)(ix)を解いて ξ_{ij}, η_{ij} を求めると

$$\begin{cases} \xi_{11} = \xi_{22} = 0 \\ \xi_{12} = \dfrac{x_{12} - \varepsilon_1\varepsilon_2 x_{21}}{2}, \quad \xi_{21} = \dfrac{-\varepsilon_1\varepsilon_2 x_{12} + x_{21}}{2} \\ \eta_{11} = y_{11}, \quad \eta_{22} = y_{22} \\ \eta_{12} = \dfrac{y_{12} + \varepsilon_1\varepsilon_2 y_{21}}{2}, \quad \eta_{21} = \dfrac{\varepsilon_1\varepsilon_2 y_{12} + y_{21}}{2} \end{cases}$$

となる．$M(2, 4, \boldsymbol{R})$ の標準座標関数系の順序を

$$(x_{11}, x_{22};\ x_{12}, x_{21};\ y_{11}, y_{22};\ y_{12}, y_{21})$$

のようにいれて，Pを行列で書くと

$$P = \left(\begin{array}{cc|cc|cc|cc} 0 & & & & & & & \\ & 0 & & & & & & \\ \hline & & \frac{1}{2} & -\frac{\varepsilon_1\varepsilon_2}{2} & & & & \\ & & -\frac{\varepsilon_1\varepsilon_2}{2} & \frac{1}{2} & & & & \\ \hline & & & & 1 & & & \\ & & & & & 1 & & \\ \hline & & & & & & \frac{1}{2} & \frac{\varepsilon_1\varepsilon_2}{2} \\ & & & & & & \frac{\varepsilon_1\varepsilon_2}{2} & \frac{1}{2} \end{array}\right)$$

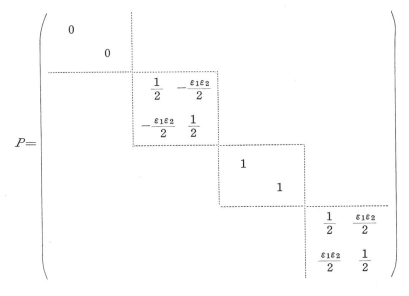

となる．また

$$H(f_{11})_{A_0}=\mathrm{diag}(2,0;\ 0,2;\ 2,0;\ 0,2)$$
$$H(f_{22})_{A_0}=\mathrm{diag}(0,2;\ 2,0;\ 0,2;\ 2,0)$$
$$H(f)_{A_0}=\mathrm{diag}(0,0;\ 0,0;\ 0,0;\ 0,0)$$

であるから

$$H(f)_{A_0}-\frac{\varepsilon_1 c_1}{2}H(f_1)_{A_0}-\frac{\varepsilon_2 c_2}{2}H(f_{22})_{A_0}$$
$$=\mathrm{diag}(-\varepsilon_1 c_1,-\varepsilon_2 c_2;\ -\varepsilon_2 c_2,-\varepsilon_1 c_1;\ -\varepsilon_1 c_1,-\varepsilon_2 c_2;\ -\varepsilon_2 c_2,-\varepsilon_1 c_1)$$

となる．したがって

$$H_{A_0}=P\left(H(f)_{A_0}-\frac{\varepsilon_1 c_1}{2}H(f_{11})_{A_0}-\frac{\varepsilon_2 c_2}{2}H(f_{22})_{A_0}\right)P$$
$$=\begin{pmatrix} O_2 & & & \\ & B_1 & & \\ & & B_2 & \\ & & & B_3 \end{pmatrix}$$

ここに

$$O_2=\begin{pmatrix} 0 & \\ & 0 \end{pmatrix},\qquad B_1=\frac{1}{4}\begin{pmatrix} -\varepsilon_2 c_2-\varepsilon_1 c_1 & \varepsilon_1 c_2+\varepsilon_2 c_1 \\ \varepsilon_1 c_2+\varepsilon_2 c_1 & -\varepsilon_2 c_2-\varepsilon_1 c_1 \end{pmatrix}$$
$$B_2=\begin{pmatrix} -\varepsilon_1 c_1 & \\ & -\varepsilon_2 c_2 \end{pmatrix},\qquad B_3=\frac{1}{4}\begin{pmatrix} -\varepsilon_2 c_2-\varepsilon_1 c_1 & -\varepsilon_1 c_2-\varepsilon_2 c_1 \\ -\varepsilon_1 c_2-\varepsilon_2 c_1 & -\varepsilon_2 c_2-\varepsilon_1 c_1 \end{pmatrix}$$

となる．H_{A_0} の固有値を求めると，0 および

$$-\frac{(\varepsilon_2+\varepsilon_1)(c_2+c_1)}{4},\ -\frac{(\varepsilon_2-\varepsilon_1)(c_2-c_1)}{4},\ -\varepsilon_1 c_1,\ -\varepsilon_2 c_2$$
$$-\frac{(\varepsilon_2+\varepsilon_1)(c_2+c_1)}{4},\ -\frac{(\varepsilon_2-\varepsilon_1)(c_2-c_1)}{4}$$

である．よって各臨界点 A_0 における H_{A_0} の 0 でない固有値はつぎのようになり（これより各臨界点が非退化であることもわかる），その指数が求められる．

臨界点	0 でない固有値	指数
$\begin{pmatrix} -1 & \\ & -1 \end{pmatrix}$	$(c_2+c_1)/2,\quad (c_2+c_1)/2$ $c_1,\quad c_2$	0

$$\begin{pmatrix} 1 & \\ & -1 \end{pmatrix} \quad \begin{matrix} (c_2-c_1)/2, & (c_2-c_1)/2 \\ -c_1, & c_2 \end{matrix} \quad 1$$

$$\begin{pmatrix} -1 & \\ & 1 \end{pmatrix} \quad \begin{matrix} -(c_2-c_1)/2, & -(c_2-c_1)/2 \\ c_1, & -c_2 \end{matrix} \quad 3$$

$$\begin{pmatrix} 1 & \\ & 1 \end{pmatrix} \quad \begin{matrix} -(c_2+c_1)/2, & -(c_2+c_1)/2 \\ -c_1, & -c_2 \end{matrix} \quad 4$$

したがって，$U(2)$ はつぎの次元の胞体をもつ有限 CW 複体にホモトピー同値である．

$$U(2)\simeq e^0\cup e^1\cup e^3\cup e^4$$

一般の $U(n)$ の場合も全く同じ計算で，$\bar{f}$ の臨界点は

$$\begin{pmatrix} \varepsilon_1 & & \\ & \ddots & \\ & & \varepsilon_n \end{pmatrix} \qquad \varepsilon_i=\pm 1$$

の 2^n 個であって，その点における行列 H_{A_0} の固有値は，0 および

$$-\frac{(\varepsilon_i+\varepsilon_j)(c_i+c_j)}{4},\ -\frac{(\varepsilon_i-\varepsilon_j)(c_i-c_j)}{4} \text{が 2 度づつ；} i>j$$

$$-\varepsilon_i c_i \qquad\qquad i=1,\cdots,n$$

となる．このうち 0 でない固有値の個数は $2\times\dfrac{n(n-1)}{2}+n=n^2$ であるから，臨界点 A_0 は非退化である．また，この点における指数は

$$\sum_{i=1}^{n}\left(\frac{\varepsilon_i+1}{2}\right)((i-1)\times 2+1)=\sum_{i=1}^{n}\left(\frac{\varepsilon_i+1}{2}\right)(2i-1)$$

であることもわかる．よってユニタリ群 $U(n)$ はつぎの次元の胞体をもつ有限 CW 複体にホモトピー同値である．

$$U(n)\simeq \bigcup_{\varepsilon_1,\cdots,\varepsilon_n} e^{\sum_{i=1}^{n}\left(\frac{\varepsilon_i+1}{2}\right)(2i-1)}$$

なお，$\sum_{i=1}^{n}\left(\dfrac{\varepsilon_i+1}{2}\right)(2i-1)$ は整数の組 $(2k_1-1,\cdots,2k_s-1)$（ただし $1\leqq k_1<\cdots<k_s\leqq n$）の和 $\sum_{i=1}^{s}(2k_i-1)$ に等しいので

$$U(n)\simeq e^0\cup\bigcup_{1\leqq k_1<\cdots<k_s\leqq n} e^{(2k_1-1)+\cdots+(2k_s-1)}$$

と書くこともできる．例えば

$$U(2)\simeq e^0\cup e^1\cup e^3\cup e^{1+3}$$

である．

例117 特殊ユニタリ群 $SU(n)=\{A\in U(n)\mid \det A=1\}$ 上の関数 $\bar{f}\colon SU(n)\to \boldsymbol{R}$

$$\bar{f}\begin{pmatrix} a_{11}+\mathrm{i}b_{11} & \cdots & a_{1n}+\mathrm{i}b_{1n} \\ \cdots & \cdots & \cdots \\ a_{n1}+\mathrm{i}b_{n1} & \cdots & a_{nn}+\mathrm{i}b_{nn}\end{pmatrix}=c_1a_{11}+\cdots+c_na_{nn} \qquad \begin{matrix} 0<c_i \\ 2c_i<c_{i+1}\end{matrix}$$

（$c_1, \cdots, c_n$ には更につぎの補題118に述べるような条件をみたすことを要求する）は Morse 関数である．これを示すために例23の群 $SU_{\pm}(n)$ を用いよう．例23と同様，関数 $f_{ij};\ i\leqq j,\ g_{ij};\ i<j, \delta$ および関数 $f\colon M(n, \boldsymbol{C})\to \boldsymbol{R}$ を

$$\begin{cases} f_{ij}(X)=(\boldsymbol{x}_i, \boldsymbol{x}_j)+(\boldsymbol{y}_i, \boldsymbol{y}_j)-\delta_{ij} \\ g_{ij}(X)=(\boldsymbol{x}_i, \boldsymbol{y}_j)-(\boldsymbol{y}_i, \boldsymbol{x}_j) \\ \delta(X)=\mathrm{Im}(\det X)\end{cases}$$

$$f(X)=c_1x_{11}+\cdots+c_nx_{nn} \quad 0<2^{n-1}c_1<\cdots<2c_{n-1}<c_n$$

で定義する．これらの方向ベクトルを求め，その Gramm 行列式をつくり，$A\in SU_{\pm}(n)$ で考えると（例23の計算結果も用いて）

$4 \ddots 4$				$2c_ia_{ii}$	$\}\ n$
	$2 \ddots 2$			$c_ia_{ij}+c_ja_{ji}$	$\}\ \dfrac{n(n-1)}{2}$
		$2 \ddots 2$		$c_ib_{ij}-c_jb_{ji}$	$\}\ \dfrac{n(n-1)}{2}$
			n	$\pm\sum_{i=1}^{n} c_ib_{ii}$	
$2c_ia_{ii}$	$c_ia_{ij}+c_ja_{ji}$	$c_ib_{ij}-c_jb_{ji}$	$\pm\sum_{i=1}^{n} c_ib_{ii}$	$\sum_{i=1}^{n} c_i{}^2$	
	$(i<j)$	$(i<j)$			

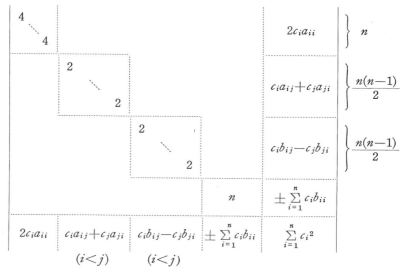

$$=-2^{n^2+n-1}\left(2n\sum_{i=1}^{n}c_i{}^2a_{ii}{}^2+n\sum_{i<j}(c_ia_{ij}+c_ja_{ji})^2+n\sum_{i<j}(c_ib_{ij}-c_jb_{ji})^2\right.$$
$$\left.+2\left(\sum_{i=1}^{n}c_ib_{ii}\right)^2-2n\sum_{i=1}^{n}c_i{}^2\right)$$

となる．$A\in SU_{\pm}(n)$ が $\bar{f}$ の臨界点になるのはこの行列式の値が 0 となるときである（補題19）から，これを 0 とおいた方程式

$$2n\sum_{i=1}^{n}c_i{}^2a_{ii}{}^2+n\sum_{i<j}(c_ia_{ij}+c_ja_{ji})^2+n\sum_{i<j}(c_ib_{ij}-c_jb_{ji})^2$$
$$+2\left(\sum_{i=1}^{n}c_ib_{ii}\right)^2-2n\sum_{i=1}^{n}c_i{}^2=0 \qquad \text{(i)}$$

を解こう．そのために

$$0\leqq n\sum_{i<j}(c_ia_{ij}-c_ja_{ji})^2+n\sum_{i<j}(c_ib_{ij}+c_jb_{ji})^2+\sum_{i,j}(c_ib_{ii}-c_jb_{jj})^2$$

に(i)を加えて計算すると

$$=2n\sum_{i=1}^{n}c_i{}^2\left(\sum_{j=1}^{n}(a_{ij}{}^2+b_{ij}{}^2-1)\right) \qquad \text{(ii)}$$

となる．$A\in SU_{\pm}(n)$ ならば ${}^tA\in SU_{\pm}(n)$ になるから

$$\sum_{j=1}^{n}(a_{ij}{}^2+b_{ij}{}^2)=1 \qquad i=1,\cdots,n \qquad \text{(iii)}$$

がなりたつ．したがって(ii)は 0 となる．これより

$$\begin{cases} c_ia_{ij}=c_ja_{ji} & i<j \qquad \text{(iv)} \\ c_ib_{ij}=-c_jb_{ji} & i<j \qquad \text{(v)} \\ c_1b_{11}=c_2b_{22}=\cdots=c_nb_{nn} \end{cases}$$

を得る．(iv)(v) および (iii) を用いると

$$\sum_{j>1}(a_{1j}{}^2+b_{1j}{}^2)=1-a_{11}{}^2-b_{11}{}^2=\sum_{j>1}(a_{j1}{}^2+b_{j1}{}^2)=\sum_{j>1}\frac{c_1{}^2}{c_j{}^2}(a_{1j}{}^2+b_{1j}{}^2)$$

より

$$\sum_{j>1}\left(1-\frac{c_1{}^2}{c_j{}^2}\right)(a_{1j}{}^2+b_{1j}{}^2)=0$$

となるが，$c_j{}^2>c_1{}^2$ $(j>1)$ より

$$a_{1j}=b_{1j}=0 \qquad j=2, \cdots, n$$

を得る．これより，$a_{11}^2+b_{11}^2=1$，したがって $a_{j1}=b_{j1}=0, j=2, \cdots, n$ も得る．Aの2行，3行，… についても同様な操作を行うことによって

$$a_{ij}=b_{ji}=0 \qquad i\neq j$$

を得る．以上で，$\bar{f}$ の臨界点は

$$A=\begin{pmatrix} a_{11}i+b_{11} & & \\ & \ddots & \\ & & a_{nn}+ib_{nn} \end{pmatrix} \qquad c_1b_{11}=c_2b_{22}=\cdots=c_nb_{nn}$$

でなければならないことがわかった．$a_{ii}^2+b_{ii}^2=1$ であるから

$$a_{ii}=\cos\theta_i, \quad b_{ii}=\sin\theta_i \qquad i=1, \cdots, n$$

とおくと，$\det A=\pm 1$ の条件は $\sum_{i=1}^{n}\theta_i\equiv 0 \pmod{\pi}$ に相当するので，つぎの補題を用いることにする．

補題118

$$\begin{cases} c_1\sin\theta_1=c_2\sin\theta_2=\cdots=c_n\sin\theta_n \\ \theta_1\pm\theta_2\pm\cdots\pm\theta_n\equiv 0 \qquad \pmod{\pi} \end{cases} \tag{vi}$$

ならば

$$\theta_1\equiv\theta_2\equiv\cdots\equiv\theta_n\equiv 0 \qquad \pmod{\pi}$$

が導かれるような $0<2^{n-1}c_1<2^{n-2}c_2<\cdots<2c_{n-1}<c_n$ をみたす正数 $c_1, c_2, \cdots, c_n$ が存在する．さらに，$c_1, c_2, \cdots, c_n$ を，任意の $\varepsilon_i=\pm 1, i=1, 2, \cdots, n$ に対し

$$\frac{1}{\varepsilon_1c_1}+\frac{1}{\varepsilon_2c_2}+\cdots+\frac{1}{\varepsilon_nc_n} \text{ の符号は } \varepsilon_1 \text{ の符号と一致する}$$

ように選ぶことができる．

証明　各 θ_i は $0\leqq\theta_i\leqq\pi$ と仮定しておいてよいが，さらに必要ならば，$\pi-\theta_i$ を考えることにより $0\leqq\theta_i\leqq\frac{\pi}{2}$ としておいてよい．もし $\theta_1=0$ ならば(vi)より $\theta_2=\cdots=\theta_n=0$ が導かれるので，$0<\theta_1\leqq\frac{\pi}{2}$ としておく．さて，Nを

$$N>3^{n-1}n$$

をみたす十分大きい正数とし

$$c_1=1,\ c_2=\frac{N}{3^{n-2}},\ c_3=\frac{N}{3^{n-3}},\ \cdots,\ c_n=N$$

とおくと，これらの c_i は補題の条件をみたしている．実際，

$$\sin\theta_i=\frac{c_1}{c_i}\sin\theta_1=\frac{3^{n-i}}{N}\sin\theta_1<\frac{3^{n-1}}{N}\sin\theta_1<\frac{1}{n}\sin\theta_1\leqq\frac{1}{n}$$

より $0<\theta_i<\dfrac{\pi}{2n}$, $i=2, \cdots, n$ となる*). これより

$$\begin{aligned}\sin\theta_1&=|\sin(\pm\theta_2\pm\cdots\pm\theta_n)|\\&\leqq\sin(\theta_2+\cdots+\theta_n)\\&\leqq\sin\theta_2+\cdots+\sin\theta_n\\&=\frac{1}{N}(3^{n-2}+3^{n-3}+\cdots+1)\sin\theta_1\\&=\frac{3^{n-1}-1}{2N}\sin\theta_1<\frac{1}{n}\sin\theta_1<\sin\theta_1\end{aligned}$$

となり矛盾する. よって $\theta_1=0$ となり, さらに $\theta_2=\cdots=\theta_n=0$ を得る. 補題の後半は

$$\left|\frac{1}{\varepsilon_2c_2}+\cdots+\frac{1}{\varepsilon_nc_n}\right|\leqq\frac{1}{c_2}+\cdots+\frac{1}{c_n}=\frac{3^{n-1}-1}{2N}<1=c_1$$

より明らかである. ∎

話を本題に戻そう. 関数 $\bar{f}$: $SU_\pm(n)\to\boldsymbol{R}$, $\bar{f}\left(a_{ij}+\mathrm{i}\,b_{ij}\right)=\sum_{i=1}^{n}c_ia_{ii}$ において補題 118 のような正数 c_i を選ぶと, $\bar{f}$ の臨界点は 2^n 個の点

$$A(\varepsilon_1, \cdots, \varepsilon_n)=\begin{pmatrix}\varepsilon_1&&\\&\ddots&\\&&\varepsilon_n\end{pmatrix}\qquad\varepsilon_i=\pm1$$

であることがわかる. これらの点で $\bar{f}$ のとる値が異なっていることは $O(n)$ のとき(例114)と同じである. つぎに臨界点 $A_0=A(\varepsilon_1, \cdots, \varepsilon_n)$ における指数を求めよう. 点 A_0 で

$$(\mathrm{grad}\,f)_{A_0}=\sum_{i=1}^{n}\frac{\varepsilon_ic_i}{2}(\mathrm{grad}\,f_{ii})_{A_0}$$

となっていることは $U(n)$ のとき(例 116)と同じである. 点 A_0 における接ベクトル空間 $T_{A_0}(SU_\pm(n))$ への直交射影 P: $M(n, 2n, \boldsymbol{R})\to T_{A_0}(SU_\pm(n))$, $P(X)=\Xi$ も $U(n)$ のとき(例 116)と殆んど同じであるが, $\eta_{11}, \cdots, \eta_{nn}$ の所が異なっている. $\Xi\in T_{A_0}(SU_\pm(n))$ が $(\mathrm{grad}\,\delta)_{A_0}$ と直交する条件と, $\Xi-X$ が

---

*) これは $0<x\leqq\dfrac{\pi}{2}$ ならば不等式 $\dfrac{2}{\pi}\leqq\dfrac{\sin x}{x}$ がなりたつことからわかる.

$(\operatorname{grad}\delta)_{A_0}$ 等の1次結合で表わせる条件から，ある $\alpha\in\boldsymbol{R}$ に対して

$$\begin{cases}\varepsilon_1\eta_{11}+\cdots+\varepsilon_n\eta_{nn}=0\\ \eta_{11}-y_{11}=\alpha\varepsilon_1\\ \quad\cdots\cdots\cdots\\ \eta_{nn}-y_{nn}=\alpha\varepsilon_n\end{cases}$$

の関係にあるので

$$\eta_{ii}=y_{ii}-\varepsilon_i\frac{\varepsilon_1y_{11}+\cdots+\varepsilon_ny_{nn}}{n},\qquad i=1,\cdots,n$$

となる．よって，Pを行列で書くと

$$P=\left(\begin{array}{c|c|c|c}\begin{matrix}0&&\\&\ddots&\\&&0\end{matrix}&&&\\\hline &\begin{matrix}\ddots&&\\&P_{ij}&\\&&\ddots\end{matrix}&&\\\hline &&Q&\\\hline &&&\begin{matrix}\ddots&&\\&P_{ij}'&\\&&\ddots\end{matrix}\end{array}\right)\begin{matrix}\}\,n\\ \}\,n(n-1)\\ \}\,n\\ \}\,n(n-1)\end{matrix}$$

ここに

$$P_{ij}=\frac{1}{2}\begin{pmatrix}1&-\varepsilon_i\varepsilon_j\\-\varepsilon_i\varepsilon_j&1\end{pmatrix},\qquad P_{ij}'=\frac{1}{2}\begin{pmatrix}1&\varepsilon_i\varepsilon_j\\\varepsilon_i\varepsilon_j&1\end{pmatrix}\qquad i<j$$

$$Q=\begin{pmatrix}1-\dfrac{1}{n}&-\dfrac{\varepsilon_1\varepsilon_2}{n}&\cdots&-\dfrac{\varepsilon_1\varepsilon_n}{n}\\-\dfrac{\varepsilon_2\varepsilon_1}{n}&1-\dfrac{1}{n}&\cdots&-\dfrac{\varepsilon_2\varepsilon_n}{n}\\ \cdots\cdots&\cdots\cdots&\cdots\cdots&\cdots\cdots\\-\dfrac{\varepsilon_n\varepsilon_1}{n}&-\dfrac{\varepsilon_n\varepsilon_2}{n}&\cdots&1-\dfrac{1}{n}\end{pmatrix}$$

となる．また

$$\begin{aligned}&H(f)_{A_0}-\sum_{i=1}^{n}\frac{\varepsilon_ic_i}{2}H(f_{ii})_{A_0}\\&=\operatorname{diag}(-\varepsilon_1c_1,\cdots,-\varepsilon_nc_n;\ \cdots-\varepsilon_jc_j,-\varepsilon_ic_i,\cdots;\\&\qquad\qquad -\varepsilon_1c_1,\cdots,-\varepsilon_nc_n;\ \cdots,-\varepsilon_jc_j,-\varepsilon_ic_i,\cdots)\end{aligned}$$

となるのも $U(n)$ のとき（例 116）と全く同じである．したがって

$$H_{A_0}=P\left(H(f)_{A_0}-\sum_{i=1}^{n}\frac{\varepsilon_i c_i}{2}H(f_{ii})_{A_0}\right)P$$

$$=\left(\begin{array}{c|c|c|c} \begin{matrix}0&&\\&\ddots&\\&&0\end{matrix} & & & \\ \hline & \begin{matrix}\ddots&&\\&B_{ij}&\\&&\ddots\end{matrix} & & \\ \hline & & R & \\ \hline & & & \begin{matrix}\ddots&&\\&B_{ij}'&\\&&\ddots\end{matrix} \end{array}\right)$$

ここに

$$B_{ij}=\frac{1}{4}\begin{pmatrix}-\varepsilon_i c_i-\varepsilon_j c_j & \varepsilon_i c_j+\varepsilon_j c_i \\ \varepsilon_i c_j+\varepsilon_j c_i & -\varepsilon_i c_i-\varepsilon_j c_j\end{pmatrix},\quad B_{ij}'=\frac{1}{4}\begin{pmatrix}-\varepsilon_i c_i-\varepsilon_j c_j & -\varepsilon_i c_j-\varepsilon_j c_i \\ -\varepsilon_i c_j-\varepsilon_j c_i & -\varepsilon_i c_i+\varepsilon_j c_j\end{pmatrix}$$

$$R\text{の}\quad\begin{cases}(i,i)\text{-成分}=-\dfrac{1}{n^2}\left(\displaystyle\sum_{k=1}^{n}\varepsilon_k c_k-2n\varepsilon_i c_i+n^2\varepsilon_i c_i\right) \\ (i,j)\text{-成分}=-\dfrac{1}{n^2}\left(\left(\displaystyle\sum_{k=1}^{n}\varepsilon_k c_k\right)\varepsilon_i\varepsilon_j-n(\varepsilon_j c_i+\varepsilon_i c_j)\right) \qquad i\neq j\end{cases}$$

となる．この行列 H_{A_0} の階数と負の固有値の個数を求めるのであるが，R の個所を別にするとその固有値は $U(n)$ のとき（例 116）と同様

$$-\frac{(\varepsilon_i+\varepsilon_j)(c_i+c_j)}{4},\ -\frac{(\varepsilon_i-\varepsilon_j)(c_i-c_j)}{4}\quad \text{が 2 度づつ，}\quad i>j$$

となるので，このうち 0 上ない固有値の個数は $n(n-1)$ であり，負の固有値の個数は

$$\sum_{i=1}^{n}\left(\frac{\varepsilon_i+1}{2}\right)(2i-2)=\sum_{i=2}^{n}(\varepsilon_i+1)(i-1)$$

である．つぎに行列 R を調べよう．R の代りに $R_1=\begin{pmatrix}\varepsilon_1&&\\&\ddots&\\&&\varepsilon_n\end{pmatrix}R\begin{pmatrix}\varepsilon_1&&\\&\ddots&\\&&\varepsilon_n\end{pmatrix}$ を

考えても，固有値は変らないので，この R_1 を調べることにする．以下簡単のため

$$\varepsilon_1 c_1=\gamma_1,\ \cdots,\ \varepsilon_n\varepsilon_n=\gamma_n,\quad \sum_{k=1}^{n}\gamma_k=\gamma$$

とおく．すると

$$R_1\text{ の }\begin{cases}(i,i)\text{-成分}=-\dfrac{1}{n^2}(\gamma-2n\gamma_i+n^2\gamma_j)\\[2ex](i,j)\text{-成分}=-\dfrac{1}{n^2}(\gamma-n(\gamma_i+\gamma_j)) & i\neq j\end{cases}$$

となる．R_1 の固有多項式 $\det(\lambda E-R_1)$ は

$$\begin{vmatrix}\lambda+\dfrac{1}{n^2}(\gamma-2n\gamma_1+n^2\gamma_1) & \cdots & \dfrac{1}{n^2}(\gamma-n(\gamma_1+\gamma_{n-1})) & \dfrac{1}{n^2}(\gamma-n(\gamma_1+\gamma_n))\\ \cdots\cdots & \cdots\cdots & \cdots\cdots & \cdots\cdots\\ \dfrac{1}{n^2}(\gamma-n(\gamma_{n-1}+\gamma_1)) & \cdots & \lambda+\dfrac{1}{n^2}(\gamma-2n\gamma_{n-1}+n^2\gamma_{n-1}) & \dfrac{1}{n^2}(\gamma-n(\gamma_{n-1}+\gamma_n))\\ \dfrac{1}{n^2}(\gamma-n(\gamma_n+\gamma_1)) & \cdots & \dfrac{1}{n^2}(\gamma-n(\gamma_n+\gamma_{n-1})) & \lambda+\dfrac{1}{n^2}(\gamma-2n\gamma_n+n^2\gamma_n)\end{vmatrix}$$

(第 1 行, …, 第 n—1 行を第 n 行に加えると)

$$=\begin{vmatrix}\lambda+\dfrac{1}{n^2}(\gamma-2n\gamma_1+n^2\gamma_1) & \cdots & \dfrac{1}{n^2}(\gamma-n(\gamma_1+\gamma_{n-1})) & \dfrac{1}{n^2}(\gamma-n(\gamma_1+\gamma_n))\\ \cdots\cdots & \cdots\cdots & \cdots\cdots & \cdots\cdots\\ \dfrac{1}{n^2}(\gamma-n(\gamma_{n-1}+\gamma_1)) & \cdots & \lambda+\dfrac{1}{n^2}(\gamma-2n\gamma_{n-1}+n^2\gamma_{n-1}) & \dfrac{1}{n^2}(\gamma-n(\gamma_{n-1}+\gamma_n))\\ \lambda & \cdots & \lambda & \lambda\end{vmatrix}$$

(第 n 列を各列から引くと)

$$=\begin{vmatrix}\lambda+\gamma_1+\dfrac{\gamma_n-\gamma_1}{n} & \cdots & \dfrac{\gamma_n-\gamma_{n-1}}{n} & \dfrac{1}{n^2}(\gamma-n(\gamma_1+\gamma_n))\\ \cdots\cdots & \cdots\cdots & \cdots\cdots & \cdots\cdots\\ \dfrac{\gamma_n-\gamma_1}{n} & \cdots & \lambda+\gamma_{n-1}+\dfrac{\gamma_n-\gamma_{n-1}}{n} & \dfrac{1}{n^2}(\gamma-n(\gamma_{n-1}+\gamma_n))\\ 0 & \cdots & 0 & \lambda\end{vmatrix}$$

(第 n 行で展開すると)

$$=\lambda\begin{vmatrix} \lambda+\gamma_1+\dfrac{\gamma_n-\gamma_1}{n} & \dfrac{\gamma_n-\gamma_2}{n} & \cdots & \dfrac{\gamma_n-\gamma_{n-1}}{n} \\ \dfrac{\gamma_n-\gamma_1}{n} & \lambda+\gamma_2+\dfrac{\gamma_n-\gamma_2}{n} & \cdots & \dfrac{\gamma_n-\gamma_{n-1}}{n} \\ \cdots & \cdots & \cdots & \cdots \\ \dfrac{\gamma_n-\gamma_1}{n} & \dfrac{\gamma_n-\gamma_2}{n} & \cdots & \lambda+\gamma_{n-1}+\dfrac{\gamma_n-\gamma_{n-1}}{n} \end{vmatrix}$$

となる．したがって R_1 の固有方程式 $\det(\lambda E-R_1)=0$ は，上式より（$\gamma_n-\gamma_i\neq 0$, $i=1,\cdots,n-1$ に注意）

$$\lambda\begin{vmatrix} \dfrac{n(\lambda+\gamma_1)}{\gamma_n-\gamma_1}+1 & 1 & \cdots & 1 \\ 1 & \dfrac{n(\lambda+\gamma_2)}{\gamma_n-\gamma_2}+1 & \cdots & 1 \\ \cdots & \cdots & \cdots & \cdots \\ 1 & 1 & \cdots & \dfrac{n(\lambda+\gamma_{n-1})}{\gamma_n-\gamma_{n-1}}+1 \end{vmatrix}=0$$

すなわち

$$\lambda\left(\sum_{i=1}^{n-1}\frac{\gamma_n-\gamma_i}{\lambda+\gamma_i}+n\right)=0 \tag{vii}$$

となる*)．この方程式は零根をただ 1 つだけもつから，R_1 の階数は $n-1$ である．R_1 の負の固有値の個数，すなわち (vii) の負根の個数を求めると

$$\sum_{i=2}^{n}\frac{\varepsilon_i+1}{2} \tag{viii}$$

となる．これを知るために

$$g(\lambda)=\sum_{i=1}^{n-1}\frac{\gamma_n-\gamma_i}{\lambda+\gamma_i}+n$$

とおき，$g(0)=\sum_{i=1}^{n-1}\dfrac{\gamma_n}{\gamma_i}+1=\gamma_n\left(\sum_{i=1}^{n}\dfrac{1}{\gamma_i}\right)$ の符号が $\varepsilon_1\varepsilon_n$ と一致する（補題 118）

---

*) $\begin{vmatrix} x_1+1 & 1 & \cdots & 1 \\ 1 & x_2+1 & \cdots & 1 \\ \cdots & \cdots & \cdots & \cdots \\ 1 & 1 & \cdots & x_n+1 \end{vmatrix}=0$, $x_1x_2\cdots x_n\neq 0$ ならば $\sum_{i=1}^{n}\dfrac{1}{x_i}+1=0$ となる．実際，i 列を x_i で割り，第 2 列，…，第 n 列 を第 1 列に加えるとわかる．

ことに注意して，つぎの4つの場合に分けて考えよう．

(1) $\varepsilon_1=\varepsilon_n=1$ のとき，$\gamma_n>\gamma_1, \cdots, \gamma_{n-1}$, $g(0)>0$ となるから，$g(\lambda)=0$ の負根の個数は，$\gamma_1, \cdots, \gamma_{n-1}$ のうちの正数の個数，すなわち $\varepsilon_1, \cdots, \varepsilon_{n-1}$ の正数の個数 $\sum_{i=1}^{n-1}\frac{\varepsilon_i+1}{2}$ と同じであるが，$\varepsilon_1=\varepsilon_n=1$ であるから，これは (viii) に等しい．

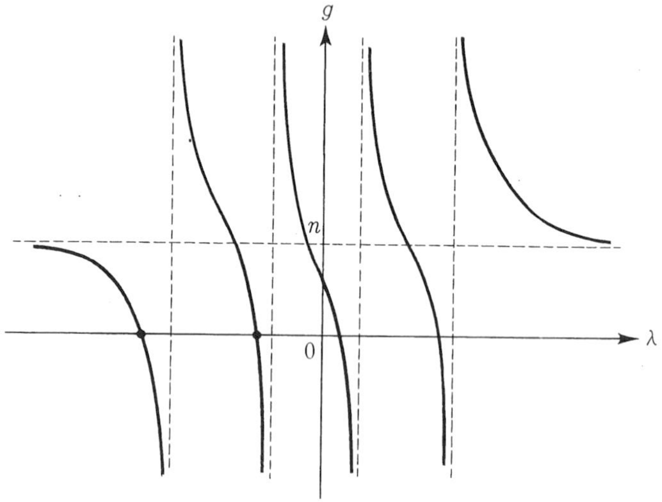

(2) $\varepsilon_1=-1, \varepsilon_n=1$ のとき，$\gamma_n>\gamma_1, \cdots, \gamma_{n-1}, g(0)<0$ となるから，$g(\lambda)=0$ の負根の個数は，$\varepsilon_1, \cdots, \varepsilon_{n-1}$ のうちの正数の個数$+1$: $\sum_{i=1}^{n-1}\frac{\varepsilon_i+1}{2}+1$ と同じであるが，$\varepsilon_1=-1, \varepsilon_n=1$ であるからこれは (viii) に等しい．

(3) $\varepsilon_1=1, \varepsilon_n=-1$ のとき，$\gamma_n<\gamma_1, \cdots, \gamma_{n-1}$, $g(0)<0$ となるから，$g(\lambda)=0$ の負根の個数は，$\varepsilon_1, \cdots, \varepsilon_{n-1}$ のうちの正数の個数-1: $\sum_{i=1}^{n-1}\frac{\varepsilon_i+1}{2}-1$ と同じであるが，$\varepsilon_1=1, \varepsilon_n=-1$ であるから，これは (viii) に等しい．

(4) $\varepsilon_1=\varepsilon_n=-1$ のとき，$\gamma_n<\gamma_1, \cdots, \gamma_{n-1}$, $g(0)>0$ となるから，$g(\lambda)=0$ の負根の個数は $\varepsilon_1, \cdots, \varepsilon_{n-1}$ のうちの正数の個数：$\sum_{i=1}^{n-1}\frac{\varepsilon_i+1}{2}$ と同じであるが，$\varepsilon_1=\varepsilon_n=-1$ であるから，これは (viii) に等しい．

以上の計算より，H_{A_0} の階数は $n(n-1)+(n-1)=n^2-1$ となるから，臨界

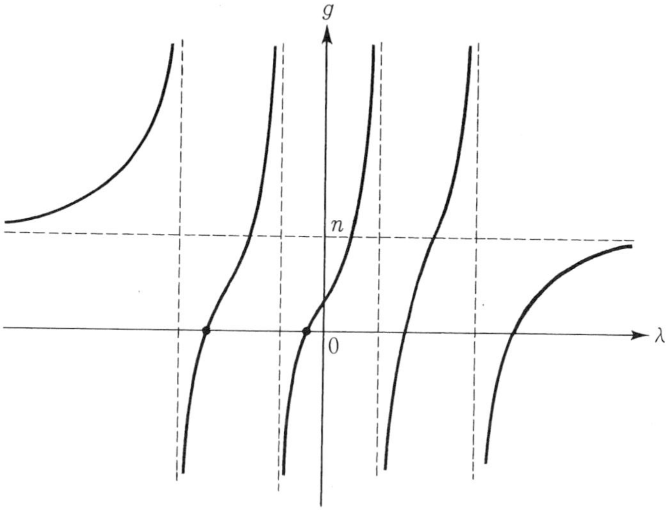

点 A_0 は非退化であり，また A_0 における指数は

$$\sum_{i=2}^{n}(\varepsilon_i+1)(i-1)+\sum_{i=2}^{n}\frac{\varepsilon_i+1}{2}=\sum_{i=2}^{n}\left(\frac{\varepsilon_i+1}{2}\right)(2i-1)$$

となる．よって，定理 106 より，$SU_{\pm}(n)$ はつぎの次元の胞体をもつ有限 CW 複体にホモトピー同値である．

$$SU_{\pm}(n)\simeq\bigcup_{\varepsilon_1,\cdots,\varepsilon_n} e^{\sum_{i=2}^{n}\left(\frac{\varepsilon_i+1}{2}\right)(2i-1)}$$

例えば

$$SU_{\pm}(3)\simeq e^0\cup e^3\cup e^5\cup e^8\cup e^0\cup e^3\cup e^5\cup e^8$$

である．さて，$\bar{f}$: $SU(n)\to \boldsymbol{R}$ の臨界点は（$SU(n)$ が $SU_{\pm}(n)$ の連結成分であることに注意すると）

$$\begin{pmatrix}\varepsilon_1 & & \\ & \ddots & \\ & & \varepsilon_n\end{pmatrix}\qquad \varepsilon_1\cdots\varepsilon_n=1$$

の 2^{n-1} 個の点であり，かつこの点における指数は $\sum_{i=2}^{n}\left(\frac{\varepsilon_i+1}{2}\right)(2i-1)$ であることがわかる．よって $SU(n)$ はつぎの次元の胞体をもつ有限 CW 複体にホモトピー同値である．

$$SU(n)\simeq \bigcup_{\substack{\varepsilon_1,\cdots,\varepsilon_n\\ \varepsilon_1\cdots\varepsilon_n=1}} e^{\sum_{i=2}^{n}\left(\frac{\varepsilon_i+1}{2}\right)(2i-1)}$$

また，$U(n)$ のとき (例 116) と同様，これをつぎのように書くこともできる．

$$SU(n)\simeq e^0\cup \bigcup_{2\leqq k_1<\cdots<k_s\leqq n} e^{(2k_1-1)+\cdots+(2k_s-1)}$$

例えば

$$SU(3)\simeq e^0\cup e^3\cup e^5\cup e^{3+5}$$

である．

例 119　シンプレクティック群 $Sp(n)=\{A\in M(n,\boldsymbol{H})\,|\,A^*A=E\}$ 上の関数 $\bar{f}\colon Sp(n)\to \boldsymbol{R}$

$$\bar{f}\left(a_{ij}+\mathrm{i}\,b_{ij}+\mathrm{j}\,c_{ij}+\mathrm{k}\,d_{ij}\right)=c_1a_{11}+\cdots+c_na_{nn}\qquad \begin{matrix}0<c_i\\ 2c_i<c_{i+1}\end{matrix}$$

は Morse 関数である．$O(n)$, $U(n)$ のとき(例114, 116)と同様，f の臨界点は

$$\begin{pmatrix}\varepsilon_1 & & \\ & \ddots & \\ & & \varepsilon_n\end{pmatrix}\qquad \varepsilon_i=\pm 1$$

であり，その点における指数は $\sum_{i=1}^{n}\left(\dfrac{\varepsilon_i+1}{2}\right)(4i-1)$ となる．よって定理106より，$Sp(n)$ はつぎの次元の胞体をもつ有限 CW 複体にホモトピー同値である．

$$Sp(n)\simeq \bigcup_{\varepsilon_1,\cdots,\varepsilon_n} e^{\sum_{i=1}^{n}\left(\frac{\varepsilon_i+1}{2}\right)(4i-1)}$$

また，$O(n)$, $U(n)$ のとき(例114, 116)と同様，これをつぎのように書くこともできる．

$$Sp(n)\simeq e^0\cup \bigcup_{1\leqq k_1<\cdots<k_s\leqq n} e^{(4k_1-1)+\cdots+(4k_s-1)}$$

注意　$O(n)$, $SO(n)$, $U(n)$, $SU(n)$, $Sp(n)$ の胞体分割に関しては，よりよい結果が得られている．すなわち，胞体分割がホモトピー同値より強く同相の意味で与えられている．その結果は，本書のホモトピー同値 $\simeq$ を同相におきかえるだけでよい（〔8〕定理32, 33, 38, 40）．

(7)　**Morse 関数の例(その 3)　例外群 G_2**

八元数体 $\mathfrak{C}$ の自己同型群 G_2 の Morse 関数をつくり，定理 106 を応用しよう．群 G_2 については [9] に詳しいが，ここでは以下の計算に必要な範囲に限

って，八元数体 $\mathfrak{C}$ と群 G_2 について説明しておく．

まず八元数体 $\mathfrak{C}$ を説明しよう．$e_0=1, e_1, e_2, e_3, e_4, e_5, e_6, e_7$ を基とする $\boldsymbol{R}$ 上8次元ベクトル空間を $\mathfrak{C}$ とし，その元を**八元数**（または **Cayley 数**）という．すなわち八元数 x は

$$x=\sum_{i=0}^{7} x_i e_i \qquad x_i \in \boldsymbol{R}$$

と1通りに表わされている．$\mathfrak{C}$ の基の間に積をつぎのように定める．下図において，左の線上 e_1, e_2, e_3 の間では，$e_1e_2=e_3$, $e_2e_3=e_1$, $e_3e_1=e_2$ と定義する．

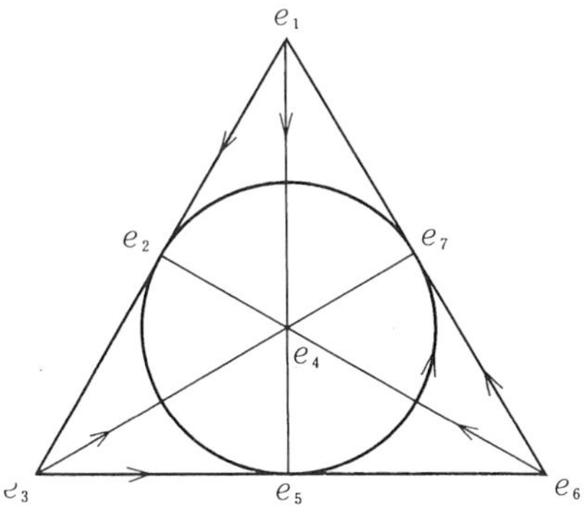

他の6本の線上でもこれと同様に積を定義する．さらに $e_0=1$ は積の単位元であるとし，かつ

$$e_i^2=-1 \quad i\neq 0, \quad e_ie_j=-e_je_i \quad i\neq 0,\ j\neq 0,\ i\neq j$$

とし，さらに分配法則がなりたつとすると，$\mathfrak{C}$ に積が定義される．$\mathfrak{C}$ の元 $x=x_0+\sum_{i=1}^{7} x_ie_i$ に対し $\bar{x}=x_0-\sum_{i=1}^{7} x_ie_i$ を x の**共役元**といい，$\mathrm{Re}\,x=x_0$ を x の**実部**という．$\mathfrak{C}$ の2つの元 $x=\sum_{i=0}^{7} x_ie_i$, $y=\sum_{i=0}^{7} y_ie_i$ の**内積**(x, y)を $\sum_{i=0}^{7} x_iy_i$ で，x の**長さ** $|x|$ を $\sqrt{(x, x)}$ で定義する．0でない八元数 x に対して $\dfrac{\bar{x}}{|x|^2}$を x^{-1} とおくと $xx^{-1}=x^{-1}x=1$ がなりたつ．$\mathfrak{C}$ での積は結合法則 $x(yz)=(xy)z$ をみたしていない（もちろん可換法則 $xy=yx$ も成立しない）．したがって $\mathfrak{C}$ は体ではないが，体 $\boldsymbol{R}, \boldsymbol{C}, \boldsymbol{H}$ とよく似た性質をもっているので，$\mathfrak{C}$ は**八元数体**（または **Cayley 数体**）とよばれている．$\mathfrak{C}$ でつぎの公式がなりたつ．（証明は

[8] 204頁にある)．$x, y, a, b \in \mathfrak{C}$ とする．

1. $|xy|=|x||y|$
2. $(ax, ay)=(a, a)(x, y)=(xa, ya)$
3. $(ax, y)=(x, \bar{a}y),\quad (xa, y)=(x, y\bar{a})$
4. $\bar{\bar{x}}=x,\quad \overline{x+y}=\bar{x}+\bar{y},\quad \overline{xy}=\bar{y}\bar{x}$
5. $x\bar{x}=\bar{x}x=|x|^2$
6. $a(\bar{a}x)=(a\bar{a})x,\quad a(x\bar{a})=(ax)\bar{a},\quad x(a\bar{a})=(xa)\bar{a}$
   $a(ax)=(aa)x,\quad a(xa)=(ax)a,\quad x(aa)=(xa)a$
7. $(ax)(ya)=a(xy)a$

$1, a_1, a_2, \cdots, a_7$ を $\mathfrak{C}$ の正規直交基とするとき

8.1. $a_i(a_jx)=-a_j(a_ix)$, 特に $a_ia_j=-a_ja_i\quad (i\neq j)$

8.2. $a_i(a_ix)=-x$, 特に $a_i{}^2=-1$

8.3. $a_i(a_ja_k)=a_j(a_ka_i)=a_k(a_ia_j)\quad (i, j, k$ は異なる)

がなりたつ．

$\mathrm{Re}\,x=0$ なる八元数 x 全体の集合を $\mathfrak{C}_0$ で表わすと，$\mathfrak{C}_0$ は 7 次元 $\boldsymbol{R}$ 上ベクトル空間になる．以下 $\mathfrak{C}_0$ の元 $x=\sum_{i=1}^{7} x_ie_i$ を $\boldsymbol{R}^7$ のベクトル $\boldsymbol{x}=\begin{pmatrix} x_1 \\ x_2 \\ \vdots \\ x_7 \end{pmatrix}$ と同一視しておく：$\mathfrak{C}_0=\boldsymbol{R}^7$.

$O(7)=\{A\in M(7, \boldsymbol{R})\,|\,{}^tAA=E\}$ を 7 次の直交群とする．$A\in M(7, \boldsymbol{R})$ の各列ベクトル $\boldsymbol{a}_i$ を $\mathfrak{C}_0$ の元 a_i と同一視して

$$A=(a_1, a_2, \cdots, a_7)\qquad a_i\in\mathfrak{C}_0$$

で表わすと，$A\in O(7)$ は，$1, a_1, a_2, \cdots, a_7$ が $\mathfrak{C}$ の正規直交基であることと同じであり，また $A\in O(7)$ を $A(1)=1$, $A(e_i)=a_i$, $i=1, 2, \cdots, 7$ で，かつ

$$|A(x)|=|x|\qquad x\in\mathfrak{C}$$

をみたす $\boldsymbol{R}$-線型写像 $A\colon \mathfrak{C}\to\mathfrak{C}$ とみなすこともできる．

定義　八元数体 $\mathfrak{C}$ の自己同型写像 A 全体の集合を G_2 で表わす．すなわち

$$G_2=\left\{ \text{全単射 } A\colon \mathfrak{C}\to\mathfrak{C} \;\middle|\; \begin{array}{ll} A(x+y)=A(x)+A(y) & \\ A(\alpha x)=\alpha A(x) & \alpha\in\boldsymbol{R} \\ A(xy)=A(x)A(y) & \end{array} \right\}$$

である. G_2 は写像の積に関して群をつくる. この群を **G_2–型例外群** という. 群 G_2 はコンパクトであり([9] 定理 5.4)かつ連結である([9] 定理 5.4).

補題 119 G_2 は直交群 $O(7)$ の部分群である. 特に $A\in G_2$ ならば ${}^tA=A^{-1}\in G_2$ である.

証明 まず $A\in G_2$ は

$$A(1)=1 \quad \overline{A(e_i)}=-A(e_i) \qquad i=1, 2, \cdots, 7$$

をみたすことを示そう. 実際, $A(1)A(1)=A(1\cdot 1)=A(1)$, $A(1)\neq 0$ より $(A(1))^{-1}$ を掛けて $A(1)=1$ を得る. つぎに $i\neq 0$ のとき, $A(e_i)A(e_i)=A(e_ie_i)=A(-1)=-A(1)=-1$ より $\overline{A(e_i)}=-A(e_i)$ を得る. (一般に $a\in\mathfrak{C}$ が $aa=-1$ ならば, 両辺の長さを考えると $|a|=1$ となる. よって $aa=-1$ の両辺に $\bar{a}$ を掛けると $a=-\bar{a}$ となる). これらの式より

$$\overline{A(x)}=A(\bar{x}) \qquad x\in\mathfrak{C}$$

を得る. 実際, $x=x_0+\sum_{i=1}^{7}x_ie_i$, $x_i\in\boldsymbol{R}$ とするとき, $\overline{A(x)}=\overline{A(x_0+\sum_{i=1}^{7}x_ie_i)}=x_0A(1)+\sum_{i=1}^{7}x_i\overline{A(e_i)}=x_0A(1)-\sum_{i=1}^{7}x_iA(e_i)=A(x_0-\sum_{i=1}^{7}x_ie_i)=A(\bar{x})$ である.
さて

$$|A(x)|^2=A(x)\overline{A(x)}=A(x)A(\bar{x})=A(x\bar{x})=A(|x|^2)=|x|^2A(1)=|x|^2$$

となる. そして $A(1)=1$ であったから $A\in O(7)$ となる. よって $G_2\subset O(7)$ である. ▮

補題 120 $A\in M(7, \boldsymbol{R})$ が $A\in G_2$ であるための必要十分条件は, A の列ベクトル $a_1, a_2, \cdots, a_7\in\mathfrak{C}_0$ がつぎの条件

$$|a_1|=1$$
$$|a_2|=1, \quad (a_1, a_2)=0$$
$$a_3=a_1a_2$$
$$|a_4|=1, \quad (a_1, a_4)=(a_2, a_4)=(a_3, a_4)=0$$
$$a_5=a_1a_4, \quad a_6=a_4a_2, \quad a_7=a_1a_6$$

をみたすことである.

証明 $A=(a_1, a_2, \cdots, a_7)\in M(7, \boldsymbol{R})$ が補題の条件をみたしているとする. このとき $a_0=1, a_1, a_2, \cdots, a_7$ は $\mathfrak{C}$ の正規直交基になる. 実際, $|a_i|=1$, $i=1$,

2, …, 7 は明らかであるが，$(a_i, a_j)=0$, $i\neq j$ を確かめなければならない．確かめる回数は ${}_8C_2=28$ 回あるが，ここではつぎの 3 つを例として示しておくにとどめる．

$$(a_1, a_3)=(a_1, a_1a_2)=(a_1, a_1)(1, a_2)=0$$
$$(a_3, a_6)=(a_1a_2, a_4a_2)=(a_1, a_4)(a_2, a_2)=0$$
$$(a_5, a_6)=(a_1a_4, a_4a_2)=(a_1a_4, -a_2a_4)=-(a_1, a_2)(a_4, a_4)=0$$

等である．さて $a_0=1, a_1, a_2, \cdots, a_7$ は $\mathfrak{C}$ の正規直交基であるから $A\in O(7)$ である．さらに $A\in G_2$ である．すなわち

$$A(xy)=A(x)A(y) \qquad x, y\in\mathfrak{C}$$

をみたしている．実際，これを示すには

$$A(e_ie_j)=A(e_i)A(e_j) \qquad i, j=0, 1, \cdots, 7$$

がなりたつことを確かめると十分である．これも数多く確かめなければならないが，ここではつぎの 3 つを例としてあげておくにとどめる．

$$A(e_1)A(e_3)=a_1a_3=a_1(a_1a_2)=-a_2=-A(e_2)=A(e_1e_3)$$
$$A(e_2)A(e_5)=a_2a_5=a_2(a_1a_4)=a_1(a_4a_2)=a_1a_6=a_7=A(e_7)=A(e_2e_5)$$
$$A(e_3)A(e_5)=a_3a_5=(a_1a_2)(a_1a_4)=-(a_1a_2)(a_4a_1)=-a_1(a_2a_4)a_1$$
$$=a_1(a_4a_2)a_1=a_1a_6a_1=-a_1a_1a_6=a_6=A(e_6)=A(e_3e_5)$$

等である．よって $A\in G_2$ である．逆は明らかである．∎

補題 120 が示すように，G_2 の元 $A=(a_1, a_2, \cdots, a_7)$ は a_1, a_2, a_4 を与えると決まるので，Aを $A=(a_1, a_2, a_4)$（ただし $a_1, a_2, a_4\in\mathfrak{C}_0$, $|a_1|=|a_2|=|a_4|=1$, $(a_1, a_2)=(a_1, a_4)=(a_2, a_4)=(a_1a_2, a_4)=0$）で表わすことがある．

$M(7, 3, \boldsymbol{R})$ の行列 $\left(x_{ij}\right)_{\substack{i=1,2,\cdots,7\\ j=1,2,4}}$ *) と $\mathfrak{C}_0{}^3$ の元 (x_1, x_2, x_4) $(x_j=\sum_{i=1}^{7} x_{ij}e_i$, $j=1, 2, 4)$ と同一視しておくのは前述の通りである：$\mathfrak{C}^3=M(7, 3, \boldsymbol{R})=\boldsymbol{R}^{21}$.

まず G_2 が可微分多様体であることを示そう．そのために 7 個の関数 f_{11}, $f_{22}, f_{44}, f_{12}, f_{14}, f_{24}, f_{34}$: $M(7, 3, \boldsymbol{R})\to\boldsymbol{R}$ を

*) 行列の成分の番号のつけ方に注意しよう．このような番号のつけ方になったのは，$\mathfrak{C}$ の基 $e_1, e_2, \cdots, e_7$ の間の積の定義を[8][9]に従ったからである．

$$\begin{cases} f_{11}=(x_1, x_1)-1 \\ f_{22}=(x_2, x_2)-1 \\ f_{44}=(x_4, x_4)-1 \\ f_{12}=(x_1, x_2) \\ f_{14}=(x_1, x_4) \\ f_{24}=(x_2, x_4) \\ f_{34}=(x_3, x_4)=-(x_1, x_6)=-(x_2, x_5) \end{cases}$$

(ここに $x_3=x_1x_2$, $x_6=x_4x_2$, $x_5=x_1x_4$) で定義すると，これらは可微分関数であって

$$G_2=\{A\in M(7, 3, \boldsymbol{R}) \mid f_{ij}(A)=0,\ f_{ij}\ \text{は上記の関数}\}$$

となっている(補題120)．これらの関数 f_{ij} の方向ベクトルは

$$\begin{cases} \operatorname{grad} f_{11}=2(x_1, 0, 0), & \operatorname{grad} f_{22}=2(0, x_2, 0) \\ \operatorname{grad} f_{44}=2(0, 0, x_4), & \operatorname{grad} f_{12}=(x_2, x_1, 0) \\ \operatorname{grad} f_{14}=(x_4, 0, x_1), & \operatorname{grad} f_{24}=(0, x_4, x_2) \\ \multicolumn{2}{c}{\operatorname{grad} f_{34}=(-x_6, -x_5, x_3)} \end{cases} \qquad \text{(i)}$$

となる．これらの Gramm 行列をつくり，$A\in G_2$ で考えると

$$\begin{pmatrix} 4 & & & & & & \\ & 4 & & & & & \\ & & 4 & & & & \\ & & & 2 & & & \\ & & & & 2 & & \\ & & & & & 2 & \\ & & & & & & 3 \end{pmatrix}$$

となり(補題119)正則である．したがって定理14より G_2 は $21-7=14$ 次元可微分多様体になる．

関数 f: $M(7, 3, \boldsymbol{R})\to\boldsymbol{R}$ を

$$f=c_1x_{11}+c_2x_{22}+c_4x_{44} \qquad 0<4c_1<2c_2<c_4$$

で定義し，関数 $\bar{f}$: $G_2\to\boldsymbol{R}$ を $\bar{f}=f\,|\,G_2$, すなわち

$$\bar{f}(A)=c_1a_{11}+c_2a_{22}+c_4a_{44}$$

で定義する．c_1, c_2, c_4 を補題118の条件をみたすように選ぶならば，この関数 $\tilde{f}$ が G_2 の Morse 関数になることを示すのが目的である．関数 f の方向ベクトルは

$$\operatorname{grad} f=(c_1e_2,\ c_2e_2,\ c_4e_4)$$

である．そこで(i)および $\operatorname{grad} f$ の Gramm 行列式をつくり，それを $A\in G_2$ で考えると

$$\begin{vmatrix} 4 & & & & & & & 2c_1a_{11} \\ & 4 & & & & & & 2c_2a_{22} \\ & & 4 & & & & & 2c_4a_{44} \\ & & & 2 & & & & c_1a_{12}+c_2a_{21} \\ & & & & 2 & & & c_1a_{14}+c_4a_{41} \\ & & & & & 2 & & c_2a_{24}+c_4a_{42} \\ & & & & & & 3 & -c_1a_{16}-c_2a_{25}+c_4a_{43} \\ * & * & * & * & * & * & * & c_1{}^2+c_2{}^2+c_4{}^2 \end{vmatrix}$$

（＊印には行列が対称となるような元がはいる）

$$=-2^8(6c_1{}^2a_{11}{}^2+6c_2{}^2a_{22}{}^2+6c_4{}^2a_{44}{}^2+3(c_1a_{12}+c_2a_{21})^2+3(c_1a_{14}+c_4a_{41})^2$$
$$+3(c_2a_{24}+c_4a_{42})^2+2(-c_1a_{16}-c_2a_{25}+c_4a_{43})^2-6(c_1{}^2+c_2{}^2+c_4{}^2))$$

となる．点 $A\in G_2$ が $\tilde{f}$ の臨界点になるのは，この行列式の値が 0 になるときである(補題19)から，これを 0 とおいた方程式

$$6c_1{}^2a_{11}{}^2+6c_2{}^2a_{22}{}^2+\cdots+2(-c_1a_{16}-c_2a_{25}+c_4a_{43})^2-6(c_1{}^2+c_2{}^2+c_4{}^2)=0 \quad \text{(ii)}$$

を解こう．そのために

$$0\leqq 3(c_1a_{12}-c_2a_{21})^2+3(c_1a_{14}-c_4a_{41})^2+3(c_2a_{24}-c_4a_{42})^2$$
$$+2(c_1a_{16}-c_2a_{25})^2+2(c_2a_{25}+c_4a_{43})^2+2(c_4a_{43}+c_1a_{16})^2$$

に(ii)を加えて計算すると

$$=6(c_1{}^2(a_{11}{}^2+a_{12}{}^2+a_{14}{}^2+a_{16}{}^2-1)+c_2{}^2(a_{21}{}^2+a_{22}{}^2+a_{24}{}^2+a_{25}{}^2-1)$$
$$+c_4{}^2(a_{41}{}^2+a_{42}{}^2+a_{44}{}^2+a_{43}{}^2-1)) \quad \text{(iii)}$$

となる．$A\in G_2$ ならば ${}^tA\in G_2\subset O(7)$ となる(補題 119)ので

$$\begin{cases} a_{11}{}^2+a_{12}{}^2+a_{13}{}^2+a_{14}{}^2+a_{15}{}^2+a_{16}{}^2+a_{17}{}^2=1 \\ a_{21}{}^2+a_{22}{}^2+a_{23}{}^2+a_{24}{}^2+a_{25}{}^2+a_{26}{}^2+a_{27}{}^2=1 \\ a_{41}{}^2+a_{42}{}^2+a_{43}{}^2+a_{44}{}^2+a_{45}{}^2+a_{46}{}^2+a_{47}{}^2=1 \end{cases} \quad \text{(iv)}$$

がなりたつ．したがって (iii) $\leqq 0$ となる．これより

$$\begin{cases} c_1a_{12}=c_2a_{21} & (=\lambda \text{ とおく}) & \text{(v)} \\ c_1a_{14}=c_4a_{41} & (=\mu \text{ とおく}) & \text{(vi)} \\ c_2a_{24}=c_4a_{42} & (=\nu \text{ とおく}) & \text{(vii)} \\ c_1a_{16}=c_2a_{25}=-c_4a_{43} & (=\kappa \text{ とおく}) & \text{(viii)} \end{cases}$$

$$\begin{cases} a_{11}{}^2+a_{12}{}^2+a_{14}{}^2+a_{16}{}^2=1 & \text{(ix)} \\ a_{21}{}^2+a_{22}{}^2+a_{24}{}^2+a_{25}{}^2=1 & \text{(x)} \\ a_{41}{}^2+a_{42}{}^2+a_{44}{}^2+a_{43}{}^2=1 & \text{(xi)} \end{cases}$$

となる．(iv) と (ix)(x)(xi) よりまず

$$a_{13}=a_{15}=a_{17}=0, \quad a_{23}=a_{26}=a_{27}=0, \quad a_{45}=a_{46}=a_{47}=0$$

を得る．さらに A の第１行，第２行，第４行の直交性より

$$\begin{cases} a_{11}a_{21}+a_{12}a_{22}+a_{14}a_{24}=0 & \text{(xii)} \\ a_{11}a_{41}+a_{12}a_{42}+a_{14}a_{44}=0 & \text{(xiii)} \\ a_{21}a_{41}+a_{22}a_{42}+a_{24}a_{44}=0 & \text{(xiv)} \end{cases}$$

となっている．(v)～(xiv) を解くために

$$\alpha=c_1a_{11}, \quad \beta=c_2a_{22}, \quad \gamma=c_4a_{44}$$

とおいて (ix)～(xiv) に代入すると

$$\begin{cases} \alpha^2+\lambda^2+\mu^2+\kappa^2=c_1{}^2 & \text{(ix)}' \\ \lambda^2+\beta^2+\nu^2+\kappa^2=c_2{}^2 & \text{(x)}' \\ \mu^2+\nu^2+\gamma^2+\kappa^2=c_3{}^2 & \text{(xi)}' \end{cases}$$

$$\begin{cases} \alpha\lambda+\lambda\beta+\mu\nu=0 & \text{(xii)}' \\ \alpha\mu+\lambda\nu+\mu\gamma=0 & \text{(xiii)}' \\ \lambda\mu+\beta\nu+\nu\gamma=0 & \text{(xiv)}' \end{cases}$$

となる．もし $\lambda\mu\nu\neq 0$ であるとすれば (xii)$'$(xiii)$'$(xiv)$'$ より

$$\alpha+\beta=-\frac{\mu\nu}{\lambda}, \quad \alpha+\gamma=-\frac{\lambda\nu}{\mu}, \quad \beta+\gamma=-\frac{\lambda\mu}{\nu}$$

となる．これより

$$\alpha^2-\beta^2=(\alpha+\beta)((\alpha+\gamma)-(\beta+\gamma))=-\frac{\mu\nu}{\lambda}\left(-\frac{\lambda\nu}{\mu}+\frac{\lambda\mu}{\nu}\right)=\nu^2-\mu^2$$

となるが，一方 (ix)′—(x)′ をつくると

$$\alpha^2-\beta^2=\nu^2-\mu^2+c_1{}^2-c_2{}^2$$

となる．この2つの式より $c_1{}^2=c_2{}^2$ となり，$0<c_1<c_2$ に矛盾する．よって $\lambda\mu\nu=0$ である．いま $\lambda=0$ であるとすれば (xii)′ より $\mu\nu=0$ となる．さらに $\mu=0, \nu\neq0$ であるとすると (x)′(xi)′(xiv)′ は

$$\beta^2+\nu^2+\kappa^2=c_2{}^2, \quad \nu^2+\gamma^2+\kappa^2=c_3{}^2, \quad \beta+\gamma=0$$

となる．これより $c_2{}^2=c_3{}^2$ となり，$0<c_2<c_3$ に矛盾する．$\mu=0$ または $\nu=0$ から出発しても同様であるから，結局 $\lambda=\mu=\nu=0$ となる．よって (v)(vi)(vii) より

$$a_{12}=a_{21}=0, \quad a_{14}=a_{41}=0, \quad a_{24}=a_{42}=0$$

を得る．以上より A は

$$A=\begin{pmatrix} a_{11} & 0 & 0 & 0 & 0 & a_{16} & 0 \\ 0 & a_{22} & 0 & 0 & a_{25} & 0 & 0 \\ 0 & 0 & * & * & 0 & 0 & 0 \\ 0 & 0 & a_{43} & a_{44} & 0 & 0 & 0 \\ 0 & * & 0 & 0 & * & 0 & 0 \\ -a_{43}a_{22}+a_{44}a_{25} & 0 & 0 & 0 & 0 & * & 0 \\ 0 & 0 & 0 & 0 & 0 & 0 & * \end{pmatrix}$$

の形をしていることがわかる．実際，第1, 2, 4行は上記の計算結果であり，他の行は

$$\begin{aligned} \text{第 3 行} &= (\text{第 1 行})(\text{第 2 行})=(a_{11}e_1+a_{16}e_6)(a_{22}e_2+a_{25}e_5)=*e_3+*e_4 \\ \text{第 5 行} &= (\text{第 1 行})(\text{第 4 行})=(a_{11}e_1+a_{16}e_6)(a_{43}e_3+a_{44}e_4)=*e_2+*e_5 \\ \text{第 6 行} &= (\text{第 4 行})(\text{第 2 行})=(a_{43}e_3+a_{44}e_4)(a_{22}e_2+a_{25}e_5) \\ &= (-a_{43}a_{22}+a_{44}a_{25})e_1+*e_6 \\ \text{第 7 行} &= (\text{第 1 行})(\text{第 6 行})=(a_{11}e_1+a_{16}e_6)(*e_1+*e_6)=*e_7 \end{aligned}$$

である．A の第1, 2, 4行および第1列のベクトルの長さ $=1$ より

$$a_{11}{}^2+a_{16}{}^2=1, \quad a_{22}{}^2+a_{25}{}^2=1, \quad a_{44}{}^2+a_{43}{}^2=1$$
$$-a_{43}a_{22}+a_{44}a_{25}=\pm a_{16} \tag{xv}$$

となる．そこで

$$\begin{aligned}&a_{11}=\cos\theta_1,\quad a_{16}=\sin\theta_1;\quad a_{22}=\cos\theta_2,\\&a_{25}=\sin\theta_2;\quad a_{44}=\cos\theta_4,\quad -a_{43}=\sin\theta_4\end{aligned}\tag{xvi}$$

とおいて(xv)に代入すると，$\sin\theta_4\cos\theta_2+\cos\theta_4\sin\theta_2=\pm\sin\theta_1$, $\sin(\theta_2+\theta_4)=\pm\sin\theta_1$ より

$$\theta_1\pm\theta_2\pm\theta_4\equiv 0 \pmod{\pi}$$

を得る．これと (viii) の等式

$$c_1\sin\theta_1=c_2\sin\theta_2=c_4\sin\theta_4$$

があるから，$0<4c_1<2c_2<c_4$ をみたす c_1, c_2, c_4 を適当に選んで

$$\theta_1\equiv\theta_2\equiv\theta_4\equiv 0 \pmod{\pi}$$

が導かれるようにすることができる（補題 118）．よって (xvi) より

$$a_{16}=a_{25}=a_{43}=0,\quad a_{11}{}^2=a_{22}{}^2=a_{44}{}^2=1$$

を得る．以上の計算より，$\tilde{f}$ の臨界点は $2^3=8$ 個の点

$$\begin{aligned}A(\varepsilon_1,\varepsilon_2,\varepsilon_4)&=A(\varepsilon_1e_1,\varepsilon_2e_2,\varepsilon_4e_4)\qquad \varepsilon_i=\pm1\\&=\mathrm{diag}(\varepsilon_1,\varepsilon_2,\varepsilon_1\varepsilon_2,\varepsilon_4,\varepsilon_1\varepsilon_4,\varepsilon_2\varepsilon_4,\varepsilon_1\varepsilon_2\varepsilon_4)\end{aligned}$$

であることがわかった．これらの点で $\tilde{f}$ のとる値が異なることは $O(n)$ のとき（例114）と同じである．つぎに臨界点 $A_0=A(\varepsilon_1,\varepsilon_2,\varepsilon_4)$ における指数を求めよう．点 A_0 における各関数の方向ベクトルは

$$\left\{\begin{aligned}&(\mathrm{grad}\,f_{11})_{A_0}=2(\varepsilon_1e_1,0,0),\quad (\mathrm{grad}\,f_{22})_{A_0}=2(0,\varepsilon_2e_2,0)\\&(\mathrm{grad}\,f_{44})_{A_0}=2(0,0,\varepsilon_4e_4),\quad (\mathrm{grad}\,f_{12})_{A_0}=(\varepsilon_2e_2,\varepsilon_1e_1,0)\\&(\mathrm{grad}\,f_{14})_{A_0}=(\varepsilon_4e_4,0,\varepsilon_1e_1),\quad (\mathrm{grad}\,f_{24})_{A_0}=(0,\varepsilon_4e_4,\varepsilon_2e_2)\\&\qquad(\mathrm{grad}\,f_{34})_{A_0}=(-\varepsilon_2\varepsilon_4e_6,-\varepsilon_1\varepsilon_4e_5,\varepsilon_1\varepsilon_2e_3)\end{aligned}\right.\tag{xvii}$$

となるから，$(\mathrm{grad}\,f)_{A_0}=(c_1e_1,c_2e_2,c_4e_4)$ は

$$(\mathrm{grad}\,f)_{A_0}=\frac{\varepsilon_1c_1}{2}(\mathrm{grad}\,f_{11})_{A_0}+\frac{\varepsilon_2c_2}{2}(\mathrm{grad}\,f_{22})_{A_0}+\frac{\varepsilon_4c_4}{2}(\mathrm{grad}\,f_{44})_{A_0}$$

と表わされる．点 A_0 における接ベクトル空間 $T_{A_0}(G_2)$ への直交射影 P: $M(7,3,\boldsymbol{R})\to T_{A_0}(G_2)$ の行列 P を求めるために．点 $X=\left(x_{ij}\right)_{\substack{i=1,2,\cdots,7\\j=1,2,4}}\in M(7,$

$3, \boldsymbol{R})$ から $T_{A_0}(G_2)$ へ垂線を下した交点を $P(X)=\varXi=\left(\xi_{ij}\right)_{\substack{i=1,2,\ldots,7 \\ j=1,2,4}} \in T_{A_0}(G_2)$ とする. $\varXi$ は (xvii) の方向ベクトルと直交している (命題59) から

$$
\left\{
\begin{aligned}
&\xi_{11}=\xi_{22}=\xi_{33}=0 \\
&\varepsilon_1\xi_{12}+\varepsilon_2\xi_{21}=0 \\
&\varepsilon_1\xi_{14}+\varepsilon_4\xi_{41}=0 \\
&\varepsilon_2\xi_{24}+\varepsilon_4\xi_{42}=0 \\
&\varepsilon_1\varepsilon_2\xi_{34}-\varepsilon_1\varepsilon_4\xi_{52}-\varepsilon_2\varepsilon_4\xi_{61}=0
\end{aligned}
\right. \tag{xviii}
$$

となる. さらに $\varXi-X=\left(\xi_{ij}-x_{ij}\right)_{\substack{i=1,2,\ldots,7 \\ j=1,2,4}}$ は (xvii) の張る空間に含まれる から, これらの1次結合で表わされる. よって

$$
\left\{
\begin{aligned}
&\xi_{12}-x_{12}=a_{12}\varepsilon_1, && \xi_{21}-x_{21}=a_{12}\varepsilon_2 \\
&\xi_{14}-x_{14}=a_{14}\varepsilon_1, && \xi_{41}-x_{41}=a_{14}\varepsilon_4 \\
&\xi_{24}-x_{24}=a_{24}\varepsilon_2, && \xi_{42}-x_{42}=a_{24}\varepsilon_4 \\
&\xi_{34}-x_{34}=a_{34}\varepsilon_1\varepsilon_2, \;\; \xi_{52}-x_{52}=-a_{34}\varepsilon_1\varepsilon_4, \;\; \xi_{61}-x_{61}=-a_{34}\varepsilon_2\varepsilon_4
\end{aligned}
\right. \tag{xix}
$$

をみたす $a_{12}, a_{14}, a_{24}, a_{34} \in \boldsymbol{R}$ が存在し, かつ

$$
\left\{
\begin{aligned}
&\xi_{31}=x_{31}, && \xi_{51}=x_{51}, && \xi_{71}=x_{71} \\
&\xi_{32}=x_{32}, && \xi_{62}=x_{62}, && \xi_{72}=x_{72} \\
&\xi_{54}=x_{54}, && \xi_{64}=x_{64}, && \xi_{74}=x_{74}
\end{aligned}
\right.
$$

となっている. (xviii)(xix)を解いて ξ_{ij} を求めると

$$
\left\{
\begin{aligned}
&\xi_{12}=\frac{x_{12}-\varepsilon_1\varepsilon_2 x_{21}}{2}, && \xi_{21}=\frac{-\varepsilon_1\varepsilon_2 x_{12}+x_{21}}{2} \\
&\xi_{14}=\frac{x_{14}-\varepsilon_1\varepsilon_4 x_{41}}{2}, && \xi_{41}=\frac{-\varepsilon_1\varepsilon_4 x_{14}+x_{41}}{2} \\
&\xi_{24}=\frac{x_{24}-\varepsilon_2\varepsilon_4 x_{42}}{2}, && \xi_{42}=\frac{-\varepsilon_2\varepsilon_4 x_{24}+x_{42}}{2} \\
&\xi_{34}=\frac{2x_{34}+\varepsilon_2\varepsilon_4 x_{52}+\varepsilon_1\varepsilon_4 x_{61}}{3}, \;\; \xi_{52}=\frac{\varepsilon_2\varepsilon_4 x_{34}+2x_{52}-\varepsilon_1\varepsilon_2 x_{61}}{3} \\
&\qquad \xi_{61}=\frac{\varepsilon_1\varepsilon_4 x_{34}-\varepsilon_1\varepsilon_2 x_{52}+2x_{61}}{3}
\end{aligned}
\right.
$$

となる. $M(7,3,\boldsymbol{R})$ の標準座標関数系の順序を

$$(x_{11}, x_{22}, x_{44};\ x_{12}, x_{21};\ x_{14}, x_{41};\ x_{24}, x_{42};\ x_{34}, x_{52}, x_{61};$$
$$x_{31}, x_{51}, x_{71}, x_{32}, x_{62}, x_{72}, x_{54}, x_{64}, x_{74})$$

のようにいれて，Pを行列で書くと

$$P=\begin{pmatrix} O_3 & & & & & \\ & P_{12} & & & & \\ & & P_{14} & & & \\ & & & P_{24} & & \\ & & & & P_{356} & \\ & & & & & E_9 \end{pmatrix}$$

ここに

$$O_3=\begin{pmatrix} 0 & & \\ & 0 & \\ & & 0 \end{pmatrix},\quad P_{12}=\frac{1}{2}\begin{pmatrix} 1 & -\varepsilon_1\varepsilon_2 \\ -\varepsilon_1\varepsilon_2 & 1 \end{pmatrix}$$

$$P_{14}=\frac{1}{2}\begin{pmatrix} 1 & -\varepsilon_1\varepsilon_4 \\ -\varepsilon_1\varepsilon_4 & 1 \end{pmatrix},\quad P_{24}=\frac{1}{2}\begin{pmatrix} 1 & -\varepsilon_2\varepsilon_4 \\ -\varepsilon_2\varepsilon_4 & 1 \end{pmatrix}$$

$$P_{356}=\frac{1}{3}\begin{pmatrix} 2 & \varepsilon_2\varepsilon_4 & \varepsilon_1\varepsilon_4 \\ \varepsilon_2\varepsilon_4 & 2 & -\varepsilon_1\varepsilon_2 \\ \varepsilon_1\varepsilon_4 & -\varepsilon_1\varepsilon_2 & 2 \end{pmatrix},\quad E_9 \text{ は 9 次の単位行列}$$

となる．また

$$H(f)_{A_0}-\frac{\varepsilon_1c_1}{2}H(f_{11})_{A_0}+\frac{\varepsilon_2c_2}{2}H(f_{22})_{A_0}+\frac{\varepsilon_4c_4}{2}H(f_{44})_{A_0}$$
$$=\mathrm{diag}(-\varepsilon_1c_1, -\varepsilon_2c_2, -\varepsilon_4c_4;\ -\varepsilon_2c_2, -\varepsilon_1c_1;\ -\varepsilon_4c_4, -\varepsilon_1c_1, -\varepsilon_4c_4, -\varepsilon_2c_2;$$
$$-\varepsilon_4c_4, -\varepsilon_2c_2, -\varepsilon_1c_1;$$
$$-\varepsilon_1c_1, -\varepsilon_1c_1, -\varepsilon_1c_1, -\varepsilon_2c_2, -\varepsilon_2c_2, -\varepsilon_2c_2, -\varepsilon_4c_4, -\varepsilon_4c_4, -\varepsilon_4c_4)$$

となる．したがって

$$H_{A_0}=P(H(f)_{A_0}-\frac{\varepsilon_1c_1}{2}H(f_{11})_{A_0}-\frac{\varepsilon_2c_2}{2}H(f_{22})_{A_0}-\frac{\varepsilon_4c_4}{2}H(f_{44})_{A_0})P$$

$$=\begin{pmatrix} O_3 & & & & & \\ & B_{12} & & & & \\ & & B_{14} & & & \\ & & & B_{24} & & \\ & & & & B_{356} & \\ & & & & & B \end{pmatrix}$$

ここに

$$O_3=\begin{pmatrix}0&&\\&0&\\&&0\end{pmatrix},\quad B_{12}=\frac{1}{4}\begin{pmatrix}-\varepsilon_2c_2-\varepsilon_1c_1 & \varepsilon_1c_2+\varepsilon_2c_1\\ \varepsilon_1c_2+\varepsilon_2c_1 & -\varepsilon_2c_2-\varepsilon_1c_1\end{pmatrix}$$

$$B_{14}=\frac{1}{4}\begin{pmatrix}-\varepsilon_4c_4-\varepsilon_1c_1 & \varepsilon_1c_4+\varepsilon_4c_1\\ \varepsilon_1c_4+\varepsilon_4c_1 & -\varepsilon_4c_4-\varepsilon_1c_1\end{pmatrix},\quad B_{24}=\frac{1}{4}\begin{pmatrix}-\varepsilon_4c_4-\varepsilon_2c_2 & \varepsilon_2c_4+\varepsilon_4c_2\\ \varepsilon_2c_4+\varepsilon_4c_2 & -\varepsilon_4c_4-\varepsilon_2c_2\end{pmatrix}$$

$$B_{356}=\frac{1}{9}\begin{pmatrix}-4\varepsilon_4c_4-\varepsilon_2c_2-\varepsilon_1c_1 & -2\varepsilon_2c_4-2\varepsilon_4c_2+\varepsilon_1\varepsilon_2\varepsilon_4c_1 & -2\varepsilon_1c_4+\varepsilon_1\varepsilon_2\varepsilon_4c_2-2\varepsilon_4c_1\\ -\varepsilon_2c_4-\varepsilon_4c_2+\varepsilon_1\varepsilon_2\varepsilon_4c_1 & -\varepsilon_4c_4-4\varepsilon_2c_2-\varepsilon_1c_1 & -\varepsilon_1\varepsilon_2\varepsilon_4c_4+2\varepsilon_1c_2+2\varepsilon_2c_1\\ -2\varepsilon_1c_4+\varepsilon_1\varepsilon_2\varepsilon_4c_2-2\varepsilon_4c_1 & -\varepsilon_1\varepsilon_2\varepsilon_4c_4+2\varepsilon_1c_2+2\varepsilon_2c_1 & -\varepsilon_4c_4-\varepsilon_2c_2-4\varepsilon_1c_1\end{pmatrix}$$

$$B=\mathrm{diag}(-\varepsilon_1c_1,\ -\varepsilon_1c_1,\ -\varepsilon_1c_1,\ -\varepsilon_2c_2,\ -\varepsilon_2c_2,\ -\varepsilon_2c_2,\ -\varepsilon_4c_4,\ -\varepsilon_4c_4,\ -\varepsilon_4c_4)$$

となる．H_{A_0} の固有値を求めると，0 および

$$-\frac{(\varepsilon_2+\varepsilon_1)(c_2+c_1)}{4},\ -\frac{(\varepsilon_2-\varepsilon_1)(c_2-c_1)}{4},\ -\frac{(\varepsilon_4+\varepsilon_1)(c_4+c_1)}{4},$$

$$-\frac{(\varepsilon_4-\varepsilon_1)(c_4-c_1)}{4},\ -\frac{(\varepsilon_4+\varepsilon_2)(c_4+c_2)}{4},\ -\frac{(\varepsilon_4-\varepsilon_2)(c_4-c_2)}{4}$$

$$-\varepsilon_1c_1,\ -\varepsilon_1c_1,\ -\varepsilon_1c_1,\ -\varepsilon_2c_2,\ -\varepsilon_2c_2,\ -\varepsilon_2c_2,\ -\varepsilon_4c_4,\ -\varepsilon_4c_4,\ -\varepsilon_4c_4$$

および B_{356} の固有値である．B_{356} の代りに $B_1=9\begin{pmatrix}\varepsilon_1&&\\&\varepsilon_1\varepsilon_2\varepsilon_4&\\&&\varepsilon_4\end{pmatrix}B_{356}\begin{pmatrix}\varepsilon_1&&\\&\varepsilon_1\varepsilon_2\varepsilon_4&\\&&\varepsilon_4\end{pmatrix}$ を考えても，固有値の符号は変らないので，この B_1 を調べることにする．B_1 の固有多項式 $\det(\lambda E-B_1)$ は

$$\begin{vmatrix}\lambda+4\varepsilon_4c_4+\varepsilon_2c_2+\varepsilon_1c_1 & 2\varepsilon_4c_4+2\varepsilon_2c_2-\varepsilon_1c_1 & 2\varepsilon_4c_4-\varepsilon_2c_2+2\varepsilon_1c_1\\ 2\varepsilon_4c_4+2\varepsilon_2c_2-\varepsilon_1c_1 & \lambda+\varepsilon_4c_4+4\varepsilon_2c_2+\varepsilon_1c_1 & \varepsilon_4c_4-2\varepsilon_2c_2-2\varepsilon_1c_1\\ 2\varepsilon_4c_4-\varepsilon_2c_2+2\varepsilon_1c_1 & \varepsilon_4c_4-2\varepsilon_2c_2-2\varepsilon_1c_1 & \lambda+\varepsilon_4c_4+\varepsilon_2c_2+4\varepsilon_1c_1\end{vmatrix}$$

(第1行から第2行，第3行を引くと)

$$=\begin{vmatrix}\lambda & -\lambda & -\lambda\\ 2\varepsilon_4c_4+2\varepsilon_2c_2-\varepsilon_1c_1 & \lambda+\varepsilon_4c_4+4\varepsilon_2c_2+\varepsilon_1c_1 & \varepsilon_4c_4-2\varepsilon_2c_2-2\varepsilon_1c_1\\ 2\varepsilon_4c_4-\varepsilon_2c_2+2\varepsilon_1c_1 & \varepsilon_4c_4-2\varepsilon_2c_2-2\varepsilon_1c_1 & \lambda+\varepsilon_4c_4+\varepsilon_2c_2+4\varepsilon_1c_1\end{vmatrix}$$

（第1行を第2列，第3列に加えると）

$$= \begin{vmatrix} \lambda & 0 & 0 \\ 2\varepsilon_4 c_4 + 2\varepsilon_2 c_2 - \varepsilon_1 c_1 & \lambda + 3\varepsilon_4 c_4 + 6\varepsilon_2 c_2 & 3\varepsilon_4 c_4 - 3\varepsilon_1 c_1 \\ 2\varepsilon_4 c_4 - \varepsilon_2 c_2 + 2\varepsilon_1 c_1 & 3\varepsilon_4 c_4 - 3\varepsilon_2 c_2 & \lambda + 3\varepsilon_4 c_4 + 6\varepsilon_1 c_1 \end{vmatrix}$$

（第1行で展開すると）

$$= \lambda \begin{vmatrix} \lambda + 3\varepsilon_4 c_4 + 6\varepsilon_2 c_2 & 3\varepsilon_4 c_4 - 3\varepsilon_1 c_1 \\ 3\varepsilon_4 c_4 - 3\varepsilon_2 c_2 & \lambda + 3\varepsilon_4 c_4 + 6\varepsilon_1 c_1 \end{vmatrix}$$

$$= \lambda((\lambda + 3\varepsilon_4 c_4 + 6\varepsilon_2 c_2)(\lambda + 3\varepsilon_4 c_4 + 6\varepsilon_1 c_1) - (3\varepsilon_4 c_4 - 3\varepsilon_1 c_1)(3\varepsilon_4 c_4 - 3\varepsilon_2 c_2))$$

$$= \lambda(\lambda^2 + 6(\varepsilon_4 c_4 + \varepsilon_2 c_2 + \varepsilon_1 c_1)\lambda + 27(\varepsilon_2 \varepsilon_4 c_2 c_4 + \varepsilon_1 \varepsilon_4 c_1 c_4 + \varepsilon_1 \varepsilon_2 c_1 c_2))$$

となる．$\varepsilon_4 c_4 + \varepsilon_2 c_2 + \varepsilon_1 c_1$ は ε_4 と，$\varepsilon_2 \varepsilon_4 c_2 c_4 + \varepsilon_1 \varepsilon_4 c_1 c_4 + \varepsilon_1 \varepsilon_2 c_1 c_2$ は $\varepsilon_2 \varepsilon_4$ と同符号であることに注意すれば，B_1 の固有方程式 $\det(\lambda E - B_1) = 0$ の根は，0 および

$\varepsilon_2 > 0,\ \varepsilon_4 > 0$ のとき　負根2つ

$\varepsilon_2 \varepsilon_4 < 0$ 　　　のとき　負根1つ，正根1つ

$\varepsilon_2 < 0,\ \varepsilon_4 < 0$ のとき　正根2つ

となる．以上の計算より，各臨界点 A_0 における H_{A_0} の0でない固有値はつぎのようになり（これより各臨界点が非退化であることもわかる），その指数が求められる．

臨　界　点	0でない固有値				指数
$A(-1,\ -1,\ -1)$	$\dfrac{c_2 - c_1}{2}$,	$\dfrac{c_4 + c_1}{2}$,	$\dfrac{c_4 + c_2}{2}$,	負根，正根 $0+0,\ 2+9$	0
$A(\ 1,\ -1,\ -1)$	$\dfrac{c_2 - c_1}{2}$,	$\dfrac{c_4 - c_1}{2}$,	$\dfrac{c_4 + c_2}{2}$,	負根，正根 $0+3,\ 2+6$	3
$A(-1,\ 1,\ -1)$	$-\dfrac{c_2 - c_1}{2}$,	$\dfrac{c_4 + c_1}{2}$,	$\dfrac{c_4 - c_2}{2}$,	負根，正根 $1+3,\ 1+6$	5
$A(-1,\ -1,\ 1)$	$\dfrac{c_2 + c_1}{2}$,	$-\dfrac{c_4 - c_1}{2}$,	$-\dfrac{c_4 - c_2}{2}$,	負根，正根 $1+3,\ 1+6$	6
$A(\ 1,\ 1,\ -1)$	$-\dfrac{c_2 + c_1}{2}$,	$\dfrac{c_4 - c_1}{2}$,	$\dfrac{c_4 - c_2}{2}$,	負根，正根 $1+6,\ 1+3$	8
$A(\ 1,\ -1,\ 1)$	$\dfrac{c_2 - c_1}{2}$,	$-\dfrac{c_4 + c_1}{2}$,	$-\dfrac{c_4 - c_2}{2}$,	負根，正根 $1+6,\ 1+3$	9

$A(-1,\ 1,\ 1)$	$-\dfrac{c_2-c_1}{2},\ -\dfrac{c_4-c_1}{2},\ -\dfrac{c_4+c_2}{2}$,	負根, 正根 $2+6$, $0+3$	11
$A(\ 1,\ 1,\ 1)$	$-\dfrac{c_2+c_1}{2},\ -\dfrac{c_4+c_1}{2},\ -\dfrac{c_4+c_2}{2}$,	負根, 正根 $2+9$, $0+0$	14

したがって G_2 はつぎの次元の胞体をもつ有限 CW 複体にホモトピー同値である：

$$\begin{aligned} G_2 &\simeq e^0\cup e^3\cup e^5\cup e^6\cup e^8\cup e^9\cup e^{11}\cup e^{14} \\ &= e^0\cup e^3\cup e^5\cup e^6\cup e^{3+5}\cup e^{3+6}\cup e^{5+6}\cup e^{3+5+6} \end{aligned}$$

あ と が き

Morse 理論についてさらに学びたい人のために，まずつぎの書を読むことをおすすめしたい．

［1］ J. Milnor: Morse theory, Ann. Math. Studies, Princeton Univ. Press, 1963（邦訳，志賀浩二：モース理論，吉岡書店） 本書はこの書の第Ｉ部１頁～24頁の詳解であると理解していただいてよい．なお，この書は Bott の週期性の証明を目的としている．また，つぎの書はいずれも多様体の入門書として適当であると思われるので挙げておく．

［2］ 松島与三：多様体入門，数学選書５，裳華房，1965

［3］ 村上信吾：多様体，共立数学講座19，共立出版，1969

［4］ 服部晶夫：多様体，岩波全書288，岩波書店，1976

［5］ 畠山洋二：多様体入門，数学ライブラリー41，森北出版，1975

［6］ J. R. Munkres: Elementary Differential Topology, Ann. Math. Studies, Princeton Univ. Press, 1961

第４章の古典群上の Morse 関数についてはつぎの論文を参照した．

［7］ H. Kamiya: Weighted Trace Functions as Examples of Morse Functions, Jour. Fac. Sci. Shinshu Univ. vol. 7, 85-96, 1971

最後に本書の定義，定理のいくつかを拙書

［8］ 横田一郎：群と位相，基礎数学選書５，裳華房，1971

［9］ 横田一郎：群と表現，基礎数学選書10，裳華房，1973

から引用したので付記しておく．

索　　引

あ

位相多様体　topological manifold　12
1 助変数群　one parameter group　83
1 助変数変換群
　one parameter transformation group　83
1 の分割　decomposition of unitity　64
一般線型群　general linear group　22
陰関数定理　implicit function theorem　7
Whitney の埋蔵定理
　Whitney's embedding theorem　79
Urysohn の補題　49, 66
同じホモトピー型をもつ
　have the same homotopy type　94

か

回転群　rotation group　34
開部分多様体　open submanifold　22
傾き　gradient　6
可微分　differentiable　41, 48, 74
可微分曲線　differentiable curve　75
可微分構造　differentiable structure　12
可微分写像　differentiable mapping　3
可微分多様体　differentiable manifold　12, 19
可微分同相写像　diffeomorphism　7
関数芽　germ of function　69
危点　critical point　111
軌道曲線　orbit curve　83
逆関数定理　inverse function theorem　7
球面　sphere　13
境界　boundary　97
強変位レトラクト
　strongly deformation retract　95
共役元　conjugate element　179
局所有限　locally finite　59
許容的　admissible　19
Gramm 行列　Gramm's matrix　31
Gramm 行列式　Grammian　31
Cayley 数　Cayley number　179
Cayley 数体　field of Cayley numbers　179

さ

細分　refinement　58
座標関数　coordinate function　2
座標関数系　system of coordinate functions　12
座標近傍　coordinate neighbourhood　11, 12
C^r 級写像(関数)　C^r-mapping (function)　3
指数　index　117, 119
CW 複体　*CW* complex　98
実部　real part　179
射影空間　projective space　18
射影直線　projective line　99
射影平面　projective plane　16
シンプレクティック群　symplectic group　40
スケルトン　skelton　97
生成する　generate　84
正則部分多様体　regular submanifold　77
積多様体　product of manifolds　21
積分曲線　integral curve　81
接着した空間　attaching space　102
接ベクトル　tangent vector　69, 70
接ベクトル空間　tangent vector space　70

た

台　support　63
単位開胞体　unit open cell　97
単位閉胞体　unit closed cell　97
直交群　orthogonal group　32
Taylor 展開　Taylor's expansion　4, 47
等化位相　identification topology　101
等化空間　identifying space　101
トーラス　torus　21
特殊線型群　special linear group　28, 29
特殊直交群　special orthogonal group　34
特殊ユニタリ群　special unitary group　37
特性写像　characteristic mapping　97

な

内積　inner product　1, 179
長さ　length　1, 179

流　　れ　flow　83
滑らかな写像　smooth function　3

は

働　　く　act　83
八　元　数　octanion　179
八元数体　field of octanions　179
パラコンパクト　paracompact　59
非退化な臨界点
　non-degenerate critical point　119
微　　分　differential　77
標準座標関数系
　system of standard coordinate functions　2
(ϕ に)付属するベクトル場
　vector field associated (with ϕ)　84
部分多様体　submanifold　77
部分複体　subcomplex　97
平均値の定理　mean value theorem　3, 46
ベクトル場　vector field　79
Hesse 行列　Hesse's matrix　119
Hesse の 2 次形式　Hesse's quadratic form　118
変位レトラクション　deformation retraction　95
変位レトラクト　deformation retract　95
方向 v の微分係数
　differential coefficient with gradient v　73
方向ベクトル　gradient vector　6
方向ベクトル場　gradient vector field　91
胞　　体　cell　97
胞体近似定理　cellular approximation
　theorem　106
胞体分割　cellular decomposition　97
胞複体　cell complex　97
Hopf の写像　Hopf mapping　102
ホモトピー　homotopy　93
ホモトピー同値　homotopy equivalent　94
ホモトピー同値写像
　homotopy equivarence　94
ホモトープ　homotopic　93

ま

Maclaurin 展開　Maclaurin's expansion　4
Morse 関数　Morse function　127
Morse の補題　Morse's lemma　123

や

Jacobi 行列　Jacobi matrix　5
Jacobi 行列式　Jacobian　5
有限 CW 複体　finite CW complex　97
有限胞複体　finite cell complex　97
ユークリッド空間　Euclidean space　1
ユニタリ群　unitary group　35

ら

Lie 群　Lie group　22
Riemann 計量　Riemannian metric　88
Riemann 多様体　Riemannian manifold　90
力学系　dynamical system　83
臨界値　critical value　112
臨界点　critical point　111
例外群　exceptional group　181

MEMO

M E M O

MEMO

著者紹介
横田一郎（よこた・いちろう）

著者略歴
1926年大阪府出身
大阪大学理学部数学科卒，大阪市立大学理学部数学科助手，講師，助教授，
信州大学理学部数学科教授を経て，退官，信州大学名誉教授．理学博士．

主　書　群と位相，群と表現（以上裳華房）
ベクトルと行列（共著），微分と積分（共著），
やさしい位相幾何学の話，例題が教える群論入門，一般数学（共著），
線型代数セミナー（共著），古典型単純リー群，例外型単純リー群
（以上 現代数学社）

新装版 多様体とモース理論

2016年 10月 20日　新装版第1刷発行

著　者　横田一郎
発行者　富田　淳
発行所　株式会社　現代数学社
〒606-8425 京都市左京区鹿ヶ谷西寺ノ前町1
TEL&FAX 075 (751) 0727　振替 01010-8-11144
http://www.gensu.co.jp/

印　刷　亜細亜印刷株式会社

検印省略

ISBN 978-4-7687-0461-5